Katja Flascha, Michael Hanisch, Egbert E. Hartmann

Strategieentwicklung

.

Katja Flascha, Michael Hanisch, Egbert E. Hartmann

Strategieentwicklung

Grundlagen – Konzepte – Umsetzung

Das Praxisbuch für den Mittelstand

Frankfurter Allgemeine Buch

Bibliografische Information der Deutschen Nationalbibliothek
Die Deutsche Nationalbibliothek verzeichnet diese Publikation
in der Deutschen Nationalbibliografie; detaillierte bibliografische
Daten sind im Internet über http://dnb.d-nb.de abrufbar.

Katja Flascha, Michael Hanisch, Egbert E. Hartmann

Strategieentwicklung

Grundlagen – Konzepte – Umsetzung
Das Praxisbuch für den Mittelstand

F.A.Z.-Institut für Management-,
Markt- und Medieninformationen GmbH
Frankfurt am Main 2008

ISBN 978-3-89981-159-9

Frankfurter Allgemeine Buch

Mainzer Landstraße 199
60326 Frankfurt am Main
Gestaltung
Umschlag: F.A.Z.-Marketing/Grafik
Coverbild: Getty Images
Satz Innen: Ernst Bernsmann
Grafiken: Angela Kottke
Druck: Messedruck Leipzig GmbH, Leipzig

Inhalt

Vorwort

Vision und Strategie in einem Unternehmen sind die Basis für seine Existenz. Bei Existenzgründungen tritt dies zumeist sehr deutlich in den Vordergrund, denn wenn die Geschäftsidee des Gründers und die Anfangsinvestitionen in die notwendigen Ressourcen marktgerecht gewesen sind, steht in der Regel einem dauerhaft erfolgreichen Unternehmen nichts mehr im Wege. Ressourcen sind hier sowohl Investitionen als auch Menschen. Die Geschäftsidee entspricht hier der Vision und die Anfangsinvestitionen zusammen mit dem Markt und Vertrieb entsprechen der gewählten Strategie. Beides zusammen muss natürlich mit Wissen und Erfahrung umgesetzt werden, damit tatsächlich Erfolg eintritt. Die eigentliche Umsetzung entspricht im Sinne der Terminologie der Taktik. Falls die Geschäftsidee jedoch nicht tragfähig war beziehungsweise die Konkurrenz bessere Lösungen bereithält oder die Ressourcen der Anfangsinvestitionen, das heißt deren Mengenabschätzung sowie Auswahl, nicht optimal gewesen sein sollten, so kann selbst die beste Umsetzung der vorgenannten Ressourcen Misserfolg nicht aufhalten.

Man spricht hier von „Strategie schlägt Taktik".

Was für Existenzgründer direkt ersichtlich ist und bei jeder Startfinanzierung überprüft wird, ist auch für mittelgroße Unternehmen richtig – jedoch nicht mehr so direkt und anschaulich erkennbar. Auch in mittelgroßen Unternehmen muss die allem Handeln zugrunde liegende Vision stimmig und marktkonform sein. Bei Mittelständlern wird sie zumeist intuitiv vom geschäftsführenden Gesellschafter vorgegeben, und bei Konzerngesellschaften ist sie Basis und integrativer Teil des Geschäftsauftrages. Die Strategie äußert sich bei beiden vielfach in dem Investitionsplan und im Personalplan. Gegenüber einer Existenzgründung ist problematisch, dass seltener alle Einzelelemente zusammen betrachtet und auf Tragfähigkeit hin bewertet werden. Daher kann es leichter zu Fehlentwicklungen kommen – die richtige Vision und Strategie ist dann verloren gegangen. Dies gilt umso mehr, da eine gute Vision aus der Vergangenheit nicht immer eine gute

Vision für die Zukunft ist. Der Markt ist ständig in Bewegung und das erfolgreiche mittelgroße Unternehmen ist es auch. Natürlich muss dies ebenso für die Strategie gelten.

In diesem Zusammenhang ist die Lebenszykluskurve von großer Bedeutung. Sie besagt, dass Produkte und Dienstleistungen einem Alterungsprozess unterworfen sind. Wie schnell dieser erfolgt, ist abhängig von der Branche, und er kann sich bei Technologiesprüngen auch sehr schnell ändern. Beispiele hierfür sind in der Mobilkommunikation (Handys) bekannt, Beispiele für langsame Veränderungen sind im Kraftwerksbau (Turbinentypen, Wirkungsgrade) zu finden. Auch eine plötzliche Veränderung der Lebenszykluskurve ist möglich, etwa in Gestalt der Positionierung von Antriebsformen bei Autos, wie die Einführung des Hybridantriebs durch Toyota gezeigt hat. Der CO_2-Ausstoß wurde unversehens ein wesentliches Element, andere Technologien waren mit einem Mal gealtert. Lebenszykluskurven sind im Wesentlichen vom Innovationstempo der betrachteten Branche abhängig. Aus dieser Darstellung wird deutlich, dass eine herausragende Vision und die anschließende Formulierung und Umsetzung der optimalen Strategie eine stetig wiederkehrende Aufgabe für alle erfolgreichen Unternehmen ist. Vision und Strategie sind keine statischen, sondern dynamische Elemente.

Genau hier setzt das vorliegende Buch an. Es geht um die Identifizierung der herausragenden Vision und die Entwicklung der dazu passenden, optimalen Strategie für mittelgroße Unternehmen. Erprobte Vorgehensweisen und Tools und der notwendige Prozess werden eingehend beschrieben. Gängige Verfahren zur Erkennung von strategischen Positionierungen – wie zum Beispiel Wettbewerbskräfte nach Michael Porter oder die der Portfolio-Technik – werden mit ihrem sinnvollen Einsatzzweck dargelegt und in der Wirkung bewertet. Mithilfe der verschiedenen Tools entstehen herausragende Visionen und optimale Strategien für mittelgroße Unternehmen. Praxisbeispiele beleuchten die Wirkungen. Gerade in mittelgroßen Unternehmen – ob mittelständisch oder als Konzerngesellschaft ist nicht entscheidend – sind die Vorgehensweisen besonders gefragt, da nicht immer alle Facetten bereits untersucht sind.

Für die Ausrichtung des gesamten Unternehmens auf eine einmal gewählte Strategie ist das Modell der Balanced-Scorecard (BSC) nach Kaplan/ Norton gut geeignet. Bei mittelgroßen Unternehmen sind entsprechende Vereinfachungen vorzunehmen. Die Wirkungsmechanismen und die Vorgehensweisen zum Aufbau werden anhand von Praxisbeispielen erklärt.

Ein BSC-Modell setzt immer die bereits entwickelte Strategie voraus und hilft dann bei einer durchschlagenden Umsetzung. Natürlich muss auf eine genügend große Flexibilität bei Änderungen der Strategie geachtet werden.

Der Nutzen bei Anwendung der beschriebenen Vorgehensweisen und Tools entsteht durch die Fokussierung des Unternehmens auf seine (Kern-) Kompetenzen. Dies gilt hinsichtlich seiner Ressourcen in jeder Hinsicht. Hieraus entsteht der maximale Profit des eingesetzten Kapitals: Ein mittelgroßes Unternehmen, das sich vergleichbaren Prozessen unterordnet, wird auf der Marktseite schneller und beweglicher; Innovationen sind der Motor des Unternehmens, wodurch wiederum die Position in der Lebenszykluskurve verbessert wird.

Auf den folgenden Seiten werden die notwendigen Schritte und deren Mechanismen detailliert beschrieben. Vorliegendes Buch ist vor allem für mittelgroße Industrieunternehmen der herstellenden Industrie und auch für Dienstleister ein idealer Leitfaden zur Verbesserung eigener Strategien.

1 Wesentliche Erfolgsfaktoren mittelgroßer Unternehmen

1.1 Definition des mittelgroßen Unternehmens

Wenn es um die Strategieentwicklung bei mittelgroßen Unternehmen geht, sind sowohl eigentümergeführte Unternehmen (Familienunternehmen) als auch konzerngebundene Unternehmen (Konzernunternehmen) angesprochen. Die Gemeinsamkeiten sind das eigenständig betriebene, operative Geschäft und dessen strategische Ausrichtung. Weniger berücksichtigt sind die Konzerne selbst und deren strategische Ausrichtung, denn hier kommen mehr Überlegungen zur Investition beziehungsweise Desinvestition ganzer Geschäftsfelder oder Tochtergesellschaften zum Tragen. Dies wird vielfach unter dem Begriff Portfolio-Management zusammengefasst.

Somit ist zunächst die Frage zu klären, was genau ein mittelgroßes Unternehmen auszeichnet. Der häufig verwendete Begriff „mittelständisches Unternehmen" ist hier nicht einem mittelgroßen Unternehmen gleichzusetzen, sondern etwas enger gefasst. Eine Reihe von Institutionen befassen sich mit der Definition von Unternehmensgrößenklassen beziehungsweise der Einordnung von Unternehmen in bestimmte Klassen. Zumeist ist dies aufgrund von staatlichen Förderungen und deren Begrenzung auf bestimmte Unternehmen entstanden. Da Fördermaßnahmen in den Mitgliedsstaaten der EU mit deren Regeln konform sein müssen, hat sich die Definition der EU zumindest als Basis weitgehend durchgesetzt. Hier ist der Begriff KMU für „kleine und mittlere Unternehmen" prägend geworden. Abbildung 1 zeigt den aktuellen Stand der EU-Definition hierfür. Unternehmen oberhalb dieser Grenzen gelten als „große" Unternehmen.

Es wird schnell ersichtlich, dass bei dieser Festlegung mehr der verwaltungstechnische Aspekt im Vordergrund gestanden hat. Die Kriterien sollen möglichst einfach und selbsterklärend sein. Dennoch hat sich diese Definition von kleineren und mittleren Unternehmen vielfach durchgesetzt. Die zuständigen EU-Gremien verstehen unter kleinsten Unternehmen diejenigen, die weniger als zehn Mitarbeiter und weniger als 2 Millionen Euro Umsatz beziehungsweise eine Jahresbilanzsumme von weniger als 2 Millionen Euro aufweisen. Ein kleines Unternehmen hat danach

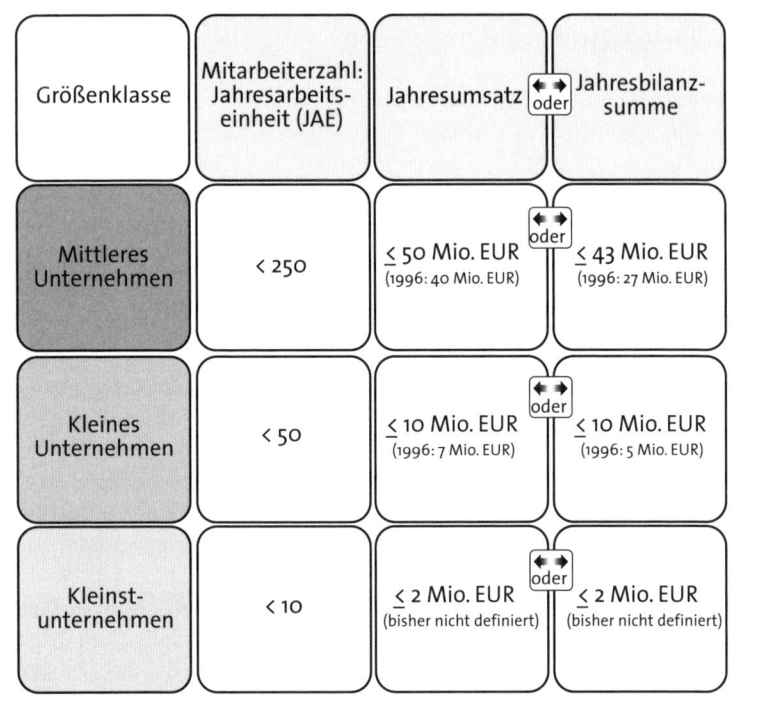

Größenklasse	Mitarbeiterzahl: Jahresarbeits-einheit (JAE)	Jahresumsatz ← → oder	Jahresbilanz-summe
Mittleres Unternehmen	< 250	≤ 50 Mio. EUR (1996: 40 Mio. EUR)	← → oder ≤ 43 Mio. EUR (1996: 27 Mio. EUR)
Kleines Unternehmen	< 50	≤ 10 Mio. EUR (1996: 7 Mio. EUR)	← → oder ≤ 10 Mio. EUR (1996: 5 Mio. EUR)
Kleinst-unternehmen	< 10	≤ 2 Mio. EUR (bisher nicht definiert)	← → oder ≤ 2 Mio. EUR (bisher nicht definiert)

Abbildung 1/1: EU-Definition der KMU (gültig ab 1.1.2005) (Quelle: EU-Kommission)

weniger als 50 Mitarbeiter und weniger als 10 Millionen Euro Umsatz beziehungsweise weniger als 10 Millionen Euro Jahresbilanzsumme zu verzeichnen und ist natürlich größer als ein Kleinstunternehmen. Ein mittleres Unternehmen ist demzufolge eines, das die Grenzen des kleinen Unternehmens überschreitet: Es hat weniger als 250 Mitarbeiter, weniger als 50 Millionen Euro Umsatz beziehungsweise 50 Millionen Euro Jahresbilanzsumme. Die Gesamtheit dieser Unternehmen bilden nach der EU die KMUs (kleine und mittlere Unternehmen).

Zumindest für die Abgrenzung nach unten – der Differenzierung der kleinen von den mittleren Unternehmen – erscheint die Definition der EU verwendungsfähig. Hier ist vor allem gemeint, dass die Geschäfte vorwiegend von den Eigentümern geprägt beziehungsweise den im Unternehmen tätigen Gesellschaftern beeinflusst sind. Dies schließt nicht aus, dass das bei größeren Unternehmen auch so ist, jedoch verursacht bei den kleinen der

Wegfall der mitarbeitenden Eigentümer ein gravierendes Problem, da keine selbständig funktionierende Organisation vorhanden ist.

Eine weitere Definition von Unternehmen nach ihrer Größe liefert das Institut für Mittelstandsforschung Bonn (www.ifm-bonn.de). Auch hier wird der Begriff der KMU aufgegriffen, wenngleich in einem etwas anderen Sinne. Primär wird versucht, den deutschen Mittelstand definitorisch einzugrenzen. Dies geschieht über eine quantitative und eine qualitative Definition.

Die quantitative Definition stellt genau wie die EU auf die Mitarbeiterzahl und den Umsatz der Unternehmen ab und teilt diese danach in Größenklassen ein. Diese Definition weicht von der der EU ab. Das IfM stuft ein Unternehmen als „klein" ein, wenn es weniger als 10 Mitarbeiter oder weniger als 1 Million Euro Umsatz hat. Ein mittleres Unternehmen beschäftigt maximal 499 Mitarbeiter oder erwirtschaftet maximal 49 Millionen Euro Umsatz. Über diese Grenze hinausgehende Unternehmen werden als große Unternehmen bezeichnet. Der Bereich der mittleren Unternehmen ist somit hier viel umfassender definiert als bei der EU. Die kleinen und mittleren Unternehmen bilden den Mittelstand im Allgemeinen.

Die qualitative Definition des IfM soll zusätzlich den Begriff des deutschen Mittelstandes eingrenzen. Hier wird auf die Stellung des Eigentümers Bezug genommen. Als Familienunternehmen werden diejenigen Unternehmen definiert, die sowohl die Leitungs- als auch die Besitzrechte der Person des Unternehmers zuordnen. Für diese Definition ist die Größe irrelevant. Die Eigentümerführung wird als gegeben angesehen, wenn

- bis zu zwei natürliche Personen oder ihre Familienangehörigen mindestens 50 Prozent der Anteile des Unternehmens halten und
- diese natürlichen Personen der Geschäftsführung angehören.

Die Abgrenzung der Familiengesellschaften ist eine interessante Angelegenheit, da es für diese Form der Unternehmen eine Reihe von Besonderheiten im alltäglichen Geschäftsbetrieb gibt. Vorliegende Vorgehensweise zur Strategieentwicklung ist sowohl für Familiengesellschaften als auch für Nichtfamiliengesellschaften geeignet, so dass eine Differenzierung nicht relevant ist.

Für Unternehmen, die über die quantitative Definition abgegrenzt werden, werden vom IfM auch einige Zahlen bereitgestellt (Stand 2005):

Institut für Mittelstandsforschung Bonn (IfM; www.ifm-bonn.de)
KMU Definition:

Unternehmensgröße	Zahl der Beschäftigten	Umsatz in Euro/Jahr
groß	Über 500	Über 50 Mio.
Mittelstand gesamt	Bis 499	Bis unter 50 Mio.
mittel	Bis 499	Bis unter 50 Mio.
klein	Bis 9	Bis unter 1 Mio.

Unternehmen gesamt in D	3,3 Mio.
Anteil an KMU	99 %
Umsatzanteil der KMU	41 %
Beschäftigte der KMU	71 %

Abbildung 1/2: Definition des Mittelstands des IfM Bonn

- Unternehmen gesamt   3,037 T
- Handwerk   636 T
- Freie Berufe   906 T
- Anteile der KMU an Unternehmen gesamt   99,5 %
- Anteil der KMU am Umsatz   41,5 %
- Anteil der KMU bei Mitarbeitern   57,3 %

Es ist deutlich zu erkennen, dass die KMUs die bedeutende Größe der Wirtschaftskraft sind.

Zur Abgrenzung der mittelgroßen Unternehmen soll hier eine etwas andere Definition dienen, die allerdings in Teilen auf den bekannten Erläuterungen der EU und des IfM fußt. Die untere Grenze, ab der ein Unternehmen als klein zu betrachten ist, erscheint aus der Praxis heraus gesehen mit 9 (IfM) oder 50 (EU) Mitarbeitern etwas niedrig angesetzt. Damit

Organisations- und Strategiemodelle greifen können, muss ein gewisses Maß an Organisationsniveau im Unternehmen vorausgesetzt werden. Dies wird zumeist ab 100 Mitarbeitern erreicht. Bei Industrieunternehmen liegen die typischen Werte für den Umsatz pro Mitarbeiter zwischen 350 und 1.000 TEuro/a; hieraus leitet sich die Umsatzgrenze ab. Unternehmen, die diese Grenze überschreiten, sind sicherlich mit den hier beschriebenen Mitteln in ihrer Strategie entwicklungsfähig.

Für die obere Grenze gilt, dass es sich um ein selbständig operierendes Unternehmen mit eigenen Geschäftsinhalten handeln muss. Konzerne und deren Portfoliooptimierungsmodelle sind aber nicht Gegenstand dieses Buches. Natürlich wird die Methode der Portfoliooptimierung sowie deren Folge – das M&A-Geschäft mit Geschäftsfeldern – umso interessanter, je größer das Unternehmen ist. Von daher ist die Grenze fließend. Aus Erfahrung sind Unternehmen mit bis zu 2.500 Mitarbeitern noch als mittelgroß einzustufen, weshalb die Grenze zu den großen Unternehmen hier angesiedelt worden ist. Darüber liegende Unternehmen werden als große Unternehmen bezeichnet, für die die hier beschriebenen Vorgehensweisen auch zutreffen – aber nicht ausreichend. Es ist immer noch notwendig, das M&A-Umfeld zu betrachten. Abbildung 1/3 zeigt die für dieses Buch geltende Abgrenzung der mittelgroßen Unternehmen.

Eine weitere Voraussetzung dafür, dass die beschriebenen Vorgehensweisen anwendbar sind, ist, dass die Unternehmen operativ tätig sind. Operative Tätigkeit kann heißen, dass etwas hergestellt wird oder eine Dienstleistung erbracht wird. Eine rein verwaltende Tätigkeit – quasi als Selbstzweck – ist somit nicht operativ und nicht veränderbar mit den Mitteln, die

Unternehmen	Beschäftigte	Umsatz	Branche	Eigentümer
groß	Über 2.500	Über 1.000 Mio.	Herstellende Industrie & Dienstleistung	Familienunternehmen, Konzerngesellschaften
mittelgroß	100 – 2.500	20 – 1.000 Mio.	Herstellende Industrie & Dienstleistung	Familienunternehmen, Konzerngesellschaften
klein	Unter 99	Unter 19 Mio.	Herstellende Industrie & Dienstleistung	Einzelunternehmen, Familienunternehmen, Konzerngesellschaften

eines der Kriterien muss zutreffen (oder)

Abbildung 1/3: Definition der mittelgroßen Unternehmen

in diesem Buch beschrieben sind. Operativ tätige Unternehmen sind zum Beispiel innerhalb der Automobilzulieferindustrie, bei Banken, Versicherungen oder Energiegesellschaften zu finden. Nichtoperativ tätige Unternehmen nach diesem Verständnis sind Immobilienverwaltungsgesellschaften für geschlossene Immobilienfonds, Abwicklungsgesellschaften für bestimmte Zwecke, die nach Abschluss der Abwicklungtätigkeit eingestellt werden sollen, und die öffentliche Verwaltung an sich. Sie sind nicht dazu gezwungen, ihre Geschäfte an Marktentwicklungen anzupassen. Es ist kein Zwang für Veränderungen aufgrund von Marktgegebenheiten vorhanden (öffentliche Verwaltung wird politisch und nicht markttechnisch bestimmt). Diese Beispiele sind entsprechend der hier genannten Definition nicht operativ, so dass keine Notwendigkeit und keine Fähigkeit zur Strategieentwicklung bestehen.

1.2 Vorteilspotentiale mittelgroßer Unternehmen

Die Vorteile mittelgroßer Unternehmen entsprechend der in Kapitel 1.1 formulierten Definition sind sowohl gegenüber den Großunternehmen und Konzernen als auch den Kleinunternehmen abzugrenzen. Sowohl die familiengeführten als auch die Konzerngesellschaften sind in der Gruppe der mittelgroßen Unternehmen enthalten. Hierbei ist zu beachten, dass Familiengesellschaften und Konzerngesellschaften bezüglich ihrer spezifischen Vorteilspotentiale deutlich voneinander abweichen. Die Vorgehensweisen zur systematischen Strategieentwicklung sind aber gleichermaßen anwendbar.

Vorteilspotentiale, die den mittelgroßen Unternehmen gegenüber kleineren Unternehmen entstehen, lassen sich zunächst in die beiden Sichtweisen Marktvorteile und Kostenvorteile differenzieren. Unter Marktvorteile fallen eine höhere Kundenorientierung durch gestiegenen Vertriebsaufwand, eine höhere Innovationsrate durch geschärfteres Bewusstsein für die Bedeutung der Innovationen, schnellere Produktlebenszyklen durch eine umfassendere Produktpolitik, eine breitere FuE-Basis (Forschung & Entwicklung) sowie Markenstellung durch generell höheren Aufwand im Produktentstehungsprozess und im Marketing. Sicherlich sind die Schwerpunkte der Vorteile zwischen Familiengesellschaften und Konzernunternehmen unterschiedlich verteilt. Die Konzernunternehmen sind im Bereich FuE und in der Marke selbst generell stärker als die Familiengesellschaften aufgestellt. Dafür verfügen die Konzerngesellschaften über Vorteile bei der Markt-/Kundenorientierung und der Geschwindigkeit, Innovationen in vermarktungsfähige Produkte umzusetzen (schnellere Produktlebenszyklen). Ursachen für diese unterschiedlichen Schwerpunkte sind in der differierenden Führungsstruktur der beiden Unternehmenstypen zu finden. Bei Familiengesellschaften überwiegt der in der Regel starke Einfluss des managenden Eigentümers – langwierige Entscheidungsdiskussionen entfallen hier meist. Ein nicht unwesentlicher Geschwindigkeitsvorteil ist die Folge. Konzerngesellschaften erhöhen den Aufwand bei den Entscheidungsprozessen – verfügen dafür aber über mehr Ressourcen. Solange die Entscheidungen des managenden Familiengesellschafters tatsächlich marktorientierter sind, liegen die Vorteile eher bei der Familiengesellschaft. Dies sind allerdings grundsätzliche Einschätzungen, die von Fall zu Fall differieren können. Einen Überblick gibt Abbildung 1/4.

Abbildung 1/4: Vorteilspotenziale mittelgroßer Unternehmen

Hinsichtlich der Kostenvorteile sind gegenüber den kleineren Unternehmen wiederum einige signifikante Vorteile bei den mittelgroßen Unternehmen zu verzeichnen. Im Einzelnen liegen diese in spezifischen Herstellungsvorteilen durch mehr Erfahrungen und umfangreichere Ressourcen in der Fertigung, in Economies-of-Scale-Effekten durch größere Produktionsmengen, die hergestellt werden, in einem generell größeren Finanzierungsvermögen durch gewonnene Größe und letztendlich in einem höheren Potential, Internationalisierungsvorteile gewinnen zu können. Mit dem letzten Punkt ist das Vermögen gemeint, durch international verteilte Fertigungskapazitäten die spezifischen Kostenvorteile einzelner Länder auch tatsächlich auszuschöpfen. Kleine Unternehmen sind nur bedingt in der Lage, ausländische Produktionsstätten tatsächlich aufzubauen.

Auch bei den Kostenvorteilen mittelgroßer gegenüber kleineren Unternehmen ergeben sich große Differenzierungen zwischen Familiengesellschaften und Konzernunternehmungen. Die Konzerngesellschaften können in der Regel die Vorteile aus dem Konzernhintergrund ziehen. Das bedeutet insbesondere höhere Vorteilspotentiale bei dem Finanzierungsvermögen und bei der Internationalisierung. Hier können Ressourcen des Konzerns genutzt werden. Mit Einschränkung ist dies auch bei den Economies-of-Scale möglich, wenn auf ähnliche Produktionsmöglichkeiten des Konzerns zurückgegriffen werden kann. Sind keine ähnlichen Produktionsmöglichkeiten des Konzerns vorhanden, so besteht auch kein Unterschied zur Familiengesellschaft. Das Familienunternehmen selbst hat meist eine differenziertere Kenntnis vom Produkt selbst, so dass hieraus spezifischere Herstellungsmethoden erwachsen sind. Dies äußert sich in Herstellungsverfahren, die „optimierter" und damit kostengünstiger gegenüber denen der Konzerne sind. Dies gilt jedoch nur, wenn das Familienunternehmen mit Erfolg am Markt tätig ist. Familienunternehmen sind von der Entscheidung des Unternehmers und deren „Richtigkeit" in hohem Maße abhängig. Nur wenn dies tatsächlich gegeben ist, sind Familiengesellschaften langfristig den Konzerngesellschaften überlegen.

All dies macht deutlich, dass mittelgroße Unternehmen ein nicht unerhebliches Vorteilspotential gegenüber kleinen Unternehmen aufweisen. Letztendlich beruhen diese Vorteile alle auf der erreichten kritischen Größe, die vielfältigere Handlungsoptionen erst möglich machen. Die hier gesetzte Größe von mindestens 100 Mitarbeitern oder 20 Millionen Euro Umsatz pro Jahr hat auch zur Folge, dass eine strukturelle Organisation und definierte Prozesse im Unternehmen vorhanden sein müssen. Organisation und Prozesse sind grundlegende Bestandteile in einem Unternehmen und lassen sich verändern – das soll heißen: optimieren. Dies ist eine wichtige Voraussetzung dafür, um mit strategischen Überlegungen, die nicht die Markt-, sondern die Ressourcenseite betreffen, überhaupt starten zu können. Der eigentliche und wesentliche Vorteil der mittelgroßen Unternehmen liegt genau in dem sicheren Vorhandensein von Strukturen und Prozessen, die mehr oder weniger unabhängig von einzelnen Personen sind. Hier liegen wichtige Voraussetzungen dafür, um erfolgreich aus der Strategieentwicklung abgeleitete Maßnahmen umsetzen zu können.

> Wesentlicher Vorteil mittelgroßer Unternehmen gegenüber kleineren Unternehmen = das sichere Vorhandensein von Strukturen und Prozessen, die unabhängig von einzelnen Individuen sind.

Die Abgrenzung nach oben zu den großen Unternehmen beziehungsweise zu den Konzernen, zu den gewichtigen Konzerngesellschaften und den bedeutenden Familiengesellschaften ist von geringerer Bedeutung. Vorliegende Verfahren sind für alle selbständig operierende Geschäftsfelder von Konzerngesellschaften gültig. Es geht um die Erarbeitung oder Entwicklung von Strategien, um ein selbständiges Geschäftsfeld „Weltmarkt" erfolgreich zu entwickeln. Werden Geschäftsfelder zu groß, ist eine Teilung zumeist ein sinnvoller Ansatz.

Die dazu notwendigen Vorgehensweisen zur Arrondierung des Geschäfts über Zukauf oder Verkauf ganzer Geschäftsfelder sind in den folgenden Kapiteln primär nicht enthalten. Sie fallen unter den Begriff „Merger & Acquisitions". Solche Verfahrensweisen sind zwar für Konzerne selbst von hoher Relevanz, können aber in diesem Buch nicht berücksichtigt werden. Konzerne fallen zumal ganz sicher unter den Begriff der großen Unternehmen.

1.3 Typische Vorgehensweise bei der Strategieentwicklung

Strategie ist das Können und das Know-how, alle Kräfte eines Unternehmens so zu entwickeln und einzusetzen, dass ein dauerhaft profitables Überleben erreicht und der Shareholder-Value maximiert wird. Es gilt ein sehr alter Zusammenhang:

Strategie schlägt Taktik.

Hierunter verstehen wir, dass selbst die besten operativen Maßnahmen gleich welcher Art nicht in der Lage sind, eine strategische Aufstellung des Unternehmens in die falsche Richtung zu korrigieren. Ebenfalls nicht erfolgreich sind unentschlossen ausgeführte, aber grundsätzlich richtige Strategien. Einzig und allein eine gute Strategie mit einer entschlossenen Ausführung ist erfolgreich. Es kommt an dieser Stelle auf „das richtig Machen" und auf „das Richtige machen" an.

Strategie heißt, das Unternehmen heute auf Veränderungen der Märkte in der Zukunft auszurichten, um alle Ressourcen hierauf konzentrieren zu können. Erst durch diesen Grundsatz gewinnen operative Handlungen wieder an Bedeutung. Der Zeitpunkt für eine strategische Neuorientierung liegt vielfach in wirtschaftlich guten Zeiten, in denen Mittel für notwendige Maßnahmen und Veränderungen leichter zu mobilisieren sind. In wirtschaftlich schwierigen Zeiten kommen strategisch falsch ausgerichtete Unternehmen vielfach in ernste Existenzprobleme. Die richtig gewählte Strategie ist somit der wesentliche Punkt für erfolgreiches Wachstum, überdurchschnittliche Profite und optimal genutztes Kapital.

Strategieentwicklung bedeutet Zukunft gestalten.

Der Bedarf an neuen Strategien entsteht bei mittelgroßen Unternehmen zumeist aus der operativen Arbeit heraus. Es werden Bedarfe erkannt, und diese müssen zu Strategien verarbeitet werden. Abbildung 1/5 zeigt die Häufigkeitsverteilung, warum bei mittelgroßen Unternehmen das Bedürfnis nach einer neuen Strategie entsteht. Der eigentliche Treiber für neue Strategien sind Innovationen und Marktveränderungen, nachrangig rangieren die operativen Probleme (Umsatz, Kosten, Vertrieb etc.). Es kommt noch hinzu, dass Umsatzprobleme in aller Regel durch Veränderungen des Kundenverhaltens entstanden sind – Auslöser sind auch hier Innovationen oder Marktveränderungen. Unter Marktveränderungen sind neue Wettbewerber, zum Beispiel Importe, oder neue Vertriebsmodelle zu verstehen. Unternehmen mit Umsatz- oder Ergebnisproblemen sind mit ihrer zeitlichen Wahrnehmung des Marktes hinter denjenigen zurück, die direkt die Veränderung am Markt wahrnehmen.

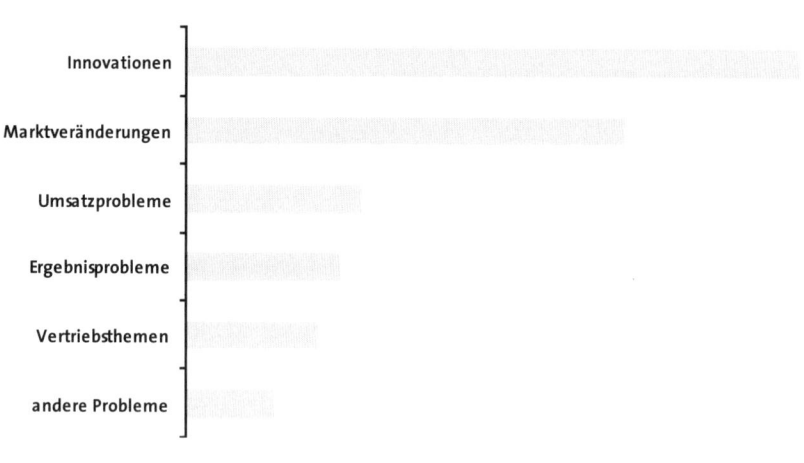

Abbildung 1/5: Auslösefaktoren neuer Strategien (Quelle: Auswertung eigener HMC-Beratungskunden)

Nachdem der Bedarf für eine neue strategische Ausrichtung entstanden ist und dies auch im obersten Führungsgremium so wahrgenommen wird, kann mit der Arbeit für eine veränderte oder neue tragfähige Strategie begonnen werden. Strategien sind die unternehmerische Umsetzung von Ideen, die vorausblickend anvisieren, wo das Unternehmen in den nächsten fünf bis zehn Jahren stehen soll. Sie müssen in jedem Falle realistisch und mit den Mitteln des jeweiligen Unternehmens machbar sein.

Die Identifikation von Wettbewerbsvorteilen – im weiteren Sinne Alleinstellungsmerkmale am Markt – und die Entwicklung einer Strategie ist für jedes Unternehmen von grundlegender Bedeutung. Basis für eine systematische und sinnvolle Strategieentwicklung ist immer eine Vision. Die Vision sollte innovativ, mutig, zukunftssicher, aber auch realistisch erreichbar sein. Natürlich ist die Basis für die Vision die heutige Leistungsfähigkeit des Unternehmens, nicht jedoch unbedingt die Produkte und die bestehenden Ressourcen.

Ein neueres Beispiel für eine schlagkräftige Vision ist das Vorhaben des Toyota-Konzerns, zu Beginn des neuen Jahrtausends einen Hybridantrieb zu entwickeln und zu marktgängigen Preisen anzubieten. Von den namhaften deutschen Herstellern wurde dieser Sachverhalt zu diesem Zeitpunkt anders beurteilt. Die japanischen Manager haben es als Stärke interpretiert, elektronische und elektrische Bauteile modernster Art in Japan entwickeln und herstellen zu können und haben diese Stärke visionär auf die Branche Automobil übertragen. Dadurch sollte ein neuer und höherer Kundennutzen unter Ausnutzung genau dieser Merkmale entstehen. Besonders interessant an diesem Beispiel ist, dass der Kundennutzen vom Kunden selbst zu dieser Zeit auch neu definiert wurde. Die Verringerung des CO_2-Ausstoßes stand als zentrale Größe immer mehr im Rampenlicht. Hier ist auch gut zu erkennen, dass Visionen am Anfang meist unklar und unrealistisch wirken, nach einiger Zeit jedoch immer deutlicher werden, und dann – wenn die Einschätzung sich als richtig erweist – der Markt sich plötzlich wenden kann. Zum Zeitpunkt der Drucklegung dieses Buches hat Toyota über 1 Millionen Fahrzeuge mit Hybridantrieb ausgeliefert, und alle anderen Hersteller haben ebenfalls entsprechende Maßnahmen eingeleitet. Wie der Markt sich letztendlich entwickeln wird, ist noch offen, aber dass der Energieverbrauch eine viel zentralere Größe einnehmen wird als in der Vergangenheit, ist allen Beteiligten inzwischen sehr deutlich geworden. 1,3 Milliarden Chinesen und 1 Milliarde Inder möchten auch an der Mobilität der westlichen Welt teilhaben – die Ressource Erdöl wird ohne Veränderung der Verbrauchsgewohnheiten dafür allerdings ganz sicher

nicht ausreichen. Toyota hat sich mit dieser Vision in jedem Fall einen weltweiten Wettbewerbsvorsprung und einen Entwicklungsvorsprung von
wenigstens drei Jahren erarbeitet.

Eine Vision ist somit ein stark unternehmerisches Element und beschreibt
die Position des Unternehmens am Markt nach einer Reihe von Jahren mit
den dann notwendigen Unternehmensressourcen. Eine gute Vision führt
das Unternehmen in eine Marktposition mit Alleinstellungsmerkmalen, so
dass Umsatz und Ergebnis ausgebaut werden können. Die Vision baut
dabei nicht auf den Märkten von heute auf, sondern schätzt die Märkte der
Zukunft ab und formuliert dann mit dieser Perspektive die eigene Position.
Die Vision des Unternehmens ist das Bekenntnis zu einem Ziel, das das
Unternehmen in einigen Jahren erreichen möchte. Hierbei ist Ziel nicht
numerisch definiert, sondern qualitativ.

Nachdem die Vision formuliert ist, besteht die eigentliche Arbeit in der
Entwicklung geeigneter Maßnahmen, der Konzeption von Zwischenschrit-
ten und dem Entwurf von direkten Zielen. Diese Vorhaben werden allgemein als

Strategie

bezeichnet. Die Strategie geht somit nicht – wie manchmal vermutet –
von der Vergangenheit aus, sondern vielmehr von einem Zeitpunkt, der
mehrere Jahre in der Zukunft liegt, und beschreibt dann den Weg, wie
dieser Punkt für das Unternehmen erreichbar wird. Basis für diese einzelnen Maßnahmen ist die gegenwärtige Situation (IST) und die dazuge-
hörende Vergangenheit (SOLL). Auch gehören die gegenwärtigen
Ressourcen (Menschen, Maschinen, Kunden) dazu. In der Strategie werden die Einzelschritte zum Ausbau beziehungsweise zur Veränderung
der eigenen Ressourcen beschrieben, um letztendlich die Vision erfolgreich umzusetzen. Das strategische Dreieck aus Unternehmen, Kunden
und Wettbewerb muss mit Leben gefüllt werden. Dabei sind Wettbewerbsvorteile zu erzielen, die wichtig für den Kunden sind, von diesem
wahrgenommen werden und sich als nachhaltig erweisen. Abbildung 1/6
zeigt den grundlegenden Zusammenhang für die Entwicklung einer
Strategie.

In der Unternehmensstrategie sind alle Teile des Unternehmens eingebunden. Jeder Unternehmensteil für sich wird auf das gemeinschaftliche
Ziel am Horizont – die Vision – ausgerichtet. Es existieren Zwischenziele

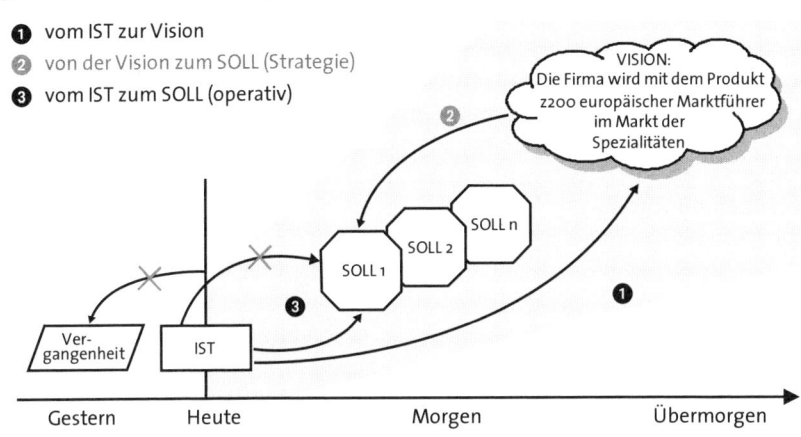

① vom IST zur Vision
② von der Vision zum SOLL (Strategie)
③ vom IST zum SOLL (operativ)

VISION:
Die Firma wird mit dem Produkt z200 europäischer Marktführer im Markt der Spezialitäten

SOLL n
SOLL 2
SOLL 1

Ver-gangenheit

IST

Gestern   Heute   Morgen   Übermorgen

Abbildung 1/6: Von der Vision zur Strategie

und -zustände, die als SOLL 1 und 2 bezeichnet werden (siehe Abbildung 1/6). Die Strategieentwicklung ist die Gestaltung all dieser Maßnahmen zur Entwicklung des Unternehmens mit seinen Kunden und Ressourcen. Die zusammenfassende Beschreibung der Maßnahmen auf allen Ebenen des Unternehmens ist die Strategie.

Erfolgreiche Strategien führen zu Wettbewerbsvorteilen und mehr Wachstum – es entstehen neue Perspektiven. Für die richtige Einschätzung der visionären Zukunft ist ein feines Gespür gefragt, um Zukunftstrends und deren Wirkung auf die Marktpotentiale und die Chancen des Unternehmens korrekt einzuschätzen.

Auch bei der Strategieformulierung ist eine gute Antenne von Vorteil, denn nicht alle Dinge ergeben sich zwangsläufig und sind logisch aus den Studien oder der Vergangenheit entwickelbar. Das richtige Gespür für den Markt und die im Unternehmen vorhandenen Ressourcen sind notwendig, damit alle Einzelmaßnahmen machbar und erfolgreich sind. Die Mitarbeiter müssen von der Machbarkeit überzeugt sein, damit wirkliche Unterstützung von allen Seiten auch vorhanden ist.

Die Vision muss Begeisterung auslösen.

Die Strategie muss in allen Schritten nachvollziehbar und machbar sein.

Bei Familiengesellschaften wird der Part der Vision vielfach vom Unternehmer oder Eigentümer selbst wahrgenommen. Eine profunde Marktkenntnis und der Wille zum Unternehmertum sind an dieser Stelle von zentraler Bedeutung. Die Formulierung der Vision ist ein ganz wesentliches Element, das den *Unternehmer* als Unternehmer definiert. Viele Dinge, insbesondere im Zusammenhang mit der Vision, werden hier mehr intuitiv gehandhabt.

Konzerngesellschaften bekommen vielfach ihren Geschäftsauftrag – und damit die Vision – vom Konzern vorgegeben. Insofern bestehen hier weniger Freiheiten. Spätestens dann, wenn sich Marktveränderungen zeigen, besteht Handlungsbedarf, und es wird gehandelt. Gute, marktfähige Visionen sind dann auch hier der Schlüssel zu neuen Strategien.

Das Vorteilspotential liegt bei der Gewinnung von Visionen deutlich bei den Familiengesellschaften, denn es besteht ein nicht unerheblicher Geschwindigkeitsvorteil. Voraussetzung ist, dass der Unternehmer mit seiner Vision richtig liegt. Die Geschwindigkeit wird durch eine meist nicht so tiefgehende Absicherung der Daten am Markt erkauft. Bei fehlerhaften Visionen des Unternehmers sind im Gegenzug die Konsequenzen in aller Regel auch deutlicher wahrnehmbar. Es wird viel länger der Vision gefolgt, als es notwendig wäre, um deren Fehlerhaftigkeit zu erkennen. Dies kann bis an den Rand oder sogar zu einer vollständigen Insolvenz führen.

Bei Konzerngesellschaften müssen die Gremien berücksichtigt werden. Die Vorbereitungsarbeiten bei der Vision sind weniger intuitiv, sondern beruhen auf Marktstudien und Marktrecherchen, möglichst von unabhängiger Seite. Die Objektivität ist größer, womit versucht wird, die Fehlerrate zu senken.

Anders sieht es bei der Erstellung der eigentlichen Strategie aus. Hier müssen beide Unternehmensformen gleichermaßen nachvollziehbare, vollständige und durchschlagskräftige Vorgehensweisen entwickeln, um am Markt bestehen zu können. Die Maßnahmen müssen ebenso umsetzbar wie finanzierbar sein. Sowohl interne Ressourcen wie auch Entwicklungen am Markt müssen richtig und vollständig eingeschätzt werden. Hieran ist eine gute Strategie zu erkennen. Hinzu kommt – ebenso ein wesentlicher Erfolgsfaktor –, dass die Strategie anschließend konsequent genug umgesetzt wird.

Es gibt auch Beispiele dafür, wie gute Visionen durch mangelhafte Strategien zum Misserfolg geführt haben. In Deutschland wurde Ende der

1970er-Jahre das Telefax entwickelt. Viele Unternehmen hatten die Vision, dass sich die Kommunikation hierdurch massiv verbessern ließe. Kein deutsches Unternehmen hat es geschafft, hieraus eine erfolgreiche Strategie zu entwickeln. Erst japanische Unternehmen wie Ricoh, Canon, Brother und auch andere haben die Vision aufgegriffen und strategisch Produkte auf den Markt gebracht, die die Vision erfolgreich mit Leben erfüllt haben. Es wurden Produkte mit Alleinstellungsmerkmalen entwickelt und über viele Jahre erfolgreich vermarktet, ohne dass ein deutsches Unternehmen je wieder den Entwicklungsvorsprung hat aufholen können.

Das Beispiel zeigt sehr schön, wie eine systematische und stimmig ausgearbeitete Strategie – in diesem Fall die einiger japanischer Unternehmen – zu langfristigem Erfolg führt. Strategieentwicklung braucht neben der richtigen Vision auch viel Gespür für den Markt und die eigenen Ressourcen, was wann machbar ist. Es ist immer das Ziel, für das eigene Unternehmen Alleinstellungsmerkmale zu entwickeln, die anschließend genutzt werden.

Die systematische Strategieentwicklung ist daher gerade für mittelgroße Unternehmen eine besonders große, aber auch schöne Aufgabe. Vielfach fehlen hier im Tagesgeschäft die geeigneten Ressourcen, um alle Konsequenzen aus einer schlagkräftigen Vision zu erkennen und geeignete strategische Maßnahmen abzuleiten. Es werden so Chancen oftmals nicht ausreichend erschöpfend genutzt. Eine gut ausgearbeitete Strategie bewirkt vielfach gesicherte und besser ausnutzbare Alleinstellungsmerkmale, die über die Jahre zu einem deutlichen Gewinnvorteil führen. Zusammenfassend sind folgende Erfolgsfaktoren relevant:

- eine Vision, die Alleinstellungsmerkmale beinhaltet,
- eine Strategie, die alle Parameter richtig berücksichtigt, und
- eine konsequente Umsetzung der strategischen Maßnahmen.

1.4 Weitere Besonderheiten

Eine Besonderheit aller Strategien ist es zumeist, dass sie langfristig wirken. Langfristig ist hier im Vergleich zu allen anderen Maßnahmen zu sehen, die ein Unternehmen sonst treffen kann. Strategische Entscheidungen sind die am längsten wirksamen Entscheidungen, die ein Unternehmen treffen kann. Selbst jede Investition ist nicht so langfristig, da sie immer die Folge einer darüber hinausreichenden Strategie ist.

25

Gerade aus diesem Blickwinkel heraus betrachtet, ist eine Steigerung der Genauigkeit von Strategien bei mittelgroßen Unternehmen besonders empfehlenswert. Defizite in der Strategie führen immer zu Nachteilen am Markt und damit im Profit eines Unternehmens. Auch der Zeitpunkt, ab dem eine neue strategische Ausrichtung notwendig wird, lässt sich vielfach genauer wählen. Noch bevor Umsatz und Ergebnis zurückgehen, muss das Unternehmen neue Alleinstellungsmerkmale entwickelt haben, damit die Unternehmensentwicklung dauerhaft positiv verläuft.

Die Langfristigkeit strategischer Entscheidungen rechtfertigt gerade bei den mittelgroßen Unternehmen einen erhöhten Aufwand. Dies gilt umso mehr, wenn Märkte durch Innovationen oder andere Faktoren in Bewegung kommen. Weiter hinten im Buch werden hierzu verschiedene Beispiele gegeben und Details zu den Ausführungen gemacht.

2 Kernkompetenzen

Warum sind Unternehmen erfolgreich? Was können sie besser als ihre Konkurrenten? Wie bauen etablierte Firmen mit bewährten Produkten ihre Marktanteile aus, oder wie können junge aufstrebende Firmen, die mit einer guten Idee schnell gewachsen sind, ihren Platz im Markt halten?

Eine erfolgreiche Firma ist Marktführer oder will es werden. Nur dann winkt die Chance auf überdurchschnittliche Gewinne. Sie definiert ihre Märkte sehr eng. In ihren Nischen ist sie allen wesentlichen Kunden bekannt und identifiziert sich bedingungslos mit diesem Markt.

*Du bist nur in Deiner Nische erfolgreich. Erfüllst Das erfolgreiche Wirtschaften bei anspruchsvollen Wachstumszielen nachhaltig zu sichern, ist eine der Hauptantriebskräfte der Unternehmensführer. Schwankungen des Umsatzes und Ergebnisses zeigen jedoch immer wieder die Anfälligkeit gegen äußere und manchmal auch innere Einflüsse.

Erfolgreiche Unternehmen passen sich den Veränderungen des Umfeldes an und verstärken ihren Erfolg durch die Konzentration auf ihre besonderen Fähigkeiten, mit denen sie ihre Kunden an sich binden.

2.1 Bedeutung von Kernkompetenzen

Bei strategischen Weichenstellungen ist „Sich auf die eigenen Stärken besinnen" eine bewährte Maßnahme. Man kann es auch die Konzentration des Unternehmens auf seine Kernkompetenzen nennen. C. K. Prahalad und G. Hamel (1990) definieren Kernkompetenzen als:

„… the skills that enable a firm to deliver a fundamental customer benefit."

[handwritten: Kern Kompetenz = Wettbewerbsvorteil]

Bei Michael E. Porter (1980, 1985) sind es die Wettbewerbsvorteile, die man nutzt, um im Konkurrenzkampf zu bestehen. Er unterscheidet zwischen Human Resources, physischen Ressourcen, Know-how-basierten Ressourcen und der Infrastruktur (siehe auch Kapitel 5).

Sieht man die Erfüllung der Kundenbedürfnisse als Auswirkung des Zusammenspiels in einer und um eine erfolgreiche Firma an, so kann man das Fischgrätenbild von Karuo Ishikawa sinngemäß verwenden:

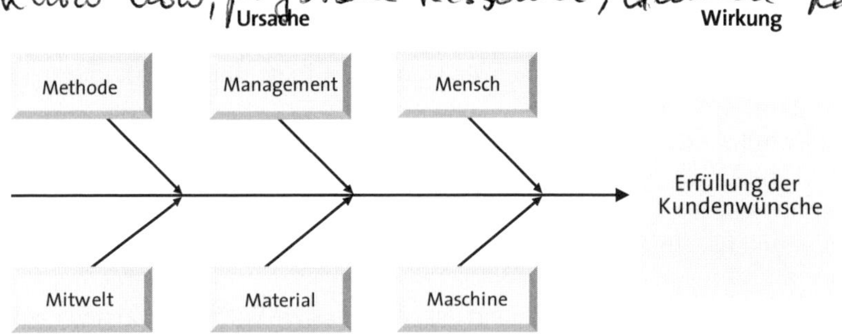

[handwritten: Was ist mein Wettbewerbsvorteil? Infrastruktur, Know how, physische Ressource, Human Ressource]

Abbildung 2/1: Ursache-Wirkungs-Bild von Ishikawa übertragen auf die Einflussgrößen für den Erfolg einer Firma

Ishikawa entwickelte sechs Kategorien, die im Deutschen alle mit dem Buchstaben „M" beginnen (6M): Mensch, Management, Methode, Maschine, Material, Mitwelt. Im sogenannten Fischgrätendiagramm stellen diese 6M die möglichen Ursachen und der Kopf die Auswirkungen dar.

Der *Mensch* als wichtigste Einflussgröße verkörpert alle beteiligten Personen, wie Mitarbeiter, Kollegen, Vorgesetzte, Anteilseigner und Familien der Mitarbeiter. Alles, was sie als Person ausmacht, wirkt als Ursache, Ausbildung, Erfahrungsgrad, Wohlbefinden, Motivation und vieles mehr.

Das *Management* spiegelt das Führungsverhalten, die Organisationsstruktur, offizielle und inoffizielle Vorgehensweisen und wesentliche Entscheidungen wider.

Mit *Methoden* sind alle Prozesse gemeint, um die wertschöpfenden Aufgaben zu erfüllen. Die Effizienz dieser Methoden hat entscheidenden Einfluss auf den Unternehmenserfolg.

Mit *Maschinen* sind alle Betriebsmittel gemeint, in der Produktion wie in der Verwaltung, die bei geeigneter Auswahl den Wertschöpfungsprozess wesentlich unterstützen.

Unter *Material* versteht man in diesem Zusammenhang den gesamten Materialfluss, vom Eingang in die Lager oder Büros bis hin zur auszuliefernden Anlage und begleitender Dokumentation. Die Durchlaufzeit für die Materialien ist ein Maß für die Güte einer Firma. Weiterhin fallen unter den Begriff Material die finanziellen Mittel sowie das sonstige Anlagevermögen.

Unter *Mitwelt* wird alles von außen auf die Firma einwirkende gesehen: Berichte in der Presse, das Wetter, die Gesetzgebung, Konkurrenten etc.

Nimmt man noch die Zeit als Parameter hinzu, erkennt man die unendliche Vielfalt der Ausprägungen für das Profil einer Firma.

Die Kernkompetenzen eines Unternehmens liegen dort, wo bestimmte, und zwar wesentliche Tätigkeiten im Vergleich zur Konkurrenz besonders gut ausgeführt werden können. Damit erzeugen sie einen Kundennutzen, der durch den Kauf eines Produktes oder einer Leistung honoriert wird und dadurch zum Wettbewerbsvorteil wird. Kernkompetenzen entstehen aus der Kombination verschiedener Fähigkeiten und Ressourcen, die als einzelne unbedeutend erscheinen mögen, aber im Zusammenspiel das überzeugende Bild gegenüber dem Kunden erbringen. Für Wettbewerber sind sie nicht direkt transparent und daher schlecht zu kopieren.

Der Kundennutzen kann in der Fähigkeit des Produktes oder der Dienstleistung liegen, etwas besonders hochwertiges, sei es in qualitativer, terminlicher oder preislicher Hinsicht beziehungsweise eine gewichtete Kombination dieser Eigenschaften, anbieten zu können. Er kann aber auch darin liegen, dass dem Kunden andere kaufentscheidende Vorteile geboten werden, zum Beispiel die Vermittlung einer attraktiven Finanzierung.

Wenn der Kundennutzen konkurrierender Produkte oder Leistungen nicht objektiv vom Kunden ermittelt werden kann, können mithilfe eines guten Marketings zum einen die objektiven Produktparameter transparent gemacht und zum anderen die subjektive Kaufbereitschaft gefördert werden.

Somit können die unterschiedlichsten Bereiche in einem Unternehmen zur Kundenzufriedenheit und zum Verkaufserfolg beitragen. Schafft die Firma dieses nachhaltig, wird ihr Produkt- oder Firmenname zur Marke. Ein bekannter Markenname steht summarisch für die Kompetenzen der dahinter stehenden Firma.

Herrmann Simon (1996) hat ab 1986 kleine und mittelständische Firmen untersucht, die seit Jahren Weltmarktführer in ihren Nischenmärkten sind. Auch wenn ihre Namen nicht so bekannt sind wie die der großen Marken, so haben sie dennoch in ihren Märkten international eine herausragende Position erarbeitet, die sich in nachhaltig guten Ergebnissen niederschlägt. Er stellt fest, wo die Wettbewerbsvorteile dieser Firmen liegen:

- Sehr oft haben diese Firmen nur ein kleines, aber innovatives Produktspektrum, das sie weltweit vermarkten. Sie haben durch permanente Weiterentwicklung und einen konstruktiven Dialog mit ihren Kunden den Nutzen ihres Produktes stetig erhöht. Dadurch verschiebt sich das Geschäftsfeld manchmal schleichend, aber immer hin zum besseren Kundennutzen und entsprechender Kundenbindung.

- Besonders interessant ist Simons Arbeit von 2007 (Simon 2007), in der er die „hidden champions" von damals mit ihrer heutigen Situation vergleicht und feststellt, wie enorm leistungsfähig diese Firmen trotz teilweise gravierender Marktverschiebungen geblieben sind, und dass einige den Sprung zum Großunternehmen geschafft haben.

- Viele erfolgreiche Firmen sind mit ihren Kunden gewachsen, haben ihre Ressourcen verbreitert und damit die Hürden für einen Konkurrenzeinstieg erhöht. Der kreative Unternehmer mit dem engen Kundenkontakt hat die Firma aufgebaut, die richtigen Mitstreiter engagiert und einen Wissenspool errichtet. Die Arbeitsteilung ist nur so groß wie nötig. Dadurch ist die Motivation der Mitarbeiter entsprechend hoch.

2.2 Kompetenzen im Maschinen- und Anlagenbau

Die besonderen Fähigkeiten eines erfolgreichen Unternehmens können im Prozessablauf an den verschiedensten Stellen liegen (siehe Abbildung 2/1). Es ist sinnvoll, sie exemplarisch zu beleuchten, um zu verstehen, wie komplex die Zusammenfassung zu Kernkompetenzen sein kann. Die Beispiele werden weitestgehend vom Maschinen- und Anlagenbau entliehen, haben aber vielfach allgemeine Gültigkeit.

Der Maschinen- und Anlagenbau ist in allen Industrieländern in eine führende Rolle hineingewachsen. Als „intermediäre" Industrie ist er zwischen den Rohstoffe gewinnenden Industrien und denjenigen, die Endprodukte, vor allem für den Konsum, herstellen, positioniert. Die rasante technische Entwicklung stellt besondere Herausforderungen an die Maschinen- und Anlagenproduzenten, um ihre Position im Weltmarkt zu halten beziehungsweise zu verbessern.

Der Entwicklung und Konstruktion des Produktes kommt naturgemäß eine sehr hohe Bedeutung zu. Hier entscheidet es sich, ob man den Kundenwunsch nach Lösung einer Aufgabe kostengerecht erfüllen kann. Die Kundennähe des Entwicklungspersonals ist für den Erfolg eines Produktes sehr wichtig. Vor Ort, dort, wo das bisherige Produkt eingesetzt wird, wird nach Verbesserungen gesucht. Bei solchen Gelegenheiten nimmt man bereits die nächsten Problemfelder oder Verbesserungspotentiale des Kunden zur Kenntnis und kann sehen, ob die Lösungen aus dem eigenen Haus kommen oder mit Partnern gelöst werden können.

Manchmal gelingt der große Sprung in eine neue Technologie, die die alte Methode ablöst. So haben sich Firmen, die bisher Etikettendrucker, Verpackungen, Transportpaletten, Paketverteilsysteme, Montageanlagen oder andere logistikorientierte Produkte hergestellt haben, von der Barcode-Technik zur RFID-Technik weiterentwickelt. Das Verständnis vom Prozess gepaart mit dem Produktwissen macht diese Lieferanten für ihre Kunden

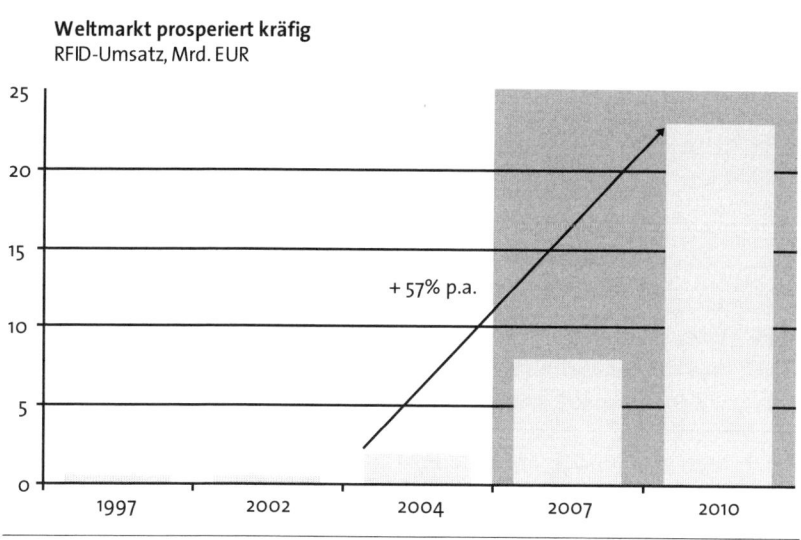

Abbildung 2/2: Prognose für die Entwicklung des RFID-Weltmarktes (Quelle: DB Research 2006)

interessant. Mittlerweile spielt RFID neben der Logistikbranche und Automobilbranche unter anderem auch in der chemischen Industrie und Pharmazie, in der Flugsicherheit, im Militär, bei der Herstellung elektronischer Ausweisdokumente, im Gesundheitswesen sowie im Verkehr eine zunehmende Rolle (BMWi 2007). Für die Überwachung in der Lebensmittelindustrie erwartet man enorme Zuwächse, um Haltbarkeitsdaten und Temperaturgrenzen zu überwachen. In den nächsten zehn Jahren soll sich das weltweite RFID-Volumen nur in der Lebensmittelerzeugung auf 6,5 Milliarden Euro erweitern und der RFID-Gesamtmarkt soll sich von 2006 bis 2016 auf weltweit 20,5 Milliarden Euro fast verzehnfachen (Abbildung 2/2).

Die Produkte im Detail zu kennen und weiterzuentwickeln bietet die Chance, Marktnischen zu besetzen und mit dem erworbenen Wissen weitere neue Produkte hervorzubringen. Wie aber entstehen solche Entwicklungen (siehe auch Kapitel 3.2)?

Es gibt vielfältige Ansätze, um sein Produkt neu- oder weiterzuentwickeln. Nur beispielhaft seien die folgenden Möglichkeiten aufgeführt:

Entwicklungen aus 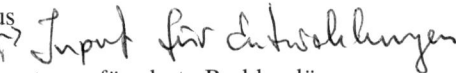 (?) Input für Entwicklungen

- der Auftragsumsetzung für akute Problemlösungen,
- Rückmeldungen der Montage und Inbetriebnahmemannschaft,
- Gesprächen und Besuchen beim Kunden,
- Konkurrenzbeobachtung im Markt und bei Patentanmeldungen,
- eigenen strategischen Überlegungen.

Je größer der Entwicklungsschritt mit einer neuen Idee ist, desto größer ist das Risiko, eine Fehlentwicklung mit entsprechenden Kosten zu betreiben. Gleichzeitig wächst aber die Chance für neue wesentliche Differenzierungsmöglichkeiten.

Erfolgreiche Firmen haben oft ein gut durchlässiges und innovationsfreudiges Betriebsklima oder starke Führungspersonen, die den strategischen Wert einer Idee beurteilen können und, wenn sie erfolgversprechend ist, mit Nachdruck die Umsetzung betreiben.

Am besten ist natürlich die Kombination aus Beidem. Geschwindigkeit ist auch in der Entwicklung gefragt, um nicht am Markt vorbeizuentwickeln und viel Geld zu verschwenden.

**Stärkung der Wettbewerbsfähigkeit durch
effiziente Entwicklungsarbeit**

Entwicklungsfreudiges Klima
- ▸ Förderung der Kreativen

Entwicklungsthemen priorisieren
- ▸ klare Zielsetzungen
- ▸ Ergebnisrelevanz prüfen
- ▸ Umsatzrelevanz prüfen

Enges Zeitgerüst mit Meilensteinkontrolle
- ▸ Entwicklungscontrolling

Feedback der erreichten Ziele
- ▸ routinemäßiger Bericht nach Einführung in die Praxis

Abbildung 2/3: Entwicklungsorganisation

Je größer die Firma ist, umso systematischer sollte der Entwicklungsprozess ablaufen. Die vorhandenen Ideen mit strategischer Bedeutung können auf ihren Einfluss auf den Markt, den Umsatz, das Ergebnis und eventuelle Substitutionsfolgen untersucht und anschließend priorisiert werden. Damit verzettelt sich die Entwicklungsmannschaft nicht und arbeitet an den wichtigen Projekten. Konsequentes Projektmanagement, klare Zwischenziele und marktgerechte Einführungskonzepte helfen, den Erfolg zu sichern und Ausfälle in Zeit und Kosten zu minimieren.

So ergibt sich für den Entwicklungsprozess ein eigener Ablauf mit vielfältigen Schnittstellen zu den auftragsabwickelnden Bereichen.

Im Maschinenbau ist es meistens die Kombination aus Mechanik, Hydraulik, Pneumatik und Elektrotechnik beziehungsweise Automatisierung, die das Produkt beschreibt. In jedem dieser Bereiche entsteht ein Teil, vielleicht der entscheidende Teil des Kundennutzens. Führende Firmen verwenden die modernen Mittel des 2-D oder 3-D CAD in der Konstruktion, wodurch enorme Effizienzsteigerungen möglich werden. Dem kostensparenden Einfrieren ausgeführter Konstruktionen steht der Kundenwunsch nach permanenter Leistungssteigerung oder Qualitätsverbesserung entgegen. Hier ist die Strukturierung der Konstruktionen wichtig, die Aus-

**Vorteile einer guten Standardisierung/
Modularisierung der Produktpalette**

- geringere Fehlerquote im Wiederholungsfall
- kürzere Durchlaufzeiten aufgrund normierter Ablaufprozesse
- sichere Austauschbarkeit
- reduzierter Ersatzteilvorrat
- einfachere Dokumentation und Einkaufsarbeit
- Unterstützung des Vertriebs durch Konfiguration funktionsfähiger Angebotsmodule

Abbildung 2/4: Kosteneffizienz dank guter Standardisierung

tauschbau zulässt, trotz permanenter Weiterentwicklung. Im Automobilbau ist diese Vorgehensweise seit langem eingeführt.

Die Lösung liegt in einer produktspezifischen Standardisierung. Grundsätzlich verringert jede Art der Standardisierung das Fehlerrisiko und erhöht damit die Kundenzufriedenheit. Die Standardisierung sollte zum Kunden hin flexibel und nach Innen klar modular strukturiert sein und von verantwortlichen Mitarbeitern unternehmensweit gepflegt werden. Die Vorteile einer guten Standardisierung sind vielfältig.

Die Frage, wie weit die Standardisierung in eine feststehende Baureihe mündet oder wie flexibel die Anlagenfunktionen kombiniert werden können, ist in jedem Einzelfall zu untersuchen und festzulegen. Besonders in Bereichen, in denen man untergeordnete, aber immer wiederkehrende Maschinenkomponenten hat, die zeitaufwendig in der Fertigung oder Montage sind, kann man sehr viel Zeit und Geld durch Standardisierung einsparen. Dieses Einsparpotential an Zeit und Kosten ist bei Verrohrungen, Elektroleitungen, Schaltkästen, Antriebseinheiten, Verkleidungen, Zu- und Abfuhreinheiten und vielen anderen Baugruppen möglich. Man braucht nur einmal durch die Montageabteilung zu gehen und zu zählen, wie viele verschiedene Werkzeuge und Handgriffe benötigt werden, um das Produkt beziehungsweise die Maschine zu montieren. Auch bei Know-how-Elementen, wie zum Beispiel funktionsbestimmenden Pneumatik- und Hydraulikbaugruppen, Aktuatoren, Sensoren bis hin zu technologischen Regelungen und Prozess-Steuerungssoftware, lohnt sich das Denken in Modulen.

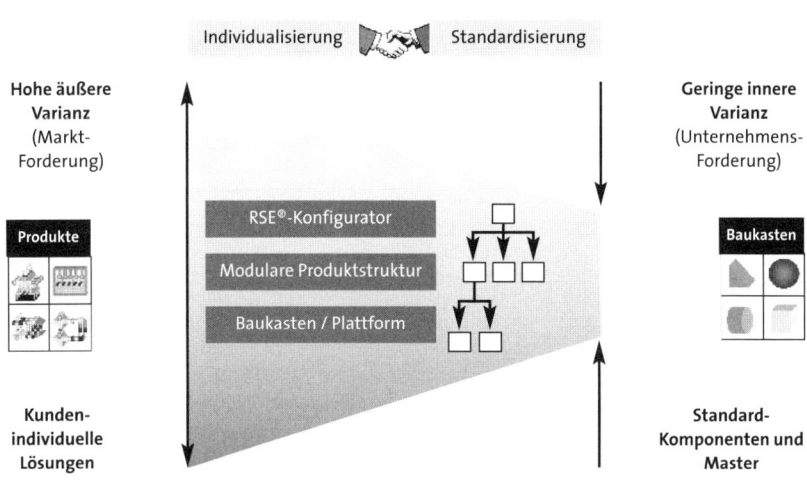

Abbildung 2/5: Konstruktion durch Konfiguration (Quelle: ACATEC Software GmbH, Dr. Wüpping Consulting)

Hat man kreativ in Modulen konstruiert, ist der nächste Entwicklungsschritt, geeignete Konfiguratoren einzusetzen.

Moderne Konfigurationssysteme werden nicht nur als Steuersystem für komplexe 3D-CAD-Modelle oder zur Auswahl von Katalogkomponenten/Produkten oder zur Auslegung von Standardvarianten eingesetzt, sondern dienen auch zur Generierung kundenindividueller Varianten und Systemlösungen.

Bewegungsanalysen, Kollisionsbetrachtungen, Gewichts-, Festigkeits- und Schwingungsberechnungen lassen sich aus den 3-D-Modellen ebenso ableiten wie die CNC-Programme für die Fertigung. So lässt sich Variantenvielfalt beherrschen, um kostengünstig fertigen zu können und dennoch dem Kunden seine spezielle Lösung zu bieten. Die technische Dokumentation lässt sich mit Explosionszeichnungen, die auf Knopfdruck aus den 3-D-Modellen erstellt werden, anschaulich erklären. In modernen Systemen können verschiedene Mitarbeiter gleichzeitig an einem Modell arbeiten. Das geht auch länderübergreifend. Dadurch wird die Konstruktionsphase verkürzt und sogenannte „floating-licenses" lassen sich rund um die Uhr nutzen.

Werden innovative Firmen größer, versuchen sie, Bereiche, die sie bisher zugekauft haben, zum Beispiel die Hydraulik oder Pneumatik, mit eigenen Ideen zu inspirieren, um damit einzigartige Lösungen am Markt anbieten zu können. Das Wissen der Firma wird erweitert und bietet neue Ansätze für internes Wachstum.

In der Konstruktion werden ca. 80 Prozent der Kosten einer Maschine oder Anlage festgelegt. Daher ist eine funktionsgerechte und kostengünstige Konstruktion einer der größten Hebel für marktgerechte Produkte. Hier liegt eine Chance zum Erfolg, wenn man es schafft, das Wissen der guten Konstrukteure mit den Fähigkeiten der modernen CAD-Systeme zu kombinieren. Dann wird in kurzer Zeit eine kostengünstige und möglichst modular strukturierte Konstruktion entstehen, die das Wissen um die Technologie des Endproduktes fehlerarm umsetzt.

Erfahrungen mit besonders geeigneten Werkstoffen, Wärmebehandlungen, Oberflächenbeschichtungen oder besonderen Bearbeitungsschritten, die für die gegebenen Umstände optimiert wurden, können die Konkurrenzfähigkeit wesentlich verbessern, wenn zum Beispiel schnell laufende Teile statt aus Stahl besser aus Kohlefasern hergestellt oder Linearantriebe anstelle bisher üblicher Zahnstangenantriebe eingesetzt werden.

Die Automatisierung oder auch Automation beschäftigt sich mit dem Einsatz von Steuerungs- und Verarbeitungsfunktionen, die einzelne oder miteinander verbundene Arbeitsvorgänge von Maschinen starten, überwachen und beenden. In der Automatisierung steckt heute das gesamte Wissen über die Prozesstechnologie und die Abläufe in Maschinen und Anlagen. Das Verfahrens-Know-how wird in Software umgesetzt. Hier trifft sich die Erfahrung des Kunden, der einen Produktionsprozess durchführt oder seinerseits ein Produkt zusammenstellt, mit der des Lieferanten, der die Abläufe in der Automatisierungstechnik beschreiben und kostengünstig ablaufen lassen muss. Dazu müssen Entwicklungsingenieure die Verfahrensschritte der technologischen Prozesse verstehen und durch Formeln beschreiben können.

Die verschiedenen Hierarchieebenen der Automatisierungstechnik, angefangen bei Level 0, der Ebene der Sensoren und Aktuatoren, bis zu Level 3, der übergeordneten Prozessleitebene für Produktionsplanung und -steuerung, erfordern unterschiedliche Fähigkeiten und Erfahrungen bei den Mitarbeitern. Hier zeigt sich, dass es nur bei einer Mindestgröße des Unternehmens gelingt, diese umfangreichen Wissensfelder insgesamt abzude-

Struktur mit Simulator anstelle realer Anlage

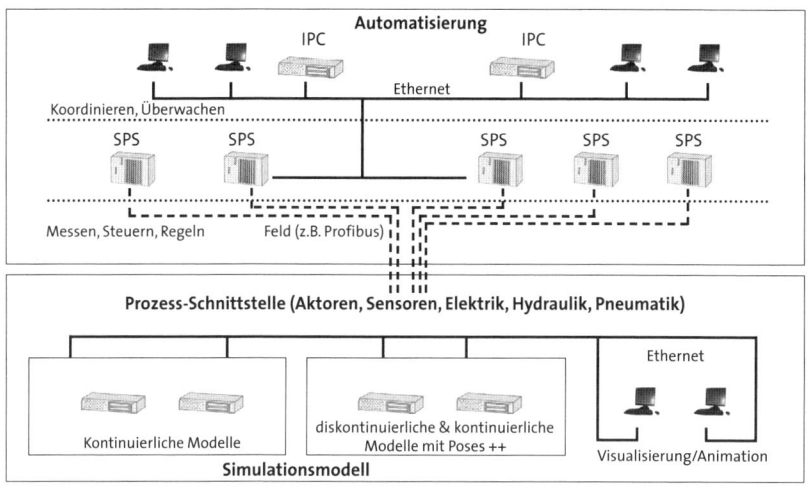

Abbildung 2/6: Echtzeit-Simulation komplexer Anlagen (Quelle: GPC mbH)

cken. Demzufolge ist auch die Eintrittsschwelle für Neueinsteiger sehr hoch. Vielfach kann man sich mit marktüblichen Standardlösungen behelfen, die natürlich auch der Konkurrenz zugänglich sind.

Je größer und komplexer die Anlagen werden, desto wichtiger wird es, vor Auslieferung zu wissen, ob die Software fehlerfrei programmiert ist und funktionsgerecht läuft. Ein In-House-Abnahmetest (Abbildung 2/6), bei dem die komplette Automatisierungstechnik gegen einen Simulator gefahren wird, kann helfen, die Liefer- und Inbetriebnahmezeiten zu reduzieren. Außerdem wird es damit möglich, das Kundenpersonal frühzeitig am Simulator zu schulen.

Für den Kunden bedeuten kürzere Lieferzeiten einen früheren Cashflow und damit bessere Wirtschaftlichkeit. Besonders im Bereich der Automatisierungs- und Steuerungstechnik kann durch geeignete Softwaresysteme eine Standardisierung unterstützt und damit der Aufwand von Auftrag zu Auftrag reduziert werden. Für ganze Stahl- und Walzwerke wird so heute die Software wie im Flugsimulator getestet, ohne dass die riesigen Anlagenteile dafür aufgebaut werden müssen. Viele Anlagenbauer versuchen so, die Qualität ihrer Lieferungen bei niedrigeren Gesamtkosten zu erhöhen, da viele teure Stillstände beim Kunden und dadurch notwendige Expertenreisen vermieden werden sollen.

für termingerechte Fertigung

In der Fertigung kann eine Menge kaufentscheidendes Know-how liegen. So ist eine termingerechte Fertigung zwar immer gewünscht, aber bei gut ausgelasteten Firmen nur mit guter Planung, Logistik und persönlichem Einsatz zu erreichen – gibt es doch bis heute kein vernünftiges Feinplanungsinstrument für die komplexen Abläufe in Fertigung und Montage von Einzelmaschinen und -anlagen. Die enorme Vielfalt möglicher Störungen im Griff zu behalten, bedarf unter anderem langer Erfahrung, die weitergegeben werden muss, da man sie sich nicht in Kürze aneignen kann. Bei teuren Maschinen und Anlagen, zum Beispiel Papiermaschinen oder Kraftwerken, entstehen bei verspäteter Lieferung hohe Folgekosten, entweder als Pönale beim Lieferanten oder als fehlender Cashflow beim Kunden.

Die Zusammenarbeit der Fertigung mit dem Einkauf kann terminentscheidend sein, da man auf der einen Seite den spätesten Bestelltermin anstrebt, auf der anderen Seite mit plötzlichen Verschiebungen aufgrund unvorhersehbarer Störungen rechnen muss.

Fertigungsbereiche in erfolgreichen Firmen besitzen eine sehr produktspezifische Ausstattung, die zum Teil eine große Eintrittshürde für Konkurrenten sein kann beziehungsweise zu besonderen Qualitätsmerkmalen der Produkte führt. Damit leisten sie einen oft vernachlässigten Beitrag zur Kundenzufriedenheit.

Mit kostenbedingt sinkender Fertigungstiefe geht das umfangreiche Wissen um die technischen Möglichkeiten langsam verloren, und fertigungsorientierte Chancen, sich durch intelligente Lösungen vom Wettbewerb zu differenzieren, fallen weg. Gut ausgebildete, erfahrene Mitarbeiter können das für einige Zeit kompensieren, in dem sie die Pflichtenhefte für die Lieferanten entsprechend formulieren. Mittelfristig werden dadurch Fähigkeiten verschüttet und Möglichkeiten der Differenzierung ausgelassen. Die Lieferanten lernen daraus für ihre anderen Kunden, unter anderem für die Lieferungen an die Konkurrenz. Viele der „hidden champions" besitzen eine außergewöhnlich hohe Fertigungstiefe und profitieren davon in verschiedener Hinsicht (Simon 2007). Sie beschäftigen hochqualifizierte Mitarbeiter und schützen so ihr Kern-Know-how vor Nachahmung.

Ein bekannter, weltweit führender Hersteller von Nadeln für Strick-, Web-, Näh- und Tuftingmaschinen baut sich sogar Produktionsmaschi-

Hidden Champions nutzen die Fertigungstiefe für Differenzierungschancen.

nen für seine Nadelherstellungsprozesse selbst, um kein Know-how zu verlieren.

Um die Montage von Maschinen und Anlagen in der Firma oder im Kundenwerk gut und zügig durchzuführen, braucht man gut ausgebildetes Personal mit Erfahrung. Über die Jahre wird die Erfahrung in Ablaufprozessen dokumentiert und weitergegeben. Dennoch bleiben die Fähigkeiten des Unternehmens in diesem Bereich personenabhängig. Der Kontakt der Montagemitarbeiter zum Kunden ist nicht zu unterschätzen, da er eine andere Ebene anspricht als der Vertriebsbereich. Sind Konkurrenzprodukte im Kundenwerk, kann man hier häufig etwas dazulernen. Gute Firmen werten die Erfahrungen und Rückmeldungen der Montage- und Inbetriebnahmemitarbeiter aus, um sich das Wissen zu Eigen zu machen.

Nicht nur im Maschinen- und Anlagenbau kommt dem Einkauf große Bedeutung zu. Kostengünstig, den Qualitätsansprüchen gerecht werdend und termingetreu einzukaufen ist eine hohe Kunst. Schon lange lässt der Kostendruck eine Komplettfertigung in Deutschland nicht mehr zu. Etliche Kunden bestehen auf „local content", um Devisen zu sparen oder Knowhow zu sammeln. Ein international agierender Einkauf, der die günstigen Fertigungsfirmen kennt und sie nach Währungs- und Kostenvorteil einsetzt, kann sehr viel Geld sparen helfen und durch gute Qualitätssicherung den Ärger beim Kunden minimieren. In Zeiten gravierender Währungsschwankungen kann das überlebenswichtig sein.

Die Unterstützung des Einkaufes durch die konstruktiven Bereiche kann man mit einer einfachen Frage testen: „Wie viele Teile kann der Einkauf frei einkaufen und bei wie vielen muss er bei vorgeschriebenen Lieferanten bestellen und welchen Wert haben diese Bestellungen?"

Eine der wichtigsten Eigenschaften einer guten Firma ist „hohe Reaktionsgeschwindigkeit". Das widerspricht langen Verwaltungswegen mit vielen Entscheidungsschritten. Der Kunde hat *jetzt* eine Frage, ein Problem, eine Idee. Wer zuerst kommt, um mit ihm darüber zu reden, hat gute Chancen, einen Auftrag zu erhalten. Gute Reaktion hilft, dauerhafte Beziehungen aufzubauen, die einen großen Wettbewerbsvorteil bedeuten können. Man spricht offen über Stärken und Schwächen, man weiß, wo man im Wettbewerb liegt und kann sich so besser orientieren. Die Vertriebsmitarbeiter sollten nicht zu sehr in Produkten, sondern in Problemlösungen für den Kunden denken. Damit lässt sich nicht nur im Maschinen- und Anlagenbau die Marktposition festigen und ausbauen.

39

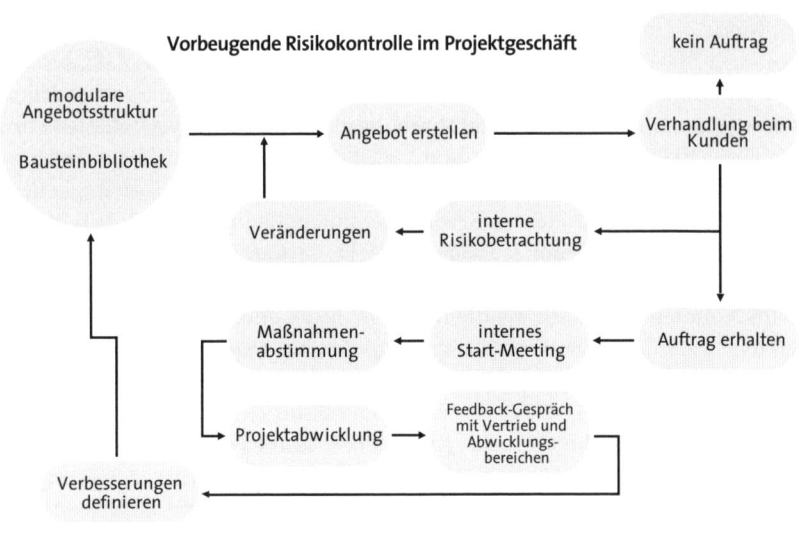

Abbildung 2/7: Risikomanagement im Maschinen- und Anlagenverkauf

Im international tätigen Maschinen- und Anlagenbau ist die Präsenz im Kundenland von entscheidender Bedeutung. Ob man mit Vertretern arbeitet oder mit eigenen Niederlassungen – in jedem Fall ist der qualifizierte Marktzugang in Abstimmung mit der Unternehmensstrategie entscheidend. Die Aufgabe lautet, aus den spezifischen Kenntnissen des Marktes ein bedarfsgerechtes Angebot zu erstellen, das sich im Einklang mit der Produktstrategie befindet. Klappt das auf Dauer nicht, sind gegebenenfalls die Produktpalette oder die Wertschöpfungsstufen im Kundenland zu überdenken.

Immer wieder unterschiedliche Anlagenkonfigurationen für die unterschiedlichsten Kunden bergen die Gefahr, dass der Vertrag viele kostentreibende Formulierungen enthält. Die vollständige Übersicht über den zu liefernden Umfang, die technischen und technologischen Risiken, ein Liefertermin, der eingehalten werden kann und viele andere Selbstverständlichkeiten sind bei komplexen Anlagen transparent zu machen, bevor der Auftrag angenommen wird. Nur mit einem präventiven Auftrags-Controlling durch offene Risikodiskussion zwischen den Vertriebsleuten und den abwickelnden Bereichen sind schmerzhafte Überraschungen zu vermeiden. Hier lohnen sich ausführliche Vertragsdiskussionen analog Abbildung 2/7.

Mittelfristig wird der Vertriebsbereich sensibler für die Probleme der Abwicklung, und die Abwicklung spürt intensiver den Druck vom Markt. Risiken transparent machen heißt nicht zwangsläufig, sie auszuschließen, aber sie lassen sich dadurch mit zeitlichem Vorlauf bedenken und bearbeiten und kommen nicht erst beim Aufbau der Anlage im Werk des Kunden auf den Tisch.

Bei langlebigen Produkten ist das Angebot eines jederzeit ansprechbaren, reaktionsschnellen Servicebereiches von großer Bedeutung. Die Mitarbeiter dieses Bereiches haben Zugang zum Kunden auf der Arbeitsebene und erfahren dadurch oft mehr über Vor- und Nachteile der eigenen Produkte und der der Konkurrenz, als das den Vertriebsmitarbeitern möglich ist. Erfolgreiche Firmen bauen um den Service eine eigene Ablauforganisation, manchmal sogar mit eigener Fertigung und Beschaffung. So soll verhindert werden, dass durch die Tagesprobleme mit den Hauptprodukten der Firma die wertmäßig kleineren Servicethemen aus bereichsorientierten Prioritätsgedanken vernachlässigt werden. Im internationalen Geschäft kann der Service aus dem Kundenland eine kostengünstige Alternative gegenüber dem Service aus dem Stammhaus sein. Dazu bedarf es einer geeigneten Produktstruktur bei ausreichend breiter Basis und einer guten, systematischen Weiterbildung der Servicemitarbeiter.

Erfolgreiche Firmen investieren in Betriebsmittel, die die Konkurrenzfähigkeit erhöhen. In der Bürokommunikation und der Konstruktion/ Entwicklung ist der Einsatz moderner Hard- und Software zur Verbesserung der Produktivität selbstverständlich. In der Fertigung werden aus diesem Grunde teure Maschinen nur im Schichtbetrieb eingesetzt bis hin zum Rund-um-die-Uhr-Betrieb, zum Teil werden sie sogar über mehrere Schichten ohne Bedienpersonal mit automatischer Bestückung und Entnahme gefahren. Man achtet darauf, das Rüsten parallel zur Maschinenhauptzeit durchzuführen. Um die Investition abzusichern, ist die Frage, wie speziell oder wie universell die neue Maschine oder Anlage für die Fertigung sein soll, immer wieder neu zu beantworten. Auch hier können Simulationsrechnungen helfen, Geld zu sparen (Hanisch/Behrens 2008).

2.3 Mitarbeiter und Abläufe als Kompetenzschwerpunkte

Die Abbildung der Prozessorganisation in der IT-Landschaft hilft die Produktivität zu verbessern. Üblicherweise werden heute Standardsysteme eingesetzt, die ein hohes Maß an Flexibilität haben. Eine Kernkompetenz kann daraus entstehen, wenn es gelingt, wichtige Prozessschritte zu integrieren und daraus deutliche Durchlaufzeitverkürzungen zu erreichen.

Je größer die Firmen werden und je mehr Produkte sie anbieten, desto komplexer werden die Abläufe. Deswegen steht die Verbesserung der Zusammenarbeit und der Unternehmensprozesse bei vielen Unternehmern auf Platz eins der unternehmerischen Herausforderungen. Serienbau erfordert jedoch andere Abläufe als Anlagenbau. Je individueller also das Produkt für den Kunden ausgeführt wird, umso stärker bekommt der Auftrag Projektcharakter und benötigt ein entsprechendes Projektmanagement.

Eine Projektmanagement-Organisation führt meistens zu einer Organisation in Matrixform und ist dementsprechend schwierig zu führen:

Projektmanagementorganisation

Vorteile
- ▶ dezentrale Verantwortung
- ▶ viele unternehmerisch denkende und handelnde Einzelpersonen
- ▶ sehr reaktionsschnell
- ▶ der Kunde hat einen Ansprechpartner während des ganzen Auftrags

Nachteile
- ▶ schwieriger Veränderungsprozess: weg von funktionaler Organisation hin zur Projektmanagementorganisation
- ▶ viele Mitarbeiter sind mit ihrer neuen Rolle überfordert bzw. unzufrieden
- ▶ die Fachvorgesetzten empfinden einen Machtverlust

Abbildung 2/8: Vor- und Nachteile einer Projektmanagementorganisation

Die Vorteile überwiegen im komplexen Maschinen- und Anlagenbau. Die Nachteile sind zeitlich begrenzt zu sehen, aber nicht zu vernachlässigen. Hier bedarf es intensiver Schulung und Betreuung.

Noch weiterführend ist der Triage-Ansatz, indem man versucht, die Aufträge nach Typ, Problematik oder Kundengruppen mit angepassten Abläufen abzuwickeln. Es handelt sich um ein sehr komplexes Projektmanagement höherer Entwicklungsstufe, das betriebsintern klare Regeln und eine gute Führung benötigt.

Bei mehreren strategischen Geschäftseinheiten einer Firma kommt es immer wieder zu Vorfahrtsproblemen, wenn diese gleichzeitig auf zentrale Bereiche zugreifen. Hat das Unternehmen bis jetzt eine funktionale Organisation, wird nach dezentraler Organisation gerufen. Ist die bisherige Organisation zwar dezentral, aber zeigt ebensolche Schnittstellenprobleme, wird nach mehr Zentralgewalt gerufen. *Die beste* Organisationsform gibt es nicht, bloß viele Möglichkeiten, die Zusammenarbeit zu regeln. Bewährt haben sich Strukturen, die möglichst viele Mitarbeiter den Druck vom Kunden und der Konkurrenz direkt spüren lassen und damit die Identifikation mit den Firmenzielen fördern.

Wenn der Wille zur Zusammenarbeit stark genug ausgeprägt ist, funktionieren die verschiedensten Organisationsformen und lassen sich stetig an sachlichen Verbesserungen weiterentwickeln. Hierfür ist ab und zu das Machtwort des Unternehmers gefragt, aber dann bleibt die Organisation flexibel genug, um auf Veränderungen schnell zu reagieren.

Gibt es zu viele Bereichsegoismen, erfüllt die Organisation nicht ihren ursprünglichen Zweck, die Abläufe flüssig zu halten, sondern wird für den Erhalt von „Fürstentümern" missbraucht. Solche Probleme sind in inhabergeführten Unternehmen seltener, aber je nach Größe nicht ausgeschlossen. In Firmen, die von angestellten Managern geführt werden, ist diese Gefahr größer. Man kann der Problematik Herr werden, wenn man den Mitarbeitern durch eine klar formulierte Strategie, die bis auf die Abteilungsziele heruntergebrochen wird, die gewünschten Prozessschritte erläutert. Dann fällt kontraproduktives Verhalten schneller auf. Detailliert man die Organisationsanweisungen jedoch zu stark, wird die Firma unflexibel und langsam.

Eine gute Mannschaft ist eine Kernkompetenz, das heißt gutes Management und eingespielte qualifizierte Mitarbeiter, die sich auf den Kunden-

43

nutzen konzentrieren und dabei die Möglichkeiten des Unternehmens weiterentwickeln.

Die Qualität der Mitarbeiter ist für die Kompetenzen einer Firma umso bedeutender, je anspruchsvoller das Produkt ist. Nicht nur in der aktuellen Situation, mit globalem Mangel an Facharbeitern und technisch ausgebildeten Führungskräften, ist es wichtig, das Thema Personalsuche und -auswahl zum Chefthema zu machen. In einer aktuellen globalen Studie mit Schwerpunkt in Westeuropa von Deloitte Touche Tohmatsu und Economist Intelligence Unit (Deloitte Touche Tohmatsu/Economist Intelligence Unit 2007) sehen nur 4 Prozent der befragten CEOs ihr Human-Resource-Management als führend an, aber 85 Prozent bekennen, dass die qualifizierten Mitarbeiter ihr größter strategischer Erfolgsfaktor sind.

Deshalb zeichnen sich langfristig erfolgreiche Unternehmen meistens auch durch eine gute Aus- und Weiterbildung von Mitarbeitern aus. Viele haben hausinterne Schulungskurse, in denen nicht nur Fachwissen vermittelt, sondern auch die soziale Verknüpfung in der Mitarbeiterschaft gefördert wird, oft auch dadurch, dass die Firmen in ländlichen Bezirken liegen, in denen man sich auch nach Feierabend noch beim Fußball, im Gesangsverein, bei der freiwilligen Feuerwehr oder anderen privaten Veranstaltungen trifft und damit die persönlichen Beziehungen zwischen den Mitarbeitern enger und vielschichtiger sind als in einer Firma, in der man sich nur am Arbeitsplatz sieht. Aber auch jährliche Veranstaltungen, wie zum Beispiel Jubilarfeiern oder Weihnachtsfeiern, erhöhen die Bindung zum Unternehmen und damit die Identifikation mit der eigenen Arbeit.

Natürlich ist es eine Frage des Führungsstils, ob man hochqualifizierte Mitarbeiter nicht nur halten, sondern auch motivieren kann, neue Ideen einzubringen und für ihre Umsetzung zu kämpfen. Oft wird dieses Potential durch diktatorisches Gebahren der Vorgesetzten gehemmt. Fehler werden öffentlich kritisiert und an Personen festgemacht. Das kann bis zur Verunglimpfung von Mitarbeitern vor größeren Gruppen führen. Mitarbeiter, die diese Erfahrung gemacht haben, werden ihre Fehler nicht mehr freiwillig und frühzeitig aufdecken, sondern versuchen, sich hinter anderen Problemkreisen zu verstecken. Die Fehler kommen dadurch erst viel später ans Tageslicht und deren Behebung kostet ein Vielfaches dessen, was es bei frühzeitiger Meldung gekostet hätte. Im Anlagenbau können das leicht tausendfach höhere Kosten sein. Gut geführte Unternehmen nutzen Fehler als Chance, um Prozessverbesserungen festzuschreiben und dadurch nachhaltig ihre Abläufe zu stärken.

44

Wenn sich ein kooperativer Führungsstil positiv von oben nach unten über die Hierarchieebenen ausbreitet, werden die Ebenen durchlässiger für Talente. Die Potentiale der Mitarbeiter werden früher erkannt. Der Nachwuchs für Spezialisten und Führungskräfte kann langfristig gefördert werden.

() kooperativer Führungsstil von unten nach oben?

Überall dort, wo dieser Führungsstil nicht mit Überzeugung gelebt wird, besteht die Gefahr von „inneren Kündigungen" und Arbeit nach Vorschrift – ganze Äste des Firmenbaumes verkümmern. Für einen Unternehmer sollte es aber selbstverständlich sein, gute Leute zu fördern. Wenn ein angestellter Unternehmensführer sich aus Konkurrenzangst oder aus einer Profilneurose heraus gegen neue Talente sträubt, leidet die ganze Firma mittelfristig darunter.

Auch der konstruktive Umgang mit dem Betriebsrat ist in erfolgreichen Firmen oft beispielhaft. Jeder arbeitet zum Nutzen des Unternehmens, natürlich mit verteilten Rollen und etwas anderer Ausrichtung. Dadurch können solche Unternehmen schneller und unbürokratischer auf Schwankungen der Auslastung mit flexiblem Mitarbeitereinsatz reagieren. Nötige Strukturveränderungen lassen sich in kürzerer Zeit durch den Weg der Instanzen bringen. Auch Akquisitionen werden besser eingegliedert.

Nicht zu unterschätzen sind die Ängste der Mitarbeiter vor Veränderungen, die ihr Arbeitsumfeld betreffen. Bei der Einführung jeder neuen rationellen Technik, zum Beispiel dem Schritt von 2D- auf 3D-CAD-Systeme, neuen EDV-Systemen oder Standardisierungsansätzen, sind innere Widerstände auszuräumen, die durch die Angst vor dem Arbeitsplatzverlust aufkommen.

In erfolgreichen Unternehmen sind Vision und Strategie so klar formuliert, dass sich alle daran orientieren können. Die Verantwortung für das Tagesgeschäft wird delegiert. Die unternehmerisch denkenden und handelnden Führungskräfte auf den verschiedenen Ebenen des Unternehmens treffen Entscheidungen dort, wo sie benötigt werden.

Hier sprechen wir von der wichtigsten Kernkompetenz gut geführter Unternehmen. Sie führen vorbildlich und vermeiden Verschwendung an Zeit und Kosten bei der Erfüllung ihres Auftrages für die Kunden. Insofern ist auch eine strukturell perfekte Ablauforganisation nur wirksam, wenn die Einstellung der wesentlichen Führungskräfte mit der Unternehmensstrategie konform läuft. Der Kunde spürt die positive Unternehmenskultur und fühlt sich gut aufgehoben.

45

Kernkompetenzen sind Wertsteigerungen ?

2.4 Kompetenzanalyse

Kernkompetenzen sind die wertsteigernde Verkettung besonderer Fähigkeiten und Bereitstellung dafür hilfreicher Ressourcen. Die aufgeführten
Beispiele zeigen die Bandbreite der Fähigkeiten, die gute Unternehmen
auszeichnen können, nur ansatzweise. Das tiefe spezifische Wissen und die
Motivation der Mitarbeiter bedeutet zusammen mit den in der Firma
gesammelten Erfahrungen und Abläufen eine immense Vielfalt von Differenzierungsmöglichkeiten.

→ Wissen gepaart mit d. Motivation d. MA ?

Diesen sich stetig entwickelnden Fundus über die Zeit in Prozesse und
dokumentiertes Wissen zu übertragen, ist eine hohe strategische Aufgabe.

↪ hohe Aufgabe für das Wissensmanagement ?

Daher ist die folgende Frage immer wieder berechtigt: Warum kauft unser
Kunde bei uns? Für den Kunden kann es viele Gründe geben, die für den
Kauf entscheidend sind.

Wesentliche Gründe für die Kundenentscheidung

- ▸ Produktqualität
- ▸ Verhältnis zwischen Preis und Leistung
- ▸ Langlebigkeit des Produktes und der Lieferfirma
- ▸ Steigerungsfähigkeit der Produktion
- ▸ Anpassung an spezielle Gegebenheiten im Kundenwerk
- ▸ Liefertreue
- ▸ persönliches Verhältnis
- ▸ Servicequalität
- ▸ Reaktionsgeschwindigkeit
- ▸ Kulanz
- ▸ Hilfe bei Finanzierungen

Abbildung 2/9: Gründe für die Kundenentscheidung

Meistens sind es mehrere der oben genannten Punkte, die die Kundenbindung bewirken. Diese zu kennen ist wichtig für die Ausrichtung und die
weitere Entwicklung eines Unternehmens.

In vielen Fällen gibt es Alleinstellungsmerkmale, die patentrechtlich abge-
sichert sind. Allerdings vermeiden heute viele Firmen sogar, Neuentwick-
lungen zum Patent anzumelden, um Nachahmer, die das Patentrecht vor-

sätzlich verletzen, nicht detailliert in Kenntnis zu setzen. Mit Alleinstellungsmerkmalen entspannt sich die Konkurrenzsituation für eine gewisse Zeit. Man muss jedoch mit verstärkten Anstrengungen der Konkurrenz rechnen und darf sich auf solchen Erfolgen nicht ausruhen.

Auch wenn im Maschinen- und Anlagenbau die Kosten-Nutzen-Analyse wichtig ist, spielt doch das persönliche Verhältnis zum Kunden eine ebenso bedeutende Rolle. Es ist kaufentscheidend, wo er sich gut aufgehoben fühlt, wo er für seine Probleme offene Ohren findet und konstruktive Unterstützung erfährt. Im Investitionsgüterbereich findet der Kontakt zum Kunden auf höheren Ebenen statt als beim normalen Verkauf von Verbrauchs- oder Konsumgütern. Man kommt der Geschäftsführung näher beziehungsweise kann direkt mit Entscheidungsträgern verhandeln. Insofern ist eine regelmäßige Analyse der kaufentscheidenden Kompetenzen von großer Bedeutung für die strategische Ausrichtung eines Unternehmens. Marktanalysen, Kundenbefragungen und interne Strategie-Workshops helfen, das Wesentliche zu extrahieren (siehe auch Kapitel 8). Es gehört zum Handwerkszeug des Managements, sich auf seine Stärken zu besinnen. Nur dann kann eine gute, ergebnisorientierte Strategie formuliert werden, die sich an den Veränderungen des Marktes orientiert und dem Kunden und der eigenen Firma Nutzen bringt.

2.5 Die Wirkung von Konzentration auf die Kernkompetenzen

Die erfolgreichen Firmen haben sich in ihrem eng definierten Markt eine herausragende Stellung erarbeitet. Ihre Namen stehen für ihre Produkte. Ihre Kunden kennen sie und besprechen mit ihnen die weiteren Entwicklungen. Man folgt den Wünschen der Kunden und baut sein Produktspektrum entlang der Kundenstrategie aus. Dadurch bleibt der Kaufpreis in Relation zur Konkurrenz zwar ein wichtiges Argument, aber nicht das allein entscheidende.

Die Erhöhung des Wirkungsgrades, der Produkte ebenso wie der Organisation, ist eine ständige Managementaufgabe. Die Kunden fordern ein immer besseres Kosten-Nutzen-Verhältnis.

Die Konzentration auf Kernkompetenzen zwingt zu unternehmerischen Entscheidungen. Gelingt es uns, unsere Gewinnmöglichkeiten zu nutzen, oder verschwenden wir Energie an den falschen Stellen? Die Frage, was machen wir selbst, und was kaufen wir ein, wird dadurch strategisch entschieden. Wo kaufen wir Teile oder komplette Aggregate zu? Mit wem wollen wir bestimmte Entwicklungen gemeinsam betreiben? Was müssen wir schnell und intern vorantreiben, um den Kundenwünschen zu entsprechen oder um einen Wettbewerbsvorteil länger nutzen zu können?

Aus diesen vielschichtigen Verbesserungspotentialen sollte eine Make-or-buy-Strategie definiert werden, die nicht zu viel Entscheidungsspielräume beinhaltet. Im Maschinen- und Anlagenbau gibt es üblicherweise verschiedene kalkulatorische Zuschläge für eingekaufte und selbstproduzierte Produkte. Der Trend, aus kalkulatorischen Erwägungen heraus mehr einzukaufen, kann zu gravierenden Fehlentscheidungen führen. Die langfristige Absicherung der Wettbewerbsvorteile durch Berücksichtigung der Kernkompetenzen sollte strategiebestimmend sein. Dann bleibt der für den Kundennutzen wesentliche Teil der Wertschöpfung unter eigener Kontrolle, und weniger bedeutende Tätigkeiten werden zugekauft.

Die erfolgreiche Konzentration auf Kernkompetenzen führt mittelfristig zu einem positiven Image im Markt, das sich bis zu einem Markennamen ausbauen lässt. Man ist bekannt in seinem relevanten Markt und bekommt die Anfragen der Kunden fast automatisch.

Innerhalb der Firma ist der Druck des Marktes bis in alle Bereiche spürbar. Die Mitarbeiter wissen, dass sie nur durch pünktliche Lieferung und gute Qualität in der Ausführung die Kundenvorstellungen erfüllen können. Dementsprechend ist die Befriedigung groß, wenn am Jahresende wieder eine Vielzahl von Aufträgen erfolgreich abgewickelt wurden. Die Identifikation mit den Zielen der Firma ist ein Schlüssel zu guten Leistungen.

Das Management kann auf Basis der Kernkompetenzen und deren Weiterentwicklung eine einheitliche, strategische Mission formulieren, die sowohl nach innen wie nach außen kommunizierbar ist (siehe auch Kapitel 6).

Firmen, die ein gutes Image bei ihren Kunden haben, werden auch gerne auf neue Aufgaben angesprochen. So entwickelt man sich mit dem Erfolg der eigenen Kunden weiter. Oft wird die Produktpalette dadurch erweitert. Die Gefahr, Schiffbruch zu erleiden, ist geringer als bei eigenen Entwicklungen.

Die Kunden vergeben auch gerne Dienstleistungen an Lieferanten, mit denen sie schon eine gut funktionierende Geschäftsbeziehung haben. Sie

48

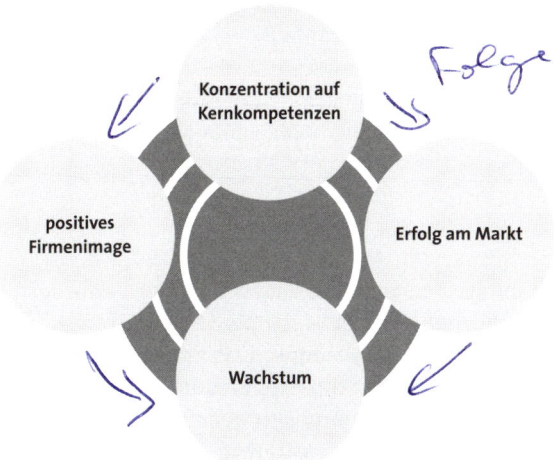

Abbildung 2/10: Strategische Ausrichtung an Kernkompetenzen

sichern sich durch die Geschäftserweiterung eine weitergehende Bindung, die zu gegenseitigem Vorteil führen kann. Für die Firmen ist der Ausbau des Servicebereiches eine langfristig attraktive Diversifikation. Die Margen im Servicebereich sind üblicherweise deutlich besser als im Maschinengeschäft.

Mit klarer Definition der eigenen Kernkompetenzen ist es möglich, sie auf neue Gebiete mit ähnlich gelagerten Aufgabenstellungen zu übertragen und damit in neuen Märkten erfolgreich zu sein. Kernkompetenzen zu erkennen hilft somit auch bei der Beurteilung, ob Akquisitionen zum Portfolio passen. Im Umkehrschluss hilft das Wissen um seine Kernkompetenzen auch dabei, sich von Geschäftsbereichen oder Firmen zu trennen.

Die Fähigkeiten der Mitarbeiter richtig einzusetzen bedeutet im Falle einer Akquisition, sich vorher über die benötigten Managementkapazitäten im Klaren zu sein. Ist beim Management nicht genug Zeit verfügbar, können Akquisitionen deswegen scheitern. Die Integration einer neuen Mannschaft erfordert gute Führung, klare Ziele und Betreuung auf dem Weg dorthin. Insofern ist eine Firma mit gutem Image, einer einfach formulierten Mission und von der Belegschaft getragenen Werten eher in der Lage, neue Bereiche aufzunehmen als eine ungeordnete, sich verzettelnde Gesellschaft.

3 Märkte, Lebenszykluskurve und Innovationen

Die Märkte sind heute ständig in Bewegung. Dies erfordert, dass sich das erfolgreiche Unternehmen an wechselnde Markttrends zügig anpassen muss oder diese Trends gar gestaltet. Die Prägung von Trends, aber auch eine Strategie der schnellen Anpassung bedingt die Fähigkeit zur Innovation, also der Entwicklung von neuen oder verbesserten Produktionsprozessen, Produkten und Dienstleistungen sowie deren erfolgreiche Vermarktung. Dabei ist zu beachten, dass Produkte und Dienstleistungen einem Alterungsprozess unterworfen sind, weswegen eine regelmäßige Überprüfung der Position auf der Lebenszykluskurve notwendig ist.

Dieses Kapitel zeigt, welche Bedeutung unterschiedliche Arten von Innovationen für ein erfolgreiches Unternehmen haben und anhand welcher Hilfsmittel eine Positionsbestimmung der eigenen Technologien und Produkte erleichtert wird. Die Methoden sind überwiegend von der Marktforschung entwickelt worden, die heute nicht mehr nur mit Absatz- und Beschaffungsmarktforschung gleichgesetzt werden kann. Diese wichtigen Bereiche stellen zwar den harten Kern der klassischen Marktforschung dar. Eine auf die Strategieentwicklung ausgerichtete Marktforschung muss aber weiter gefasst werden. Es geht darum, im Vorfeld alle Informationen zu nutzen, die aus strategischer Sicht bedeutsam sind. Daher bezieht sich Marktforschung neben den klassischen Betätigungsfeldern auch auf Unternehmensanalysen (zum Beispiel Innovationsexplorationen, Firmenimage), Umfeldanalysen (zum Beispiel gesellschaftliche und wirtschaftliche Rahmenbedingungen und Trends) und die Wettbewerbsanalyse (zum Beispiel Unternehmensprofile, Verhalten der Wettbewerber). Einen Überblick über die Aspekte der Marktforschung gibt Abbildung 3/1.

Marktforschungsmethoden können sowohl eher langfristig (strategisch) oder eher kurzfristig (taktisch oder operational) ausgelegt sein. Der Beitrag der strategisch ausgerichteten Marktforschung ist stets langfristig ausgerichtet und zukunftsorientiert. Strategische Marktforschung eruiert die zukünftigen Bedürfnisse der Kunden und versucht, die zukünftigen Ziele

Marktforschung ist mehr ...

Marktforschung	Unternehmens-analyse	Umweltanalyse	Wettbewerbsanalyse
Absatzmarktforschung	Innovationsexploration	politisch-rechtlicher Rahmen	Unternehmensprofile
Beschaffungsmarkt-forschung	Produktportfolio	technologische Trends	Verhalten der Wettbewerber
Vertriebswege	Firmenimage	ökonomische Bedingungen	
	Kundenzufriedenheit	globale Entwicklungen	
		gesellschaftliche Trends	

Abbildung 3/1: Marktforschung ist mehr (Quelle: Kotler/Keller/Bliemel 2007)

der Konkurrenten zu antizipieren. Es geht bei der strategisch ausgerichteten Marktforschung also nicht darum, wie man im heutigen Tagesgeschäft einen Wettbewerbsvorteil erlangt, sondern wie man einen langfristigen und nachhaltigen Wettbewerbsvorteil erringen kann.

Die folgenden Abschnitte zeigen, wo eine strategisch ausgerichtete Marktforschung ansetzen kann. Den Ausgangspunkt bildet die Erkenntnis, dass Innovationen die wichtigsten Gewinnbringer sind. Darauf aufbauend wird gezeigt, mithilfe welcher erprobten Vorgehensweisen und Tools erfolgversprechende Innovationen ausgewählt oder bestehende Produkte verbessert werden können. Kurze Fallbeispiele zeigen, wie die Marktforschung in der Praxis strategische Unternehmensentscheidungen unterstützen kann.

3.1 Die Bedeutung von Innovationen

Allgemein wird die Fähigkeit, fortwährend Innovationen zu generieren, heute als wesentlicher Erfolgsfaktor der langfristigen Wettbewerbsfähigkeit von Unternehmen angesehen. Beinahe jedes Unternehmen setzt sich zum Ziel, „innovativ" zu sein oder zu werden. Die Unternehmensstrategie sollte auch Innovationstätigkeiten berücksichtigen, da sonst die Wahrscheinlichkeit für die Durchführung von innovationsförderlichen Aktivitäten sinkt.

Empirisch orientierte Untersuchungen zeigen klar, dass innovative Unternehmen auch rentable Unternehmen sind (A.T. Kearney 2004). Die grundsätzliche Bedeutung von Innovationen für den Unternehmenserfolg kann somit als belegt gelten. Mit Innovationen lassen sich häufig höhere Gewinne als mit Altprodukten erzielen, da mit zunehmender Technologiereife viele Wettbewerber über ähnliche Produkte verfügen. Der Wettbewerb findet dann vornehmlich über den Preis statt. Wer zuerst auf dem Markt ist, kann demgegenüber einen höheren Preis erzielen – er ist quasi in einer Monopolstellung.

↳ Mit Innovationen lassen sich höhere Gewinne erzielen!

Um gleich mit einem verbreiteten Missverständnis aufzuräumen: Innovativ sein heißt nicht nur, über Erfindungsreichtum zu verfügen. Für reine Erfindungen passt besser der Begriff der Invention: Eine Invention kann eine neue Idee, ein Prototyp oder auch eine konkrete Entwicklung eines Konzeptes in der Phase vor der Markteinführung sein. Innovationen sind hingegen erfolgreiche Umsetzungen beziehungsweise Verwertungen von Inventionen am Markt. Diese ergebnisorientierte Begriffsbildung wurde maßgeblich durch den Ökonomen Joseph Schumpeter etabliert, für den alles Innovation ist, was einem Unternehmer Gewinne (sogenannte Innovationsrenten oder „Quasi-Renten") aus Vorsprüngen gegenüber Wettbewerbern bringt. Das heißt, wer innovativ sein möchte, muss die von ihm entwickelten Neuerungen am Markt etablieren oder – im Falle von Verbesserungen der Produktionsprozesse – durch Kostensenkungen oder Qualitätsverbesserungen Wettbewerbsvorteile erzielen können.

Wettbewerbsvorteile sichern – durch den richtigen „Innovations-Mix"

Es reicht aber nicht aus, die Anzahl der Produkte, die ein Unternehmen pro Jahr neu auf den Markt bringt, zu erhöhen, um langfristig rentabler zu werden. In der Praxis ist die Herausforderung durch Innovation vielschichtiger und weniger eindeutig: Es bedarf eines Innovationsmanagements, das den richtigen „Innovations-Mix" sicherstellt.

Welche Möglichkeiten der Zusammenstellung dieses Mixes hat ein Unternehmen? Zunächst muss man berücksichtigen, dass sich Innovationen deutlich in ihrem Neuigkeitsgehalt unterscheiden können. Allmähliche und stetige Weiterentwicklungen beziehungsweise Verbesserungen vorhandener Produkte oder Technologien sind sogenannte inkrementelle Innovationen. Inkrementelle Innovationen können Wettbewerbsvorteile durch permanente, kundenorientierte Anpassungen bestehender Produkte oder Verfahren sichern.

52

Signifikante Innovationen werden als Neuerungen bezeichnet, bei denen im Laufe der Technologiereifung deutliche Verbesserungen erzielt werden, wie Materialien mit deutlich verbesserten oder zusätzlichen Eigenschaften. Ein Beispiel für signifikante Innovationen im Materialbereich ist der Einsatz von speziell gefütterten Vliesstoffen in Thermobekleidung, wobei die signifikant neue Eigenschaft in der automatischen Wärmeregulierung unter Beibehaltung der Atmungsaktivität besteht.

In der Praxis weniger häufig vorkommend, aber meist von größerer ökonomischer Bedeutung sind Neuerungen, mit denen in der Entstehungsphase neue Pfade in methodischer oder in technischer Hinsicht beschritten werden. Diese werden *radikale Innovationen* oder auch *große Innovationen* genannt. Beispiel für eine radikale Innovation ist die Entwicklung der Brennstoffzelle, die im Mobilitäts- oder im Hausbereich den Einsatz alternativer Energieträger ermöglicht beziehungsweise ermöglichen wird und ein gänzlich neues Verfahren der Energieumwandlung darstellt.

Wenn es um Innovationen geht, stehen meist Produktinnovationen im Zentrum des Interesses. Produktinnovationen sind substantiell neue Produkte oder wesentliche Leistungsverbesserungen bei einem existierenden Produkt. Sie können sowohl neu für den Markt („Weltneuheit") als auch neu für das jeweilige Unternehmen sein. Produktinnovationen ermöglichen es einem Unternehmen, Wettbewerbsvorsprünge durch eine bessere Befriedigung der Kundenbedürfnisse zu erzielen. Produktinnovationen sind für die Kunden direkt sichtbar und können daher auch vom Markt bewertet werden.

↳ Nicht nur Produkt sond. auch Prozess,innovationen.

Führt ein Unternehmen hingegen innovative Investitionsgüter in seinen Produktprozess ein, so ist hierfür die Bezeichnung der Prozessinnovation üblich. Reorganisationen oder die Einführung neuer Managementregeln werden üblicherweise (ZEW 2007) nicht den Prozessinnovationen zugeordnet. Prozessinnovationen führen entweder zu Kostensenkungen im Produktionsprozess oder zu Qualitätsverbesserungen. Prozessinnovationen sind für die Kunden häufig nicht direkt sichtbar und werden meist von außen zugekauft. Beispiele für Prozessinnovationen sind die Implementierung von Simulationssoftware in der Forschung und Entwicklung, Supply-Chain-Management-Werkzeuge oder neue Klebetechniken in der Produktion. Bilden Produktinnovationen den „Grundstock" der Innovationstätigkeit von Unternehmen, sind Prozessinnovationen vor allem in der zweiten Phase und folgenden Phasen des Lebenszyklus von Produkten wichtig, um den ökonomischen Erfolg existierender Produkte sicherzustellen.

Abbildung 3/2 verdeutlicht, dass Innovationsstrategien nicht nur ausschließlich auf Produkte oder auf Prozesse bezogen sind, sondern sich oftmals gegenseitig bedingen. Außerdem existiert nicht *die* Innovationsstrategie, sondern Unternehmen haben vielfältige Möglichkeiten, sich am Markt zu behaupten. Für die Innovationsführerschaft ist es notwendig, möglichst signifikante oder radikale Innovationen hervorzubringen. Da die Kostenreduzierung hierbei nicht im Vordergrund steht, sind Prozessmodifikationen zweitrangig. Die Strategie der Innovationsführerschaft ist eine Pionierstrategie mit dem Ziel, als Erster technische Innovationen am Markt durchzusetzen. Unternehmen in reifen Märkten können ihre Wettbewerbsstärke hingegen durch Prozessmodifikationen erhalten, die kostensenkend wirken. Unternehmen, die ihre langfristige Wettbewerbsfähigkeit mithilfe von Durchbruchsinnovationen sichern, müssen auf Produkt- und auf Prozessinnovationen setzen.

Neben der Frage, ob man eher auf Produkt- oder auf Prozessinnovationen setzen sollte, muss sich ein Unternehmen überlegen, ob es Innovationsfä-

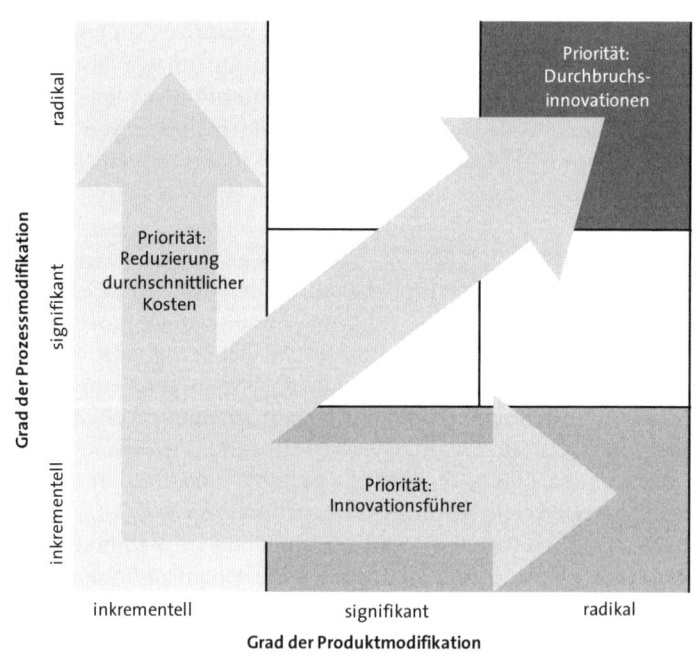

Abbildung 3/2: Innovationsstrategien

higkeit tatsächlich immer im Sinne eines Marktpioniers versteht, der Produkte entwickelt, die „neu für den Markt" sind, oder ob Innovationsfähigkeit als Kompetenz zur schnellen Marktanpassung interpretiert wird. Man spricht bei Letzterem auch von einem Imitator, der die Kunst der kreativen Nachahmung (Bullinger 1994) versteht. Kreative Nachahmer sind jene Unternehmen, die sich an Marktentwicklungen, Strategiewechsel von Wettbewerbern, neue Technologien und sich ändernde Kundenpräferenzen gut anpassen. Sie entwickeln zum Beispiel schnell und kostengünstig neue Produkte, können Produktionsmengen oder auch Produkttypen kundengerecht anpassen und erkennen Trends sehr früh.

Ob eher der Pionier oder eher der Imitator der erfolgreichere Unternehmer ist, ist Gegenstand zahlloser Untersuchungen und kann nicht generell beantwortet werden. Klar ist allerdings, dass es nicht immer von Vorteil ist, permanent die Innovationsführerschaft anzustreben. Viele Unternehmen verfolgen im Gegenteil eine Strategie der Anpassung an Marktveränderungen (Schäffer/Stoll 2007). Eine solche Strategie scheint vor allem im Pharmabereich erfolgreich zu sein, aber auch in anderen Branchen können Unternehmen benannt werden, die erfolgreiche Imitatoren sind.

Bei der Entwicklung einer Innovationsstrategie als Teil einer Unternehmensstrategie sind zudem „weiche" Faktoren, die sich nicht direkt an Forschungs- und Entwicklungsprozessen festmachen lassen, von enormer Bedeutung. Innovative Unternehmen zählen nicht unbedingt zu den Unternehmen mit den höchsten Ausgaben für Forschung und Entwicklung, sondern verbessern ihre Innovationsfähigkeit durch organisatorische Innovationen (A.T. Kearney 2004). Zum Beispiel stellen sie sicher, dass Mitarbeiter Ideen entwickeln und einbringen können, Freiheiten in der Forschung nutzen und an der Bewertung der Ideen und Projekte beteiligt sind. Diese erfolgreichen Unternehmen entwickeln zwar klare Zielvorgaben für die Produkt- und Prozessentwicklung, lassen aber Freiheiten für die Bewegung innerhalb der jeweiligen Roadmap und erteilen auch Entscheidungsbefugnisse für Ausgaben.

Ein Unternehmen im Innovationswettbewerb – sei es nun als Innovationsführer oder als Nachzügler – muss sich daher auch um den Aufbau einer passenden Innovationskultur kümmern. Da die Unternehmenskultur von Einstellungen und Werten der Mitarbeiter geprägt wird, lässt sie sich nicht ohne weiteres von oben verändern. Es hat wenig Sinn, einem mittelständisch geprägten Unternehmen ein rigides Anreizprogramm zur Erhöhung der Innovationsfähigkeit aufzudrücken, wenn dieses von den Mitarbeitern nicht akzeptiert und gelebt wird. Daher kann auch keine allgemeingültige Empfehlung zur Verbesserung der Innovationskultur ausgesprochen werden. Wichtig ist aber auf jeden Fall, dass durch die Verankerung der Innovationsstrategie in der Strategie eines Unternehmens ein gemeinsames Verständnis von Innovationen im Unternehmen erzeugt wird. Die Innovationsstrategie darf daher nicht in der Schublade eines Unternehmens verschwinden oder nur wenigen Menschen bekannt sein, sondern sie muss – zumindest in Grundzügen – innerhalb des Unternehmens kommuniziert werden.

Unternehmen können ihre interne Innovationskultur häufig durch einfach anmutende Maßnahmen verbessern. Dazu gehört etwa, auf verschiedenen Ebenen im Unternehmen zur Kommunikation über Innovationen anzuregen (Böhn 2006). Dabei können die Etablierung von Innovationsforen und die Herausgabe von unternehmensinternen Zeitschriften helfen. Zahlreiche wirtschaftlich erfolgreiche Unternehmen haben auch die Entwicklung von Belohnungssystemen für besonders innovative Mitarbeiter oder Mitarbeitergruppen in ihre Strategie aufgenommen. Diese Belohnung kann sowohl in materieller wie auch in nichtmaterieller Form erfolgen.

Außerdem muss sich ein Unternehmen in der Strategie damit auseinandersetzen, wie es mit gescheiterten Innovationsprojekten umgeht: Häufig ist es für die Innovationskultur schädlich, wenn gescheiterte Projekte mit einem Malus für die beteiligten Mitarbeiter einhergehen. Dies führt oft dazu, dass in der Folge in geringerem Maße notwendige Risiken eingegangen werden.

Ein weiterer Aspekt, die eine auf Innovationsfähigkeit ausgerichtete Strategie berücksichtigen muss, ist, den Mitarbeitern genügend Zeit für Lernprozesse – und damit verbundene Fehler – einzugestehen. Einige Unternehmen gehen dabei so weit, ihren Mitarbeitern in Forschung und Entwicklung einen Teil ihres Zeitbudgets (zum Beispiel 10 Prozent) für eigene Projekte zuzugestehen. Dies schafft Freiräume, um neue Wege zu gehen.

Innovationen sind also für die Sicherung des wirtschaftlichen Erfolges unabdingbar. Die Praxis erfolgreicher, technologieorientierter Unternehmen zeigt aber, dass mit herausragenden Ideen oder Technologien keinesfalls der wirtschaftliche Erfolg programmiert ist. Traditionell geprägtes Ingenieurdenken erliegt hier noch zu häufig der Vorstellung, dass sich für jede gute Idee und für jede Produktverbesserung Anwender und damit Märkte finden lassen müssten.

Die Entwicklung von Technologien muss somit stets die Umsetzungs- und Vermarktungsmöglichkeiten im Auge behalten, also auf eine permanente Marktbeobachtung gestützt werden, die möglichst objektive Informationen für die Innovationsnachfrage seitens bestehender und zukünftiger Kunden liefert. Im Folgenden wird mit dem Lebenszykluskonzept ein weitverbreitetes und bewährtes Konzept der strategischen Planung vorgestellt.

3.2 Die Lebenszykluskurve → *Instrument zur Strategie-Festlegung*

Der Erfolg von Produkten am Markt ist vergänglich. Sie unterliegen einem Lebenszyklus mit unterschiedlichen Phasen. Für jede einzelne Phase ergeben sich unterschiedliche Anforderungen an die Unternehmensstrategie. Das Konzept der Lebenszykluskurve (*product life cycle* oder PLC) ist ein wichtiges Instrument der strategischen Produktplanung. Wenn ein Unternehmen in der Lage ist, seine Produkte auf der Lebenszykluskurve einzuordnen, kann es besser planen.

Das Modell der Lebenszykluskurve ist aus empirischen Untersuchungen über die Absatzentwicklung von Produkten abgeleitet worden (Kotler/Keller/Bliemel 2007) und ist mit der Theorie der Diffusion und Adoption von Innovationen verknüpft: Man kann dabei beobachten, dass Innovationen nicht von allen potentiellen Kunden gleichzeitig, sondern mit zeitlichem Abstand nachgefragt werden. Zunächst wird sich ein Unternehmen, das ein neues Produkt vertreiben möchte, an besonders experimentierfreudige Kunden wenden, um das Käuferinteresse zu wecken. Ist das Produkt zufriedenstellend, werden sogenannte Frühadoptierer angesprochen, das Produkt zu kaufen. Treten nun Konkurrenten mit vergleichbaren Produkten in den Markt ein, wird die Bekanntheit der Produktkategorie gesteigert, so dass der Adoptionsprozess durch den Wettbewerb beschleunigt wird. Idealerweise kommen dann mehr und mehr Käufer hinzu. Die Wachstumsraten gehen zurück, wenn die Zahl der potentiellen Erstkäufer allmählich erschöpft ist.

Der Produktlebenszyklus wird in der Regel anhand der Umsatzentwicklung eines Produktes dargestellt werden (Abbildung 3/3). Dabei durchläuft der Produktumsatz deutlich abgrenzbare Phasen, in denen jeweils unterschiedliche Strategien vorteilhaft sind. Idealtypisch hat der Produktlebenszyklus einen S-förmigen Verlauf und kann in vier Abschnitte eingeteilt werden. Der Lebenszyklus beginnt mit der Einführung eines Produktes am Markt und endet mit der Herausnahme aus dem Markt. In der *Einführungsphase* werden üblicherweise noch keine Gewinne erzielt, die Umsätze sind gering. Der Umsatz wächst nur langsam an. Mit dem Beginn der *Wachstumsphase* werden erstmalig Gewinne erzielt, obwohl die Ausgaben für Marketing hoch sind. Die Wachstumsphase ist auch der Abschnitt rasch zunehmender Marktakzeptanz. In der Reifephase ist das Produkt von dem größten Teil der potentiellen Käufer akzeptiert worden. Da kaum noch neue Käufer das Produkt nachfragen, wächst der Umsatz nur mit geringen Raten. Häufig gehen in der *Reifephase* auch allmählich die Gewinne zurück, da das Produkt durch verstärkte Marketing- und Vertriebsaktivitäten gegen die Konkurrenz verteidigt werden muss.

In der *Rückgangs-* oder *Degenerationsphase* schrumpft das Verkaufsvolumen deutlich und die Gewinne schwinden. Spätestens hier sollte über die Bereinigung des Portfolios nachgedacht werden. Wird nicht richtig und schnell genug gehandelt, entstehen mitunter horrende Kosten für ein Produkt, das kaum noch Umsätze erwirtschaftet. Für viele, insbesondere langlebigere Produkte besteht häufig noch eine sogenannte Nachlaufphase, die durch die Erfüllung von Garantieleistungen, die Ersatzteilversorgung und die Rücknahme und Verwertung von Altprodukten gekennzeichnet ist. Häufig ist diese Phase mit Ausgaben seitens des Unternehmens verbunden, ohne dass dem entsprechende Einnahmen gegenüberstehen, so dass der wirtschaftliche Gesamterfolg eines Produktes sinkt.

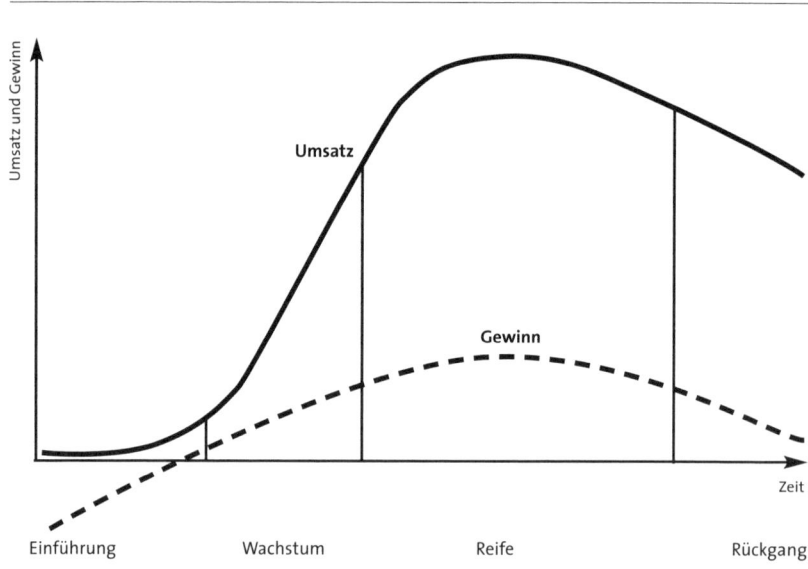

Abbildung 3/3: Die vier Phasen des Produktlebenszyklus

Allerdings muss man berücksichtigen, dass nicht nur eine bestimmte Produktform einem Lebenszyklus unterworfen ist, sondern auch zugrunde liegende Technologien (Technologielebenszyklus) und auch das Bedürfnisniveau (Nachfragelebenszyklus). In der Regel ist der Nachfragezyklus länger als der Technologielebenszyklus und dieser wiederum länger als der Lebenszyklus einer Produktform. Ein gutes Beispiel ist die Entwicklung der Kameratechnologien. Das Bedürfnis von Menschen, Erlebnisse bildlich festzuhalten, wurde im Zeitverlauf durch unterschiedliche Technologien befriedigt. So verdrängte beginnend mit dem 19. Jahrhundert die zunächst rein mechanische Fototechnik teilweise die bis dahin übliche Praxis der Malerei. Mechanische Kameras wurden dann im 20. Jahrhundert durch die Technologie der elektronisch gesteuerten Kleinbildkamera ersetzt. Als sich die elektronisch gesteuerte Kamera in der Reifephase befand, gab es mehrere Anläufe, Digitaltechnik im Fotobereich einzusetzen, was Anfang dieses Jahrzehnts eindrucksvoll gelang.

Seitdem befindet sich die Kleinbildkamera in der Rückgangsphase, während die Digitaltechnologie die Wachstumsphase durchlaufen hat. Innerhalb dieser Technologielebenszyklen existierten und existieren verschiedene Produktform-Lebenszyklen: Ab den 1950er-Jahren wurden etwa die ersten Kameras mit elektrischer Blitzsynchronisation eingeführt. Nur wenige Jahre später kam die erste vollautomatische Kleinbildkamera mit programmgesteuerter Belichtungsautomatik auf den Markt, gefolgt von der ersten Kamera mit Elektromotor zum Filmtransport. Mitte der 1960er-Jahre tauchten die ersten Kameras mit einer Belichtungsmessung durch das Objektiv auf. Ende der 1970er-Jahre wurde die Elektronik auf die automatische Entfernungsmessung (Autofokus-System) ausgedehnt. Autofokus-Systeme wurden in der Folge immer weiter entwickelt („vorausberechnender" Autofokus, mehrere Autofokus-Sensoren, Fähigkeit zur Bewegungserkennung). Die Technologie „elektronische Kamerasteuerung" wurde also auf immer weitere Elemente ausgedehnt und die Anwendungsmöglichkeiten stetig verfeinert.

Die einseitige Fokussierung nur auf den Lebenszyklus einer Produktform ist also problematisch, da sie den Blick auf die übergeordneten Zusammenhänge verstellt. Hauptkonkurrenten der Hersteller von Autofokus-Kameras in den 1990er-Jahren waren so nicht die Hersteller von Kameras mit manuellem Fokus oder Fixfokus-Kameras; wirklich bedrohlich war die Entwicklung der Digitaltechnologie. Wer es verschlief, diese Technologien zu integrieren, wurde in der Folge sehr schnell aus dem Markt katapultiert. Unternehmen dürfen sich also nicht nur auf den Produktformlebenszyklus

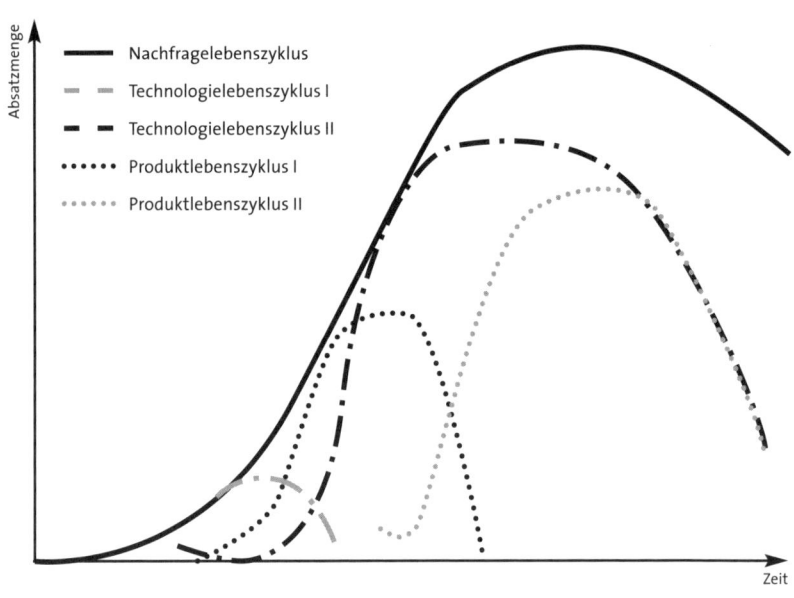

Abbildung 3/4: Nachfrage-, Technologie- und Produktlebenszykluskurve

fokussieren, sondern müssen auch die Technologie- und Nachfragezyklen im Auge behalten.

Nicht nur Produkte, auch Märkte altern

Das PLC-Konzept erfreut sich bei Führungskräften großer Beliebtheit, da sich mit ihm Produktdynamiken veranschaulichen lassen. Es eignet sich als Planungs- und Kontrollinstrument, da es Hinweise für strategische Alternativen aufzeigt und einen Vergleich heutiger mit früheren Produkten ermöglicht. In der Praxis muss aber berücksichtigt werden, dass unterschiedliche Lebenszyklusmuster existieren und die Absatzentwicklung eines Produktes eben nicht einem quasi gesetzmäßigen Zyklus unterliegt (Kotler/Bliemel 2006). Außerdem ist aus unserer Erfahrung die Sichtweise des PLC-Konzepts zu sehr auf ein spezifisches Produkt oder eine Marke ausgerichtet. Bei der heutigen Marktdynamik ist es sinnvoll, die Geschehnisse im Gesamtmarkt mit einzubeziehen. Dazu gehören: das Aufkeimen neuer Bedürfnisse, der Einsatz veränderter Technologien, das Erschließen neue Vertriebswege und die Beobachtung der Konkurrenten.

Ein solches marktorientiertes Bild wird im Konzept der Marktevolution betrachtet. Dabei nimmt man an, dass auch Märkte einem Lebenszyklus unterliegen. Ähnlich wie bei dem PLC-Konzept unterscheidet man beim Marktevolutionsansatz die Phasen Entstehung, Wachstum, Reife und Rückgang. Dies mag folgende Überlegung veranschaulichen:

Nehmen wir an, es bestehen seitens der elastomerverarbeitenden Industrie Bedürfnisse, auf die zeitintensive und irreversible Vulkanisierung bei der Produktion zu verzichten. Es kann gut sein, dass dieses Bedürfnis latent vorhanden ist, aber noch nicht am Markt „sichtbar" wurde. Dies wäre eine typische Situation in der Entstehungsphase. Nehmen wir weiter an, dass ein Unternehmen, das Werkstoffe für die elastomerverarbeitende Industrie entwickelt, diese Bedürfnisse erkennt, zum Beispiel durch systematische Befragung seiner Kunden. Dann kann es für das entwickelnde Unternehmen sinnvoll sein, nach technischen Lösungen für die Bedürfnisse seiner Kunden zu suchen. Eine solche Lösung besteht zum Beispiel in der Weiterentwicklung von sogenannten thermoplastischen Elastomeren (TPE), die die Vorteile der Verarbeitung von Thermoplasten mit den Materialeigenschaften von klassischen Elastomeren verbinden. Klassische Elastomere sind elastisch verformbare Kunststoffe, die sich bei Zug- und Druckbelastung verformen und danach wieder in ihre ursprüngliche Gestalt zurückfinden. Thermoplastische Elastomere verhalten sich ähnlich, jedoch entfällt in der Produktion die zeit- und energieintensive Vulkanisation. Denkt dieses Unternehmen marktorientiert, wird es die potentiellen Käufer nach ihren Präferenzen für die Ausprägung von Leistungsmerkmalen befragen (vgl. Kapitel 3.3). Dabei kann herauskommen, dass die potentiellen Kunden das Produkt generell nachfragen würden, aber sehr unterschiedliche Präferenzen hinsichtlich der Leistungsmerkmale haben: Schließlich können TPEs für Formteile, Schläuche, Profile oder gar Zahnbürstengriffe eingesetzt werden, haben dann aber unterschiedliche Anforderungen an die Temperatur und die Medienbeständigkeit. Für das Entwicklungsunternehmen besteht nun ein Entscheidungsproblem: Wie soll es ein Produkt entwickeln, das den Markt aus seiner Sicht bestmöglich bedient? Es hat im Grunde drei Möglichkeiten. Es kann das neue Produkt nach den Wünschen weniger potentieller Käufer entwickeln, also zum Beispiel spezielle TPEs, die auf die Bedürfnisse der Zahnbürstenhersteller zugeschnitten sind. Man spricht hier von einer Einzelnischenstrategie, die insbesondere für kleine Unternehmen attraktiv ist. Ein kleines Unternehmen könnte darauf hoffen, dass es auf diese Weise eine Nische besetzen würde, die für die großen Elastomerhersteller lange Zeit unattraktiv ist. Weiterhin ist eine Mehrnischenstrategie möglich, die gleichzeitig auf mehrere Randbereiche des Marktes setzt, wie etwa Eiskratzer für Autoscheiben. Meistens nur für große Unternehmen kommt schließlich die Strategie der Bedienung des Massenmarktes in Frage, bei der sich das Unternehmen durch die Entwicklung einer umfangreichen Modellpalette im Zentrum des Marktes positioniert.

Verkauft sich das Produkt gut, werden neue Unternehmen in den Markt eintreten. Sie lösen die Marktwachstumsphase aus. Diese „Follower" haben ebenfalls die drei genannten Möglichkeiten, wobei sie die Reaktionen des am Markt etablierten Konkurrenten berücksichtigen müssen: Ein kleines Unternehmen wird sich eine Nische suchen, um eine direkte Konfrontation mit einem etablierten Großen zu vermeiden. Ein großes Unternehmen wird entweder ebenfalls den Massenmarkt bedienen oder durch eine Einkreisungsstrategie (Kotler/Keller/Bliemel 2007) versuchen, hintereinander mehrere Produkte auf den Markt zu bringen, um dem Rivalen einen Teil seines Verkaufsvolumens zu entreißen.

Im Laufe der Zeit decken die Marktteilnehmer mehr und mehr alle Marktsegmente ab und gehen dann dazu über, in die Bereiche der anderen einzudringen. Dies führt zu einer starken Fragmentierung des Gesamtmarkts. Werden in dieser Phase der Marktreife Produkte mit neuen Merkmalen eingeführt, so dient dies der Verschiebung der Marktanteile. Reife Märkte tendieren aber dazu, sich mehr und mehr zu konsolidieren. Geht dann auch noch die Nachfrage nach dem vorhandenen Produkt zurück, so tritt die Rückgangsphase ein: Neue Technologien ersetzen alte, und ein neuer Lebenszyklus beginnt.

Für die strategische Unternehmensplanung ist das Konzept der Marktevolution von großer Relevanz. Es verdeutlicht, dass nicht nur Produkte, sondern auch Märkte einem Prozess unterliegen, der zumindest teilweise vorhersehbar ist. Auch wenn dieser Ablauf keiner Gesetzmäßigkeit unterliegt: Die Abläufe folgen häufig einem typischen Muster, wobei Stärke der Marktkräfte und der zeitliche Abstand zwischen den Marktphasen selbstverständlich variieren. Die strategische Unternehmensplanung hat also die Aufgabe, diese Entwicklungen vorwegzunehmen und von vornherein Produktmerkmale zu gestalten, die das Potential in sich bergen, über den gesamten Marktlebenszyklus hinweg eine hohe Nachfrage auf sich zu vereinen.

→ Was sind die strat. Produktmerkmale?

Bei der Suche nach diesen Merkmalen kann ein Unternehmen unterschiedliche Wege beschreiten. Manche Unternehmer vertrauen auf ihr

Gespür für den Markt und sind überzeugt, als Insider die Entwicklung von Neuprodukten ohne wesentliche Marktforschung aufnehmen zu können. Diese Strategie kann aufgehen, wenn es sich ein Unternehmen finanziell leisten kann, mit der Trial-and-Error-Methode mehrere Produkte zu starten und eines dieser Launches tatsächlich erfolgreich wird. Viele Entwicklungen sind allerdings zu aufwendig, als dass man sich nur auf seine Erfahrungen verlassen könnte. Daher sollte man Produktmerkmale in einem kundenorientierten Prozess eruieren. Wie dies erfolgen kann, darüber gibt das nächste Kapitel Aufschluss.

Das strategische Management in einem Unternehmen hat die Aufgabe, den Produktlebenszyklus eines Unternehmens aktiv zu planen. In der Praxis existiert allerdings selten ein idealtypischer Verlauf der Lebenszykluskurve. Häufig schwankt die Dauer eines Zyklus sehr stark. Außerdem müssen neben internen Faktoren auch externe Bedingungen berücksichtigt werden. Interne Faktoren sind etwa der Service des Anbieters, die Preis- und Zugabengestaltung, die Kommunikation am Markt und die Wahl der Vertriebskanäle. Externe Bedingungen sind allgemeine wirtschaftliche Rahmenbedingungen, das Investitions- und Konsumklima, Gesetze und Auflagen sowie Markterfolge der Wettbewerber. Zur Ableitung einer adäquaten Unternehmensstrategie sind somit die möglichst exakte Bestimmung der Position auf der Lebenszykluskurve und der weitere Verlauf der Kurve notwendig. Wie die Marktforschung diese Bestimmung unterstützen kann, wird im folgenden Kapitel 3.3 gezeigt. Die Positionsbestimmung in der Praxis ist dann Thema in Kapitel 3.4.

3.3 Marktuntersuchungen zur Einschätzung der Lage

Bevor die zu einem Unternehmen passende und erfolgversprechende Innovationsstrategie gewählt werden kann, müssen sowohl Technologie- wie auch Marktposition bestimmt werden. Eine Innovationsstrategie ist vor allem dann erfolgreich, wenn die zukünftigen Erfolgsfaktoren richtig und rechtzeitig prognostiziert werden. Bestandteil einer strategischen Unternehmensplanung ist daher die regelmäßige Innovationsexploration.

Innovationsexplorationen zielen darauf ab, sich durch das frühzeitige Erkennen und Antizipieren von Kundenwünschen langfristige Wettbewerbsvorteile zu verschaffen. Innovationsexplorationen dienen letztlich auch dazu, die Position der eigenen Produkte auf der Lebenszykluskurve zu bestimmen.

Dass systematische und regelmäßige Innovationsexplorationen heute wichtiger und gefragter denn je sind, hat verschiedene Ursachen. Zum einen ist die Globalisierung auch in der Technologieentwicklung feststellbar. Bedeutende Entwicklungszentren und wichtige User von Technologien sind weltweit verstreut. Dies macht häufig die Beobachtung von Technologieentwicklungen auf globaler Ebene notwendig. Globalisierung bedeutet natürlich auch, dass die potentiellen Kunden häufig global verteilt sind. Dazu kommen vermehrt fragmentierte Märkte, die eine hohe Unübersichtlichkeit aufweisen. Ein weiterer Aspekt ist die steigende Komplexität von Technologieentwicklungen, die die Aussagefähigkeit punktueller Analysen erschwert. Schließlich ist auch die steigende Informationsflut dafür verantwortlich, dass das Erkennen und Verfolgen relevanter technologischer Entwicklungen schwieriger wird.

In der Praxis darf man nicht unterschätzen, dass sich etwa die Marktbedingungen für Technologien und Produkte schlagartig ändern können. Ein Paradebeispiel hierfür ist der Strategiewechsel zahlreicher Automobilhersteller zu Beginn des Jahres 2007: Lag der Schwerpunkt der Automobil-OEM in den Jahren zuvor eher bei Maßnahmen zur weiteren Kostenreduzierung, änderte sich das Verhalten und damit die Nachfrage nach neuen Technologien mit dem Wiederaufkommen der Klimadiskussion. Plötzlich stieg die Nachfrage nach emissionsreduzierenden Technologien im Fahrzeugbereich und löste in der Automobilbranche einen Innovationsschub aus. Auch Lösungen mit höheren Kosten waren plötzlich wieder marktfähig. Wer als Zulieferer frühzeitig erkennen konnte, dass sich der Wind dreht, war in der Lage, schnell darauf zu reagieren und Wettbewerbern Marktanteile abzujagen.

Wie erkennt man Kundenbedürfnisse effektiv und identifiziert „good opportunities"? Innovationsexplorationen erfordern verschiedene Kompetenzen. Die wichtigsten sind dabei sicherlich die Fähigkeit, die richtigen Informationsquellen zu finden und zu nutzen sowie ein gehöriges Maß an Objektivität.

Die Planung dieser Innovationsexploration vollzieht sich idealerweise in mehreren Schritten (Abbildung 3/5). Zunächst muss durch die Zieldefinition eine Planungsgrundlage geschaffen werden. Das Ziel der hier genannten Innovationsexploration kann etwa lauten: Exploration von Anwendungsmöglichkeiten und Abschätzung von Marktchancen in verschiedenen Nutzergruppen. Außerdem sollten zu Beginn Inhalte (Gliederung der Dokumentation), Region(en) (Abgrenzung der für die Dokumentation

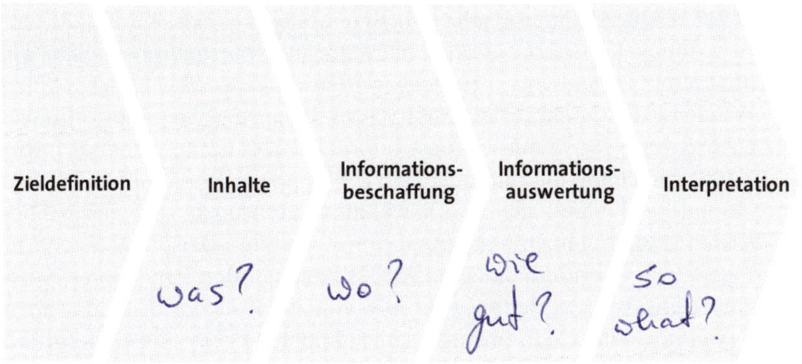

Abbildung 3/5: Phasen der Innovationsexploration

relevanten Region), Projektmeilensteine und voraussichtliche Kosten dargestellt werden. Daran schließen sich die Phasen der Informationsbeschaffung, der Informationsauswertung und der Interpretation an.

Die Planung der Informationsbeschaffung ist das Kernstück der Innovationsexploration. Grundsätzlich sollten Innovationsexplorationen auf verschiedenen Quellen aufbauen, die sowohl im eigenen Unternehmen wie auch extern verfügbar sind. Die wichtigsten internen Informationsquellen sind:

- Projekt- und Technologiearchive (Papierform/digital),
- Intranet (interne Suchfunktionen),
- Wissen der Mitarbeiter.

Externe Quellen, die über die potentielle Nachfrage nach neuen Technologien und Produkten Auskunft geben können, sind:

- Externe Datenbanken zu Technologien und Unternehmen,
- Patentinformationen,
- Experten aus Beratungen, Hochschulen usw.,
- Wettbewerber,
- Lieferanten,
- Kunden,
- Netzwerke.

65

Neben dieser Unterscheidung in interne und in externe Informationsquellen ist die Art der Wissensquelle von Bedeutung: Grundsätzlich sollte für effektive Innovationsexplorationen nicht nur auf Informationsquellen wie Statistiken und Datenbanken zurückgegriffen werden. Viele Unternehmen unterschätzen die Vielfalt der Quellen zur Eruierung von Innovationen. Die Crux jeder Art von Innovationsexploration liegt darin, nicht nur Informationen „zu sammeln" und zu bewerten, sondern Wissen über heutige und zukünftige Technologie- und Marktentwicklungen zu generieren. Dieses Wissen ist häufig nicht in kodifizierter Form (zum Beispiel in Fachartikeln) verfügbar, sondern an einzelne Personen oder Personengruppen gebunden. Die Wissenschaft spricht hier von „tacit knowledge", das nicht ohne weiteres vom Wissensträger und seinem Erfahrungshintergrund getrennt werden kann und somit in Statistiken und Datenbanken nicht auftaucht (Böhn 2006). Marktforschung generell und die Methoden der Innovationsexploration müssen hier ansetzen und dieses Wissen gezielt freilegen und aufbereiten. Wertvolle „menschliche" Wissensträger sitzen sowohl im eigenen – zum Beispiel Vertriebsmitarbeiter – als auch in anderen Unternehmen und Organisationen. Das entsprechende Know-how vorausgesetzt, haben persönliche Gespräche – sei es im Rahmen von Face-to-Face-Interviews oder durch telefonische Befragungen – den unschätzbaren Vorteil, dass nachgefragt und um Differenzierungen beziehungsweise genauere Einschätzungen gebeten werden kann. Sie sind somit für die strategisch ausgerichtete Marktforschung unverzichtbar.

Eine wertvolle Grundlage für die Informationsgewinnung sind Projekt- und Technologiearchive, die im Unternehmen angelegt werden und Zeitungsartikel, externe Studien, Veröffentlichungen, Seminarunterlagen usw. enthalten. Je nach Bedürfnis aufbereitet, lassen solche Archive einen ersten Überblick über technologische Entwicklungen zu. Sie können einer internen Einschätzung der Thematik und Zuordnung im technologischen Umfeld dienen. Um fundierte Marktdaten zu erhalten, können auch Fremddatenbanken in Anspruch genommen werden. Sie geben zum Beispiel Aufschluss über Produktionszahlen, Materialentwicklungen, technologische Trends usw.

Projekt- und Technologiearchive sollten über ein unternehmensweites Intranet allen relevanten Personen mit kontrollierten und graduell abgestuften Zugangsrechten zur Verfügung gestellt werden. Bei der Auswahl der Personenkreise ist das Informationsbedürfnis stets mit dem Risiko eines unerwünschten Informationsabflusses abzuwägen. Als sehr sinnvoll haben sich für die Nutzung von unternehmensinternen Informationen sehr weitgehende Suchfunktionen erwiesen, bei denen unternehmensweit nach bestimmten Stichworten recherchiert werden kann.

Über das Intranet und damit verbundene Projekt- und Technologiearchive lassen sich meist schon sehr wertvolle Informationen zu einem bestimmten Thema zusammentragen. Idealerweise sind in diesen Archiven auch die Namen der Wissensträger verzeichnet. Um deren Expertise zu nutzen, sollte eine Liste der zu befragenden Mitarbeiter erstellt werden. Bevor externe Informationsquellen hinzugezogen werden, sind diese im Rahmen von Einzelinterviews oder Gruppenbesprechungen über ihre Ansichten zu einem Thema zu befragen. Häufig können Kollegen potentielle Anwendungsfelder und Stärken und Schwächen von Produkten sehr gut einschätzen. In sich rasch ändernden Märkten ist die „Halbwertszeit" des kodifizierten Wissens sehr kurz (Böhn 2006). Wertvolle Informationen liefern hier vor allem Mitarbeiter, die in häufigem Kontakt zu der Unternehmensumwelt stehen. Gezielte Befragungen von Mitarbeitern können dieses Wissen erschließen. Das Wissen der eigenen Mitarbeiter kann zum Beispiel für die Abgrenzung und Identifizierung möglicher Anwendungsfelder eingesetzt werden.

In einem weiteren Schritt sollten dann externe Informationsquellen genutzt werden. Da telefonische oder persönliche Befragungen naturgemäß sehr aufwendig sind, sollte zunächst überprüft werden, ob Informationen, die für die Innovationsexploration wichtig sind, über externe Datenbanken zu Technologien und Unternehmen beschafft werden können. Es existieren zahlreiche Anbieter solcher Informationssysteme, die für die unterschiedlichsten Zwecke eingesetzt werden können.

Eine besondere Form der Recherche stellt die Patentrecherche nach dem „Stand der Technik" dar. Quellen hierfür sind nicht nur die Patentliteratur (Patente, Offenlegungsschriften), sondern auch Wissenschaftsartikel, Firmenschriften, Fachzeitungen, Messewerbeschriften usw. Das Deutsche Patent- und Markenamt (DPMA) unterhält eine eigene Dokumentation zum Stand der Technik, die zur Patentrecherche genutzt werden kann. In dem weiter unten beschriebenen Fallbeispiel kann über Patentrecherchen zum Beispiel geklärt werden, ob bereits von anderen Unternehmen ein ähnlicher Ionendetektor entwickelt wurde, der vergleichbare Eigenschaften wie das eigene Produkt aufweist.

Field-Research im Sinne der Befragung von Kunden, Lieferanten oder sonstigen Experten ist, insbesondere für Technologien und Produkte, für die es noch keinen Markt gibt, ein äußerst fruchtbares, aber auch sehr anspruchsvolles Betätigungsfeld. In einigen Fällen mag es ausreichen, einige Meinungen über die Nutzung persönlicher Netzwerke einzuholen. Eine gute Gelegenheit hierfür stellen selbstverständlich Messen und sonstige netzwerkfördernde Plattformen, wie sie zum Beispiel Verbände im Rahmen von Vortragsveranstaltungen anbieten, dar. In vielen Fällen ist jedoch eine umfassendere und systematischere Herangehensweise angebracht. Das gilt gerade dann, wenn es um Investitionsvolumen geht, die einem gescheiterten Unternehmen großen Schaden zufügen können. Eine solche systematische Befragung fängt mit der exakten Definition des Umfangs der Befragungen vor Projektstart an. Hierbei ist zu klären:

- thematische Abgrenzung der Befragung,
- regionale Abgrenzung (Schwerpunkte, Ausblick, …),
- Marktsegmente, Vertriebswege, Absatzkanäle, Wertschöpfungsstufen,
- welche Funktionsträger (Abteilung, Hierarchie, …),
- wie viele Personen,
- telefonische oder persönliche Befragungen.

In einem weiteren Schritt müssen die relevanten Ansprechpartner identifiziert werden. Grundlage dafür sollten zunächst bekannte Unternehmen und sonstige Organisationen sein, die in firmeninternen Verzeichnissen hinterlegt sind. Bei der Auswahl der geeigneten Personen gilt es, möglichst genau die „Informationsträger" zu identifizieren, da Interviews häufig sehr zeitintensiv sind. Wenn keine geeigneten Ansprechpartner vorhanden sind, müssen die Lücken (Gap) definiert werden: Wo fehlen geeignete Ansprechpartner? Gute Quellen für die Suche nach geeigneten Ansprechpartnern sind häufig Fachartikel, Seminarunterlagen und Hinweise von Personen, die zu anderen Themen befragt wurden oder sich selbst für nicht zuständig erklärten.

Großen Wert sollte außerdem auf die Gestaltung eines Gesprächsleitfadens gelegt werden, der im Industriekundengeschäft einem Fragebogen immer vorzuziehen ist. Der Fragebogen folgt einer festgelegten Reihenfolge der Fragen und ist zu 100 Prozent standardisiert. Dies hat den Vorteil einer besseren Vergleichbarkeit bei Befragungen und eignet sich sehr gut für breit angelegte Konsumentenbefragungen. Im Gespräch mit Personen aus Unternehmen und mit Experten sollte aber immer ein Gesprächsleitfaden verwendet werden. Dieser zeichnet sich durch frei wählbare Formulierungen und Reihenfolgen der Fragen aus. Er dient als Gesprächsstütze und ermöglicht somit ein individuelles Eingehen auf den Gesprächspart-

Gesprächsleitfaden = checkliste?

ner. Schließlich möchte man ein Fachgespräch führen und nicht nur Fakten abfragen. Darüber hinaus trägt ein Leitfaden zu einer angenehmen Gesprächsatmosphäre bei.

Für die Gesprächsführung allgemeingültige Empfehlungen zu geben, ist schwierig. Wenn es sich um neue Technologien handelt, kann es sinnvoll sein, indirekt zu fragen, um den Gesprächspartner nicht zu bedrängen: „Welche alternativen Technologien können Sie sich zukünftig als Substitut oder Ergänzung vorstellen?" Ein weiteres Augenmerk sollte man auf die Wahl des „richtigen" Ansprechpartners legen: Die Suche nach dem richtigen Ansprechpartner in einem Unternehmen kann einige Zeit in Anspruch nehmen, sich dann aber vielfach auszahlen. In der Regel wird dieser erst nach mehrmaligem Nachfragen unterschiedlicher Personen ermittelt. Dieses Auswahlverfahren, ob eine Person tatsächlich der geeignete Interviewpartner ist, erfordert viel Fingerspitzengefühl und Erfahrung. Weiterhin wichtig ist die vom Gesprächspartner wahrgenommene Motivation. Ein gutes Interview besteht aus 80 Prozent Kommunikation und 20 Prozent Information. Ein strukturiertes und vor allem gut vorbereitetes Gespräch trägt für gewöhnlich fast automatisch zur einer guten Gesprächsatmosphäre bei. Alle geführten Interviews sollten protokolliert und danach in einer Datenbank oder in einer Projektordnerstruktur logisch abgelegt werden.

Wie man in der Praxis vorgehen kann, lässt sich jetzt am besten anhand des angekündigten Fallbeispiels zeigen. Nehmen wir an, ein Unternehmen hat einen neuen Ionendetektor entwickelt, mit dem es möglich ist, Ionen schneller und effektiver zu zählen und zu untersuchen. Dieses Unternehmen ist nun daran interessiert, zu erfahren, ob es für diese Produktinnovation ökonomisch sinnvolle Anwendungsmöglichkeiten mit substantieller Nachfrage gibt.

Durch Vorbefragungen können zunächst die wichtigsten potentiellen Anwendungsfelder identifiziert werden. Dazu zählen im Fall des Ionendetektors: Forschungsgruppen, die in Universitäten oder Forschungsinstituten arbeiten, Hersteller analytischer Instrumente, große Betreiber von Teilchenbeschleunigern weltweit und einzelne Anwender in verschiedenen Industrien, zum Beispiel in der Luftfahrtindustrie.

Nach der Identifizierung der Anwendungsfelder geht es im Rahmen einer Innovationexploration darum, die Erwartungen an eine bestimmte Produktgruppe zu ermitteln. Im vorliegenden Beispiel ist es etwa sinnvoll, zu fragen, welche Erwartungen die einzelnen Nutzergruppen an heutige (hohe Effektivität und hohe Strahlungsbeständigkeit) und an zukünftige

↳ Welche Erwartungen haten die Kunden an das Produkt?

69

(höhere Auflösung) Detektoren haben. Die Aussagen über heutige und zukünftige Erwartungen sollten dann mit den Eigenschaften des eigenen Produktes abgeglichen werden. Es muss zunächst jedoch geklärt werden, ob die Erwartungen der Nutzer durch die bereits am Markt angebotenen Konkurrenzprodukte gedeckt sind. Ist dies der Fall, muss hinterfragt werden, wie sich das eigene Produkt überhaupt gegenüber den Wettbewerbsprodukten durchsetzen könnte.

Außerdem können über eine Befragung Argumente für und gegen einen Kauf des Produktes gesammelt werden, die gegeneinander abgewogen werden müssen. Im Falle eines Ionendetektors bestehen Kaufargumente zum Beispiel hinsichtlich der Offenheit von Wissenschaftlern gegenüber Innovationen und in Bezug auf eine kontinuierliche Suche nach effizienteren Detektionsverfahren. Kontraargumente sind hingegen die häufig geringen Budgets der potentiellen Kunden und die niedrigen Preise von Wettbewerbssystemen mit ähnlichen Eigenschaften.

Kriterium	Nutzergruppen					
	1	2	3	4		
Effizienz	A	B	C	A		Vorteile gegenüber Wettbewerbern
Strahlungsschäden	B	B	A	C		Weder Vor- noch Nachteile
Temperaturwiderstandsfähigkeit	B	B	C	C		Nachteile gegenüber Wettbewerbern
Vakuum	A	B	B	C		
Geschwindigkeit	C	A	C	A		
Auflösung	C	C	B	C	A	Hohe Signifikanz
Detektionsumfang	C	C	A	C	B	Mittlere Signifikanz
Dokumentation	B	B	B	C	C	Geringe Signifikanz
Preis	A	A	A	B		

Abbildung 3/6: Bewertung im Rahmen einer Innovationsexploration

Aus den einzelnen Befragungsergebnissen kann dann in der Summe eine Übersicht über die wichtigsten Erfolgskriterien gebildet werden (siehe Abbildung 3/6). Es ist von Vorteil, neben dem Vergleich mit den Wettbewerbern auch die Signifikanz der Kriterien zu erfassen. In dem gewählten Beispiel sieht bei dem zum überprüfenden Produkt nur die Nutzergruppe 1 einen Vorteil des Ionendetektors gegenüber Konkurrenzprodukten, die anderen schätzen die Effizienz entsprechend der der Konkurrenzprodukte ein. Allerdings hat das Kriterium für die einzelnen Nutzergruppen eine unterschiedliche Signifikanz: Während die Effizienz für die Nutzergruppe 3 von sehr nachrangiger Bedeutung ist, ist sie für die Gruppen 1 und 4 von höchster Priorität. Für Nutzergruppe 2 ist das Kriterium Effizienz von mittlerer Priorität. Der Ionendetektor weist bei dem Kriterium Strahlungsschäden bei allen Nutzergruppen Vorteile gegenüber den Wettbewerbern auf. Beim Kriterium Temperaturwiderstandsfähigkeit schätzt nur die Nutzergruppe 1 die Eigenschaften des Detektors als den Konkurrenzprodukten überlegen ein. Aus Sicht von Nutzergruppe 2 weist der Ionendetektor sogar Nachteile gegenüber den Anlagen der Wettbewerber auf. Beim Kriterium Vakuum sind aus Sicht der Anwender keine Vor- oder Nachteile gegenüber anderen Anlagen auszumachen – in dieser Hinsicht wird das Produkt als gleichwertig angesehen. Ähnliches gilt für das Kriterium Geschwindigkeit, wobei das Produkt hierbei von der Nutzergruppe 2 als unterlegen angesehen wird. Bezüglich der Auflösung ergibt sich eine Tendenz in Richtung „besser als der Wettbewerb", bei dem Kriterium Detektionsumfang hingegen eine Tendenz in Richtung „schlechter als der Wettbewerb". Hinsichtlich der Dokumentation kann das Produkt aus Sicht der meisten Nutzergruppen punkten, allerdings wird diese Kategorie von den Nutzern als nachrangig eingeschätzt. Sehr nachteilig wirkt sich schließlich das Preiskriterium aus: Für den überwiegenden Teil der Nutzer ist das Produkt schlicht zu teuer, was sich in der Gesamtbewertung wegen der großen Signifikanz des Preiskriteriums als Handicap erweist.

Für eine abschließende Bewertung sollte die Einschätzung der Kriterien mit der jeweiligen Signifikanz gewichtet werden. Dabei ist zu beachten, dass die Art der Gewichtung natürlich das Ergebnis beeinflussen kann. Außerdem ist zu berücksichtigen, ob Totschlagkriterien existieren, die das Produkt auf jeden Fall erfüllen muss. In der Übersicht wird deutlich, dass das Produkt aus Sicht der Nutzer mehr Vorteile als Nachteile aufweist. Allerdings bestehen die Vorteile überwiegend bei Kriterien, die als weniger wichtig oder als eher unwichtig angesehen werden, wohingegen die Nachteile klar beim sehr bedeutsamen Preiskriterium anzusiedeln sind.

Der Prozess der Strategiefindung in Unternehmen sollte daher von einer regelmäßigen Innovationsexploration unterstützt werden. Nur wer rechtzeitig Informationen über sich verändernde Nachfragebedingungen erhält, ist in der Lage, die Unternehmensstrategie an veränderte Markterfordernisse anzupassen.

3.4 Positionsbestimmung in der Lebenszykluskurve

Die Lebenszyklusanalyse dient dem strategischen Management als Analyse- und Prognoseinstrument bei Strategieentwürfen. Ziel ist es, strategisch relevante Marktsituationen im Zeitablauf in idealtypische Phasen einzuordnen. Dadurch kann die Position der neuen und bisherigen Produkte bestimmt werden. In der Konsequenz lassen sich Vermarktungsstrategien sicherer entwickeln.

Gestützt auf ein regelmäßiges Technologie-Monitoring sollte ein Unternehmen in der Lage sein, die Position seiner Produkte in der Lebenszykluskurve zu bestimmen. Allerdings muss einschränkend noch einmal darauf hingewiesen werden, dass der modellhafte Verlauf der Lebenszykluskurve nicht allgemeingültig nachgewiesen werden kann. Man kann aber versuchen, mithilfe verschiedener Darstellungen die Position der Produkte auf der Lebenszykluskurve und die damit verbundenen Strategieoptionen aufzuzeigen.

Versuch die Produkte auf der PLC abzubilden und davon ausgehend Optionen zu bestimmen.

Neben dem in Kapitel 3.2 vorgestellten Grundmodell mit den zwei Dimensionen *Umsatz* beziehungsweise *Gewinn und Zeit* existieren zahlreiche Weiterentwicklungen und Verfeinerungen des Konzepts. Am häufigsten verwandt wird das zweidimensionale Vier-Felder-Portfolio mit relativen Dimensionen der Boston Consulting Group (BCG-Matrix). Daneben werden auch die Neun-Felder-Matrix von McKinsey und das ADL-Modell von Arthur D. Little mit 16 bis 20 Feldern verwendet.

Die BCG-Portfoliomatrix ist eine Methode, die zwar auch ohne Lebenszykluskurve betrachtet werden kann, aber aus der Beobachtung von Lebenszyklen heraus entwickelt wurde. Dabei ist jeder Quadrant der Matrix mit einem bestimmten Abschnitt auf der Lebenszykluskurve verbunden (Abbildung 3/7). Die Kreise in Abbildung 3/7 stehen für die Produktgruppen eines Unternehmens, wobei die Fläche der Kreise den Umsatz und damit die momentane wirtschaftliche Bedeutung der Produkte beziehungsweise Produktgruppen widerspiegelt. Die BCG-Matrix verwendet

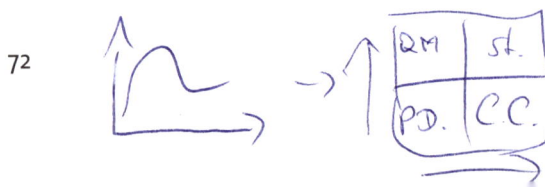

die Dimensionen relativer Marktanteil und Marktwachstum als Entscheidungskriterien für die Zuordnung der Produkte zu den Phasen des Produktlebenszyklus. Produkte mit einem sehr geringen relativen Marktanteil und einem geringen Marktwachstum sind die Problemprodukte oder auch „Poor Dogs", die armen Hunde des Managements. Können Produkte in diesen Quadranten eingeordnet werden, so stehen diese entweder am Anfang oder am Ende des Produktlebenszyklus. Sind Produkte in der Einführungsphase „arme Hunde", so muss überlegt werden, ob es möglich ist, durch zusätzliche Investitionen die Produkte zu pushen. Generell besteht bei länger andauerndem Marktwachstum aber die Gefahr der Etablierung von Verlustbringern, so dass überprüft werden sollte, das Portfolio um dieses Produkt zu bereinigen. Befinden sich „Poor Dogs" bereits in der Rückgangsphase, ist eine Eliminierung des Produktes zu erwägen. Gegebenenfalls kann über eine Innovationsstrategie aber auch ein Relaunch generiert werden.

Weisen Produkte einen geringen relativen Marktanteil bei gleichzeitig hohem Marktwachstum auf, so befinden sie sich höchstwahrscheinlich in der Wachstumsphase. Es handelt sich dann um Nachwuchsprodukte, bei denen die weitere Entwicklung hinsichtlich Umsatz und Gewinn nicht eindeutig vorhergesagt werden kann. Diese Produkte werden auch als Fragezeichen beziehungsweise „Question Marks" bezeichnet. Das Management steht dann vor der Frage, ob es in diese Produkte investieren oder das Produkt aufgeben soll. Sind der relative Marktanteil und das Marktwachstum

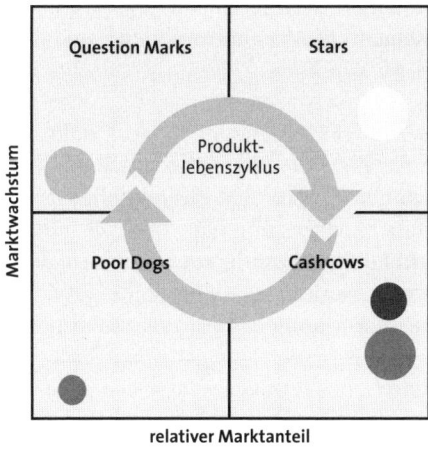

Abbildung 3/7: Bestimmung der Position auf der Lebenszykluskurve durch die BCG-Matrix

hoch, sind dies Indizien dafür, dass sich das Produkt in der Reifephase befindet. Die Normstrategie für die Sterne unter den Produkten lautet: investieren, um weiter mitzuwachsen. Entwickeln sich Produkte zu Cashcows, bei denen das Marktwachstum bei immer noch hohem relativem Marktanteil zurückgeht, so ist dies ein Indiz dafür, dass die Sättigungsphase erreicht ist. Die Lehrbuchstrategie lautet hier: die Position halten und Erträge abschöpfen. Früher oder später werden sich diese Produkte jedoch zu „Dogs" entwickeln, so dass dann über eine Eliminierung nachgedacht werden sollte.

Die BCG-Matrix erfreut sich einer großen Popularität, da die Produkte recht eindeutig einzelnen Phasen des Produktlebenszyklus zugeordnet werden können. Diesen Abschnitten sind Normstrategien zugeordnet, die das Konzept durchaus als Grundlage einer Produktstrategie denkbar machen. In der Praxis ist die Aussagekraft dieser Zuordnung allerdings auch eingeschränkt, so dass man sich nicht alleine auf die Aussagen dieser Matrix verlassen darf. Häufig sind die Lebenszyklusmuster von Produkten nämlich sehr unterschiedlich. Außerdem ist die Dauer der einzelnen Phasen nicht per se bestimmbar (Kotler/Keller/Bliemel 2007). Man kann sich also nur selten sicher sein, in welcher Phase des Lebenszyklus sich ein Produkt befindet. Die Zuordnung des Produktes zu einzelnen Phasen des Lebenszyklus sollte sich daher nicht nur auf quantitative Größen wie Marktwachstum und Marktanteil beziehen, sondern auch qualitative Aspekte über die jeweiligen Märkte beinhalten. Außerdem muss stets bedacht werden, dass der Produktlebenszyklus in der Regel eine von der Unternehmensstrategie abhängige Variable ist und durch Entwicklungsleistungen (Produktverbesserungen, Prozessinnovationen) und Marketingstrategien durchaus verändert werden kann.

Außerdem kann es sinnvoll sein, mehrere Merkmale zur Positionsbestimmung auf der Lebenszykluskurve heranzuziehen. Abbildung 3/8 zeigt, welche Markmale einzelnen Phasen des Produktlebenszyklus typischerweise zugeordnet sind. Dabei kann es durchaus der Fall sein, dass die Mehrheit, aber nicht alle Merkmale gleichzeitig auf eine Phase des Produktlebenszyklus zutreffen. Dieser Merkmalskatalog sollte jedoch hinreichend weit gefasst sein, um eine Zuordnung in der Praxis zu ermöglichen.

Die Einführungsphase eines Produktes lässt sich dabei noch verhältnismäßig einfach identifizieren. Wird ein Produkt neu auf den Markt gebracht, so ist das Absatzvolumen ebenso wie das Marktwachstum gering. Dementsprechend niedrig fällt der relative Marktanteil aus. Wegen der geringen

Phasen des Produktlebenszyklus

Merkmale	Einführung	Wachstum	Reife	Rückgang
Absatzvolumen	gering	schnell ansteigend	Spitzenabsatz	rückläufig
Marktwachstum	niedrig	hoch	hoch	rückläufig/negativ
Relativer Marktanteil	niedrig	niedrig	hoch	hoch/rückläufig
Kosten	hohe Kosten pro Kunde	durchschnittliche Kosten pro Kunde	niedrige Kosten pro Kunde	niedrige Kosten pro Kunde
Gewinne	negativ	steigend	hoch	fallend
Kunden	Innovatoren	Frühadoptierer	breite Mitte	Nachzügler
Konkurrenten	nur einige	Zahl der Konkurrenten nimmt zu	gleichbleibend, Tendenz nach unten	Zahl nimmt deutlich ab

Abbildung 3/8: Merkmale in den Phasen des Produktlebenszyklus (Quelle: Kotler/Keller/Bliemel 2007 mit eigenen Erweiterungen)

Produktionsmenge und dem unter Umständen höheren Aufwand für Verkauf und Service fallen sehr hohe Kosten pro Kunde an. Dementsprechend ist die Einführung eines Produktes in der Regel zunächst mit Kosten verbunden. Mit der Einführungsphase einher gehen auch Besonderheiten im Kundenstamm: Es sind nämlich meist mehr oder weniger risikofreudige Innovatoren, die als Erste ein neu eingeführtes Produkt nachfragen und gegebenenfalls auch bereit sind, einen recht hohen Preis zu zahlen. Der Übergang von der Einführungs- zur Wachstumsphase lässt sich daran erkennen, dass der relative Marktanteil zwar noch gering ist, das Absatzvolumen aber schnell ansteigt und der Markt insgesamt rasch wächst, da neben den Innovatoren nun auch Frühadoptierer das Produkt nachfragen. Die Zahl der Konkurrenten nimmt aufgrund der zu erwartenden Gewinnmöglichkeiten und dem reduzierten Risiko einer Fehlinvestition zu. Der Übergang von der Wachstums- zur Reifephase ist – zumindest wenn man nicht retrospektiv auf eine vergangene Entwicklung zurückschaut – meist schwieriger zu bestimmen als der Übergang von der Einführungs- in die Wachstumsphase. Anzeichen dafür, dass sich ein Produkt in der Reifephase befindet, sind ein sehr hohes, aber nicht mehr stark zunehmendes Absatzvolumen verbunden mit niedrigen Kosten pro Kunde. In der Regel fragt nun die breite Masse das Produkt nach. Ein weiteres Indiz für die Reifephase ist, dass kaum noch neue Konkurrenten in den Markt eintreten, da sie eine Sättigung voraussehen. Spätestens wenn das Absatzvolumen ins Stocken gerät und rückläufig wird, befindet sich das Produkt in der Rückgangsphase. Diese letzte Phase des Produktlebenszyklus ist – verglichen mit den anderen Phasen – recht gut abgrenzbar: Neben dem Absatzvolumen sinken auch Marktwachstum, relativer Marktanteil und die Gewinne.

Die Positionsbestimmung auf der Lebenszykluskurve ist somit oft nicht eindeutig und verlässlich durchführbar, ermöglicht aber eine ungefähre Standortbestimmung und kann als Ausgangspunkt für strategische Maßnahmen verwendet werden. In der Praxis sollte diese Standortbestimmung immer unter Vorbehalt erfolgen: Neu auf den Markt tretende Technologien oder Produkte der Konkurrenten können den weiteren Verlauf der Lebenszykluskurve sehr schnell verändern. Es kommt auch durchaus vor, dass Marktphasen übersprungen werden, so dass von dem idealtypisch dargestellten Fall von vier Phasen nicht immer ausgegangen werden kann.

Ein weiterer, wichtiger Aspekt ist die internationale Dimension von Produktlebenszyklen. Bei vielen Produkten zeigt sich häufig, dass der Produktlebenszyklus in unterschiedlichen Regionen der Welt phasenverschoben abläuft. Ein Produkt, das sich in einem Land in der Degenerationsphase befindet, kann sich in einem anderen Markt der Erde durchaus zur Einführung eignen. Ursache hierfür sind meist unterschiedliche technologische, wirtschaftliche und ordnungspolitische Grundvoraussetzungen. Beispielsweise befinden sich einige Produkte aus dem Bereich der Umwelttechnologien in Deutschland in der Reifephase, da sich die Umweltgesetzgebung begünstigend auf das Nachfrageverhalten ausgewirkt hat.

4   Umfeldanalyse

Die Analyse des wirtschaftlichen Umfelds im Vorfeld der strategischen Planung ist für Unternehmen überlebenswichtig. Zum wirtschaftlichen Umfeld gehören nicht nur bestehende und potentielle Absatzmärkte – das Themengebiet der „klassischen" Marktforschung –, sondern auch allgemeine gesellschaftliche und wirtschaftliche Rahmenbedingungen, die die zukünftigen Absatzmöglichkeiten sowie das Handeln der Konkurrenten beeinflussen. Marktforschung kann mit fundierten Daten aus allen relevanten Bereichen eine wesentliche Entscheidungsgrundlage für die Richtung der Unternehmensstrategie liefern.

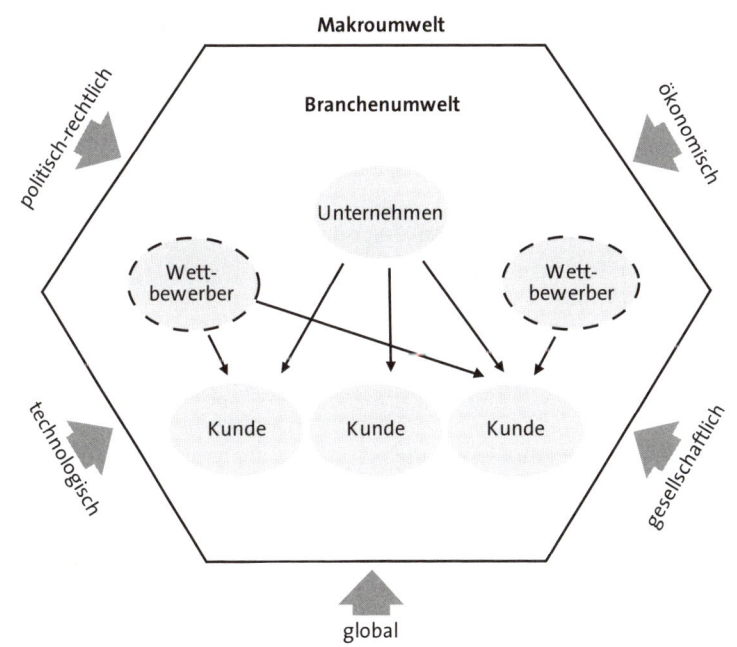

Abbildung 4/1: Übersicht – Umfeld eines Unternehmens

> Richtungsweisend für die Unternehmensstrategie?

Abbildung 4/1 zeigt die einzelnen Faktoren des Umfeldes eines Unternehmens, die die Strategie beeinflussen können. Dabei wird vor allem unterschieden in Aspekte der Makroumwelt, die die Gesellschaft beziehungsweise das Wirtschaftssystem als Ganzes betreffen, und in Faktoren der Mikro- beziehungsweise Branchenumwelt. Die Makroumwelt gibt die Rahmenbedingungen vor, innerhalb derer sich ein Unternehmen „bewegen" kann. Die Mikro- beziehungsweise Branchenumwelt beschreibt hingegen Akteure der Umwelt, die mit einem Unternehmen in wechselseitigem Einflussverhältnis stehen. Dieses Einflussverhältnis kann auf einem direkten Kontakt basieren oder sich indirekt auswirken (zum Beispiel zu Konkurrenten).

Die Zahl der Einflussfaktoren, die auf ein Unternehmen einwirken und dessen Handeln tangieren, ist naturgemäß sehr groß. Außerdem beeinflussen sich viele Faktoren gegenseitig: Ein gesteigertes Umweltbewusstsein kann in der Gesellschaft das Verhalten von Wettbewerbern ändern und gleichzeitig den Gesetzgeber bestärken, neue Umweltrichtlinien zu erlassen. Die Herausforderung der Umfeldanalyse besteht also im Management von Komplexität. Man kommt nicht umhin, die Komplexität aus Sicht der Planer und Entscheider auf ein annehmbares Maß zu reduzieren. Aus der Komplexität ergibt sich außerdem ein hoher Grad an Unsicherheit über zukünftige Entwicklungen. Zwar ist es durch den Einsatz moderner Analysemethoden möglich, diese Unsicherheit zu reduzieren oder zumindest Aussagen über den Grad der Unsicherheit zu treffen. Man muss sich aber stets darüber im Klaren sein, dass sich die Umweltbedingungen dynamisch verändern (Hungenberg 2006). Das je nach Quelle Karl Valentin, Mark Twain oder Winston Churchill zugeschriebene Zitat „Prognosen sind schwierig, besonders wenn sie die Zukunft betreffen" hat nichts von seiner Gültigkeit verloren.

4.1 Gesellschaftliche und wirtschaftliche Rahmenbedingungen

Um sich eine nachhaltige Position am Markt zu verschaffen, müssen die Entwicklungen in der Umgebung eines Unternehmens richtig eingeschätzt werden. Üblicherweise arbeitet man sich dabei von einer abstrakten Ebene bis zur unmittelbaren Unternehmensumwelt vor. Eine eher abstrakte Ebene stellen gesellschaftliche und wirtschaftliche Rahmenbedingungen dar. In einem ersten Schritt der Umweltanalyse sollte es darum gehen, die Bedeutung von Umfeldveränderungen für das eigene Unternehmen abzuschätzen. Zu diesen Veränderungen, die die ganze Gesellschaft oder zumindest eine Vielzahl von Unternehmen betreffen können, zählen neben der politisch-rechtlichen Umwelt Trends, deren Auswirkungen unterschiedliche Bereiche des menschlichen Lebens betreffen. Ein Trend bezeichnet eine Richtung oder Abfolge von Ereignissen, die eine gewisse Dauerhaftigkeit aufweisen und deutlich spürbar sind. Ein Trend ist zum Beispiel das Ansteigen der Preise verschiedener, für die Industrie wichtiger Rohstoffe über mehrere Jahre. Dieser Trend birgt tiefgreifende Auswirkungen für die Produktionstechnologien, da sich ein Unternehmen über rohstoffsparende Technologien oder über Substitutionsmöglichkeiten Gedanken machen muss.

Gerne spricht man heute, wenn man bedeutende Trends aufzeigen möchte, auch von „Megatrends". Nun ist nicht jeder Trend gleich ein Megatrend. Ein Megatrend ist vielmehr eine breite soziale, wirtschaftliche, politische und technologische Veränderung, die sich langsam bildet und die Gesellschaft als Ganzes betrifft (Kotler/Bliemel 2006). Zukunftsforscher bezeichnen mit Megatrend im engeren Sinne einen Wandel, der mindestens ein halbes Jahrhundert andauert (Zukunftsinstitut 2007). Entwicklungen, die sich ohne Zweifel als Megatrend bezeichnen lassen, sind sicherlich der Übergang der Industriegesellschaft zur Informationsgesellschaft oder die Internationalisierung (Globalisierung) von Wirtschaftsbeziehungen. Megatrends sind damit besser vorhersehbar und auch stabiler als „normale" Trends, allerdings sind ihre Auswirkungen auf ein Unternehmen häufig auch indirekter. Zudem können sich auch im Zuge eines Megatrends wie der Internationalisierung von Wirtschaftsbeziehungen durchaus Gegentrends in Teilbereichen von Wirtschaft und Gesellschaft entwickeln. Beispielsweise gibt es trotz – oder gerade wegen – der Internationalisierung zahlreiche Entwicklungen hin zu einer Regionalisierung des Nachfrageverhaltens. Auch wenn solche Entwicklungen nur einen Teil der Gesellschaft und Wirtschaft betreffen: Es kann sich lohnen, solche Gegentrends wahrzunehmen und die sich bietenden Potentiale für die eigene Firma zu nutzen.

Häufig werden Veränderungen der gesellschaftlichen und wirtschaftlichen Rahmenbedingungen als Belastungen wahrgenommen, da sie meist nicht oder kaum beeinflussbar sind und oft mühsam erarbeitete Strukturen und Strategien obsolet werden lassen. Erfolgreiche Unternehmen erkennen in diesen Veränderungen aber auch Chancen. Die Analyse des Makroumfelds sollte ein Unternehmen im Gegenteil dazu ermutigen und befähigen, sich abzeichnende Trends in der Zukunft proaktiv aufzugreifen und strategische Wettbewerbsvorteile zu erzielen.

Aus Sicht der Unternehmensplanung stellen sich in Bezug auf gesellschaftliche und wirtschaftliche Rahmenbedingungen zwei grundsätzliche Fragen:

- Erstens: Wie kann man vorgehen, um Informationen über Trends zu erhalten und zu bewerten?
- Zweitens: Wie kann man diese Informationen für die Entwicklung einer eigenen Strategie nutzen?

Die Erfassung von Rahmenbedingungen beginnt mit der Einteilung der Unternehmensumwelt in verschiedene Bereiche. Aus Unternehmenssicht bietet sich eine Unterscheidung in politisch-rechtliche Umwelt, ökonomische Umwelt, gesellschaftliche Entwicklungen, globale Aspekte und Technologie an (vgl. Abbildung 4/1), wie sie zuvor dargestellt wurde.

Die politisch-rechtliche Umwelt umfasst insbesondere die staatlich vorgegebenen Rahmenbedingungen für wirtschaftliches Handeln. Sie können nicht als Megatrends bezeichnet werden, da sie nicht notwendigerweise einen langfristigen Wandel prägen, sondern auch kurzfristig veränderbar sind. Beispiele für wichtige, das Handeln von Unternehmen prägende rechtliche Rahmenbedingungen sind Investitions-, Umweltschutz- und Patentvorschriften, aber natürlich auch gesetzliche Regelungen zur Besteuerung und – auf der anderen Seite – zu Subventions- und Fördermöglichkeiten. Gerade für Investitionen in wirtschaftlich beziehungsweise politisch instabilen Regionen muss auch die Organisation und Stabilität des Staatssystems analysiert werden. Hier spielen dann sogenannte Länderanalysen eine wichtige Rolle.

Bei der ökonomischen Umwelt stehen allgemeine volkswirtschaftliche Entwicklungen im Vordergrund, wie zum Beispiel die Entwicklung des Wirtschaftswachstums weltweit oder in einzelnen Ländern und Regionen, die Zinsentwicklung und die Entwicklung der Wechselkurse. Diese Entwicklungen sind trotz zunehmender Internationalisierung häufig national oder regional (zum Beispiel EU) geprägt (zum Beispiel durch die Finanz-, Wirtschaft- und Geldpolitik).

Gesellschaftliche Trends sind sowohl auf individueller Ebene wie auch gesamtgesellschaftlich beobachtbar: Individuen betreffende Trends sind zum Beispiel das Auseinanderdriften von Arm und Reich, ein steigender Lebensstandard, die Individualisierung von Lebensentwürfen und Freizeitverhalten, eine stärkere Gleichstellung der Geschlechter und neu auftretende Bedrohungen und Ängste (Vogelgrippe). Gesellschaftliche Trends im engeren Sinne sind demographische Entwicklungen, die sich in einer veränderten Altersstruktur der Bevölkerung in den klassischen Industrieländern äußert, die Entwicklung hin zu einer Informationsgesellschaft, die größere Bedeutung von Freizeit, die Kommerzialisierung vielfältiger Bereiche des Lebens, die Veränderung der Unternehmenskulturen und ein stetiger Wertewandel. Diese Trends können sich natürlich gegenseitig beeinflussen. So ist der Wandel von Unternehmenskulturen in Richtung Corporate Social Responsibility auch von einem generellen Wertewandel in der Gesellschaft bedingt: Durch die Nachfrage von Konsumenten nach sozial und ökologisch verträglichen Produkten und Produktionsweisen werden jene Unternehmen bestärkt, die sich einer Corporate Social Responsibility verpflichtet fühlen.

Den globalen Aspekten sind das weltweite Bevölkerungswachstum, die Internationalisierung der Märkte, die Bildung neuer Handelszonen, Migrationen und die Nutzung bis hin zur Ausbeutung von natürlichen Ressourcen zuzuordnen – zurzeit unter der Überschrift „Rohstoffknappheit" in aller Munde. Die mangelnde Verfügbarkeit einer ganzen Reihe wichtiger metallischer Rohstoffe hat dazu geführt, dass sich die Preise für einzelne dieser Metalle in kurzer Zeit in zuvor nie für möglich gehaltenen Dimensionen emporgeschwungen haben. Aus Sicht der auf diese Stoffe angewiesenen Unternehmen ist es essentiell, zu erfahren, ob diese Knappheit nur auf kurzfristig wirksame Ursachen zurückzuführen ist (zum Beispiel Streiks in Förderländern, knappe, aber mittelfristig ausbaufähige Förderkapazitäten) oder Anzeichen für einen Megatrend aufweist und möglicherweise eine strategische Neuausrichtung des Einkaufs von Materialien und der Produktionsprozesse erfordert.

Zu den technologischen Rahmenbedingungen, die nicht nur für Teilbereiche von Wirtschaft und Gesellschaft von Relevanz, sondern die übergreifend spürbar sind, gehören die rasante Weiterentwicklung von Informationstechnologien, der medizinische Fortschritt, die Technisierung weiter Bereiche des täglichen Lebens, die Entwicklung von Querschnittstechnologien wie Mechatronik, Bionik, Elektronik und Sensorik und die langfristige Substitution von Werkstoffen (zum Beispiel Stahl durch Kunststoffe).

In jedem der genannten Felder existieren somit viele unterschiedliche Entwicklungen, die möglichenfalls strategierelevant sind. Welche Einflussgrößen letztlich für ein Unternehmen von großer Bedeutung sind, lässt sich nicht allgemeingültig bestimmen. Es bietet sich daher an, in einem ersten Schritt der Analyse der Rahmenbedingungen alle Bereiche zumindest grob abzudecken.

Wie erhält man aber diese Informationen und wie schätzt man die Stärke und den zeitlichen Ablauf von Entwicklungen ein? Anders als bei speziellen, die Technologien und Produkte des jeweiligen Unternehmens betreffenden Fragestellungen (vgl. etwa Kapitel 3.3) kann bei dem ersten Schritt der Umfeldanalyse auf umfangreiche, oft öffentlich zugängliche Informationen zurückgegriffen werden. Für die politisch-rechtlichen Rahmenbedingungen existieren zahlreiche Informationsdienste von Verlagen und Beratungsunternehmen, die regelmäßig verfolgt werden können. Daneben sind auch Mitgliedschaften in Netzwerken und Verbänden hilfreich, um möglichst frühzeitig über sich abzeichnende Veränderungen informiert zu werden. Für ökonomische Rahmenbedingungen können ebenfalls zahlreiche Informationsdienste, öffentliche Institutionen und Verbände genutzt werden. Viele Unternehmen leisten sich auf sie zugeschnittene Informationsdienste von Marktforschungsunternehmen, die regelmäßig über volkswirtschaftliche Trends informieren.

Für die genannten Trendbereiche Gesellschaft, globale Aspekte, ökonomische Trends, rechtliche Rahmenbedingungen und Technologie können verschiedene Wege beschritten werden, um Informationen zu erhalten. Eine Möglichkeit ist, seine direkte Umwelt zu befragen. Das können Mitarbeiter im eigenen Unternehmen, Lieferanten oder auch Kunden sein. Wie die Erfahrung zeigt, können diese vollständige und brauchbare Antworten auf Trendfragen abgeben und häufig auch schon erste Tipps für eine Unternehmensstrategie liefern. Dabei gilt: Die Fragen sollten möglichst offen und allgemein gestellt sein, um nicht von vornherein die Suchrichtung einzuschränken. Gute Fragen sind:

- Wie wird sich das Markenbewusstsein in Schwellenländern entwickeln?
- Welche Trends erkennen Sie im Technischen Handel in Europa?
- Wie verändern sich die Kundenwünsche?
- Welche demographischen Trends werden den Markt beeinflussen?

Es überrascht immer wieder, wie gut man Trends durch systematisches Befragen von Personen einschätzen kann. Einige Unternehmen führen eine Befragung durchaus selbständig durch, indem sie die Vertriebsmitarbeiter anleiten und schulen, ihre Erfahrungen draußen bei den Kunden zu sammeln und im Rahmen eines Informationssystems zur Verfügung zu stellen. Mit der Durchführung solcher Befragungen können aber auch stets Marktforschungsfirmen beauftragt werden.

Eine weitere Möglichkeit stellt die Extrapolation von Trends dar, das heißt die pure Fortschreibung einer in der Vergangenheit beobachteten Entwicklung. Ein solches Vorgehen bietet sich aber nur an, wenn erwartet werden kann, dass die Entwicklung in der näheren Zukunft ebenso stabil verläuft wie in der Vergangenheit, wie etwa bei demographischen Trends. Auch in der Computerindustrie galt lange Jahre eine als Moores Gesetz (benannt nach dem ehemaligen Leiter des Chip-Herstellers Intel) bezeichnete Faustregel, nach der sich die Leistung von RAM-Chips (Random Access Memory, Speicherbausteine in Computern) alle zwei Jahre verdoppelt (Bullinger 1994). In abgewandelter Form gilt das Gesetz noch heute, und zwar hinsichtlich der Verdopplung der Anzahl an Transistoren auf einem handelsüblichen Prozessor alle achtzehn Monate. Die Halbleiterindustrie kann daher ihre Entwicklungspläne auf mehrere Jahre hinaus festlegen. Allerdings ist mittlerweile absehbar, dass innerhalb der nächsten Dekade eine fundamentale Grenze erreicht werden wird, wie Moore auf Intels Entwicklerforum im Herbst 2007 prophezeite. Das heißt, dass bei strategischen Entscheidungen stets auch von einer Abkehr von einem extrapolierten Trend ausgegangen werden muss (Aaker 1989).

Ein zielorientierter Weg zur Einschätzung von Trends können auch Meinungen von Experten darstellen. Diese braucht man nicht immer gleich persönlich zu fragen, denn in vielen Fällen kann die systematische Sammlung der Einschätzungen, die Experten in Wirtschafts- und Fachzeitschriften äußern, wertvolle Informationen liefern. Interviews (telefonisch oder persönlich) mit Unterstützung ausgearbeiteter Fragebögen sind immer dann angebracht, wenn es um sehr aktuelle oder vertiefende Thematiken geht. Förderlich sind auch regelmäßige Foren, zu denen Experten für Vorträge und Gruppendiskussionen eingeladen werden. Der dabei entstehende persönliche Gedankenaustausch kann Ideen stimulieren. Eine besondere Form der Expertenbefragung stellt die Delphi-Methode dar. Dabei wird einem Kreis von Experten ein strukturierter Fragebogen zugesandt mit der Bitte, zum Beispiel die Bedeutung von Nanotechnologien in zwanzig Jahren vorherzusagen. Die Ergebnisse werden zusammengefasst und aufbereitet und den Experten zugeschickt. Diese haben dann die Möglichkeit, ihre Meinung zu revidieren oder ihre Einschätzungen näher zu erläutern.

Aus den gesammelten Informationen können Trends abgeleitet werden, die für die strategische Unternehmensplanung einer Firma von Bedeutung sind. Ist dies getan, geht es in einem zweiten Abschnitt darum, wie man diese Informationen für die Entwicklung einer eigenen Strategie nutzen kann, also um die Ableitung strategischer Optionen, mit denen man Trends begegnen sollte. Eine in diesem Zusammenhang hilfreiche Methode zur Ideenfindung ist das sogenannte Brainstorming, das die Erzeugung von neuen, ungewöhnlichen Ideen in einer Gruppe von Menschen fördert. Brainstorming gilt als der Klassiker unter den Kreativitätsmethoden. Das Grundprinzip ist, dass durch spontane Ideenäußerung ohne ablehnende Kritik eine große Anzahl an Ideen zu Lösungen entwickelt und gesammelt werden kann. Beim Brainstorming in der Gruppe können sich die Teilnehmer durch ihre Beiträge gegenseitig zu neuen Ideenkombinationen anregen.

In der Praxis kann ein Unternehmen zu der Einsicht gelangen, dass es sinnvoll sein könnte, auf den Trend einer veränderten Altersstruktur der Bevölkerung zu reagieren. Ein Handlungsfeld könnte so die Entwicklung neuer Produkte für ältere Menschen darstellen. Um Ideen für die neuen Produkten zu sammeln, setzt das Unternehmen auf Brainstorming, das zahlreiche Produktideen zu Tage fördert: altersgerechte Gartengeräte, „Effortless Cleaning", „Light Cleaning Products", Reinigungsroboter, „Easy-Wringing-Reinigungsprodukte" etc. Diese Produktideen sollten dann im Rahmen eines Workshops diskutiert werden. Das Ziel eines solchen Workshops liegt in der weiteren Verdichtung und Konkretisierung. Sind die Produktideen hinreichend eindeutig formuliert, können für ausgewählte Bereiche Marktstudien angestoßen werden.

Die Beobachtung der Makroumwelt und die Einschätzung der Bedeutung von Umfeldveränderungen für das eigene Unternehmen können also tatsächlich in konkrete Produktideen und in Maßnahmen zur (Neu)Ausrichtung der Unternehmensstrategie münden. Wichtig ist aber in jedem Falle, nicht blind auf einen Trend zu setzen, sondern die Chancen des eigenen Unternehmens anschließend detailliert abzuklären. Ansätze wie Innovationsexplorationen oder Studien zur Marktentwicklung und Branchentrends können ein Unternehmen bei dieser Aufgabe maßgeblich unterstützen.

4.2　Marktentwicklungen und Branchentrends

In Kapitel 3.3 wurde gezeigt, dass eine strategische Unternehmensplanung das Erkennen und Antizipieren von technologischen Trends erfordert. Im Rahmen einer technologischen Frühaufklärung und durch ein Technologie-Monitoring kann die Positionsbestimmung in der Lebenszykluskurve unterstützt und die zukünftige Wettbewerbsfähigkeit der eigenen Technologien und Produkte besser eingeschätzt werden.

84

Darüber hinaus muss sich die strategische Unternehmensplanung an der (quantitativen) Marktentwicklung und zugehörigen Branchentrends ausrichten:

- In welchen Marktsegmenten existieren erfolgversprechende Potentiale?
- Wie wird sich das Marktvolumen in den nächsten Jahren verändern?
- Wächst der Markt, oder ist von einer Schrumpfung auszugehen?

Neben technologischen Trends hängt das Marktvolumen auch von spezifischen Bedingungen in einzelnen Ländern ab.

Branchenabgrenzung – der relevante Markt

Ziel der Branchenanalyse ist es, zu verstehen, welche Einflussgrößen und Teilnehmer den Markt oder die Märkte prägen, in denen ein Unternehmen tätig ist (Hungenberg 2006). In einem ersten Schritt muss zunächst die relevante Branche abgegrenzt werden. Man spricht in diesem Zusammenhang auch von der Definition des relevanten Marktes. Die Definition der Grenzen des relevanten Marktes ist heikel, besonders wenn sie von Gruppen im Unternehmen mit bestimmten Interessenlagen durchgeführt wird: Beispielsweise wird der Vertrieb dazu tendieren, den relevanten Markt sehr eng zu definieren, während die Forschung und Entwicklung zu einer weiten Marktdefinition neigen wird. Dies zeigt, dass es wichtig ist, besonders bei diesem Schritt auf ein hohes Maß an Objektivität und Unabhängigkeit zu achten.

In der Regel geht man bei der Definition des relevanten Marktes produktbezogen vor. Das heißt, man identifiziert jene Produkte, die aus der Sicht der Nachfrager mit den eigenen Produkten direkt vergleichbar und austauschbar sind, also eine Substitutionsbeziehung vorliegt. Ob eine solche Beziehung feststellbar ist und wie stark sie ist, kann in der Praxis aber meistens nur näherungsweise und auf der Grundlage subjektiver Einschätzungen bestimmt werden. Streng methodisch gesehen, ließe sich das Vorliegen von Substitutionsbeziehungen zwar über die Messung von Preiskorrelationen bestimmen. Allerdings sind die dafür notwendigen Informationen meist nicht verfügbar. Insofern spielen die Erfahrungen und Informationen der Personen, die den relevanten Markt festlegen, eine zentrale Rolle. Je besser diese über aktuelle Entwicklungen der Märkte und Substitutionsbeziehungen informiert sind, desto eher gelingt es ihnen, eine adäquate Abgrenzung des relevanten Marktes vorzunehmen. In vielen Fällen orientiert man sich dann doch an den Brancheneinteilungen, wie sie etwa vom Statistischen Bundesamt oder vom US Bureau of Census anhand der SIC-Branchencodes vorgenommen werden.

Hat man den für sich relevanten Markt identifiziert und abgegrenzt, geht es darum, den Gesamtmarkt in Teilmärkte aufzuspalten. Die Marktsegmentierung dient der effizienten und effektiven Marktbearbeitung. Auf der einen Seite sollen alle Kunden entsprechend ihren Bedürfnissen angesprochen werden. Auf der anderen Seite sollten Synergieeffekte ausgenutzt werden, wenn sich verschiedene Kunden auf die gleiche Weise ansprechen und bedienen lassen. Dabei muss man sich vom Grundsatz leiten lassen, dass Märkte aus Käufern bestehen, die sich in einem oder mehreren Bedürfnissen unterscheiden. Hält man diese für so einzigartig, dass jeder Käufer sehr individuell behandelt werden muss, spricht man von einer vollständigen Marktsegmentierung. Meist lassen sich die Kunden aber doch anhand bestimmter Kriterien einteilen. Auf oberster Ebene sind dies meistens die Branche, der Standort und die Unternehmensgröße. Viele Unternehmen in industriellen Märkten verwenden aber auch operative Variablen, wie Technologie und Anwenderstatus sowie Beschaffungskonzepte der Kunden (etwa Kaufkriterien, Organisation der Beschaffungsfunktion), und situationsbedingte Faktoren, wie spezifische Produktanwendungen oder Auftragsumfang. Nach der Identifikation von Kriterien erfolgen dann die Analyse der Ausprägung der Kriterien anhand empirischer Untersuchungen und die Auswertung mithilfe sogenannter multivariater Analysemethoden (zum Beispiel Clusteranalyse). Da die Erhebung der notwendigen Marktinformationen häufig aufwendig ist und die Analyse methodischen Sachverstand erfordert, ist dies eine Aufgabe für die spezialisierte Marktforschung.

Selbstverständlich sind nicht alle Möglichkeiten, den Markt zu segmentieren, effektiv. Die abgegrenzten Segmente müssen tatsächlich messbar sein, effektiv erreicht und bedient werden können sowie ausreichend groß sein, um überhaupt Gewinne erzielen zu können.

In Japan werden seit fast hundert Jahren künstliche Speisen hergestellt, die in Auslagen der Restaurants exakt abbilden, was der Kunde auf seinem Teller erwarten kann. Ein auf die Herstellung von in Handarbeit lackiertem Polyurethan-Sushi spezialisiertes Unternehmen überlegte in den 1990er-Jahren, damit auch den deutschen Markt zu bedienen. Aus japanischer Sicht schien der Markt attraktiv: Kein deutsches Restaurant verwendete diese Form der Speisenpräsentation, das Marktpotential erschien riesig. Eine Marktanalyse ergab dann allerdings sehr schnell, dass in Deutschland nur japanische Restaurants an den Produkten interessiert waren, für alle anderen erschien der Gedanke, Vitrinen mit Plastikschnitzel und Gummihähnchen einzurichten, wenig attraktiv.

So befremdlich dieses Beispiel für Mitteleuropäer sein mag, verdeutlicht es, dass ein zu starkes Vertrauen auf den eigenen, meist als gesund empfundenen Menschenverstand manchmal doch zu kurz greift, wenn man die Gepflogenheiten und Strukturen in einem identifizierten Markt nicht kennt.

Dies führt zu der Frage der eigentlichen Analyse der Markt- und Branchensituation.

Das Ziel:

- In die Bearbeitung welcher Märkte sollte ich investieren?
- Was sind für mich wirtschaftlich attraktive Märkte, welche davon sind die attraktivsten?

Kriterien, die Hinweise auf die Attraktivität von Märkten geben:

- Marktvolumen
- Marktanteil
- Marktwachstum
- Markteintrittsbarrieren
- Wettbewerbsintensität
- Alleinstellungsmerkmale und Differenzierungsmöglichkeiten
- Vertriebskanäle
- Altersstruktur des Marktes und Produktlebenszyklus
- Innovationsrate
- Produkt-Know-how

→ In welche Märkte möchte ich vorgehen? (handschriftliche Notiz)

Methoden und Tools, mit denen die Marktattraktivität eingeschätzt werden kann, werden in Kapitel 5 näher dargestellt. An dieser Stelle soll zunächst gezeigt werden, welche Informationen man für die Einschätzung der Marktattraktivität benötigt und wie diese sinnvoll zu beschaffen sind. Für denjenigen, der Marktanalysen durchführt, tritt ziemlich schnell das Problem auf, dass es, trotz massiver Internationalisierung der Wirtschaftsbeziehungen in den letzten Jahrzehnten, nach wie vor nicht *den* weltweiten Markt gibt. Jeder Wirtschaftsraum, jedes Land weist

Eigenheiten auf, die die Unternehmensstrategie in den jeweiligen Ländern beeinflussen.

Unternehmen, die einen Eintritt in das Auslandsgeschäft planen oder in neue Regionen und Länder einsteigen möchten, gehen ein höheres Risiko ein als bei Aktionen in bekannten Märkten: Instabile politische Situationen, Eintrittsauflagen für Auslandsfirmen, Handelshemmnisse und Technologiepiraterie sind nur einige der Schlagworte, die das Auslandsgeschäft erschweren können. Weitere Hindernisse drohen, wenn sich ausländische Kunden nicht so verhalten wie im Heimatland üblich, also zum Beispiel eine ganz bestimmte Vertriebsform (etwa über den Handel) einem direkten Vertrieb vorziehen.

Um spezielle Märkte in einzelnen Ländern analysieren zu können, sollte man sich von der Makro- zur Mikroebene vorarbeiten. Die Bestimmung des Marktvolumens erfordert zunächst die Spezifizierung sozioökonomischer Länderkennzahlen. Dazu gehören etwa: Anzahl der Einwohner, Bruttoinlandsprodukt, Industrieproduktion, Produktionswerte in ausgewählten Segmenten (zum Beispiel Maschinenbau, Automobilzulieferer etc.), landesspezifische Kaufkraft, Lohnniveau, Direktinvestitionen und Wirtschaftswachstum.

Die Berechnung des Marktvolumens kann dann detailliert Bottom up oder eher grob Top down erfolgen. Bei der Bottom-up-Methode werden detaillierte Informationen von Marktteilnehmern als Basis erhoben und zu einem neuen Gesamtbild zusammengeführt. Der größte Vorteil, der hohe Informationsgrad, ist zugleich der gravierendste Nachteil: Der Informa-

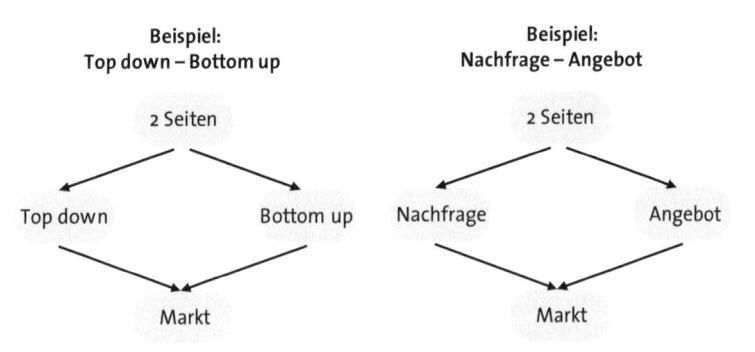

Abbildung 4/2: Berechnung des Marktvolumens von mindestens zwei Seiten

tionsbedarf ist meistens enorm. Erfahrungsgemäß können die benötigten Daten nur im Rahmen einer umfangreichen Befragung von Marktteilnehmern erarbeitet werden. Außerdem ist die Auswertung der Daten aufwendig, da meist zahlreiche Aggregationsebenen gebildet werden müssen. Die Aktualisierung der Daten ist dementsprechend ebenfalls kostspielig.

Top-down-Ansätze sind übersichtlicher und meist leichter nachvollziehbar. Wegen des hohen Standardisierungsgrades besteht meistens eine bessere Vergleichbarkeit verschiedener Segmente, Produkte und Methoden. Sehr nachteilig wirkt sich aber aus, dass sich die aggregierten Informationen auf eine Vielzahl von Quellen beziehen und daher ohne Hintergrundwissen nur schwer interpretierbar sind. Häufig sind die Aggregationsschritte nicht dokumentiert, so dass das Zustandekommen der Daten für Außenstehende nicht mehr nachvollzogen werden kann.

Gerade für fragmentierte industrielle Märkte ist es daher sinnvoll, Informationen im Rahmen von Fachgesprächen und eigenem Desk Research zu sammeln. Natürlich ist ein solches Vorgehen immer mit Unsicherheiten verbunden, da das Marktvolumen so nie exakt bestimmt werden kann, sondern immer ein Schätzmoment enthält. Marktzahlen, wie hier das Marktvolumen, sollten daher immer auf mindestens zwei Arten berechnet (Abbildung 4/2) und sowohl die Bottom-up- als auch die Top-down-Methode angewendet werden. Gleiches gilt, wenn man die jeweilige Marktseite betrachtet: Die Berechnung des Marktvolumens sollte sowohl von der Angebotsseite als auch von der Nachfrageseite berechnet werden. Unsere Erfahrungen in der Marktforschung zeigen, dass auf diese Weise das Marktpotential sehr verlässlich bestimmt werden kann.

4.3 Wettbewerbsbeobachtung

Das Unternehmensumfeld hat sich im Laufe der letzten Jahrzehnte deutlich verändert:

- Der technische Fortschritt entwickelt sich mit großer Geschwindigkeit.
- Unternehmen sind durch die Fülle an branchenbezogener Information, die nicht ignoriert werden können, herausgefordert.
- Die Innovationszyklen werden kürzer.
- Der Wettbewerb wird zunehmend internationaler.
- Damit ist auch die regelmäßige Beobachtung und Analyse des Verhaltens von Wettbewerbern wichtiger geworden: Auch kleine und mittlere

Unternehmen können es sich heute auf Dauer nicht leisten, über die Innovationen, Produkte, Vertriebskanäle usw. der Konkurrenten nicht Bescheid zu wissen.

Die Wettbewerbsbeobachtung im Sinne einer systematischen Beschaffung, Verarbeitung und Auswertung konkurrenzbezogener Informationen ist eine wichtige Grundlage für unternehmerische Entscheidungen. Mit der Wettbewerbsbeobachtung können unterschiedliche Ziele verfolgt werden. Zum einen kann sie als Grundlage für operative oder taktische Unternehmensentscheidungen verwandt werden. Diese Variante ist wenig zukunftsorientiert: Sie fokussiert Aspekte, die bereits heute einen Wettbewerbsvorteil bringen. Im Rahmen der operativen Wettbewerbsbeobachtung verfolgt man zum Beispiel das Produktprogramm der Konkurrenten (Welche Sortimentsbreite und -tiefe deckt der Wettbewerb ab? Welche Serviceaktivitäten bieten die Konkurrenten an?) oder die PR-Aktivitäten (Existieren Kundenbindungsprogramme? Wie werden Neukunden akquiriert?). Darüber hinaus ist die Wettbewerbsbeobachtung auch für strategische Unternehmensentscheidungen wesentlich. Die strategisch orientierte Wettbewerbsbeobachtung ist eher langfristig ausgerichtet und zukunftsorientiert. Ziel ist es, die angestrebten Ziele und Strategien der Konkurrenten zu ermitteln.

Der Nutzen einer strategisch ausgerichteten Wettbewerbsbeobachtung ist vielfältig. Sie dient zuallererst der Informationsgewinnung. Nur wer seine Strategien mit denen anderer Unternehmen vergleichen kann, wird einen Wettbewerbsvorteil erzielen. Die gewonnenen Informationen unterstützen dann die strategische Ausrichtung des Unternehmens und damit die Entscheidung, was ein weiterer wesentlicher Nutzen der Wettbewerbsbeobachtung ist. Letztlich erlaubt die strategische Wettbewerbsanalyse auch ein Erfolgs-Controlling der Zielerreichung der eigenen Maßnahmen: Wird die gewünschte strategische Positionierung umgesetzt und erreicht? Darüber hinaus werden Ziele wie Schnelligkeit (stets über ein breites Spektrum von Veränderungen informiert sein) und Risikominimierung beziehungsweise Kosteneinsparung (Gefahren für das aktuelle Geschäft durch Konkurrenten rechtzeitig erkennen, rechtliche Rahmenbedingungen einleiten, Technologieänderungen planen, auf geänderte Kundenbedürfnisse reagieren etc.) tangiert, so dass Gegenmaßnahmen ergriffen werden können.

Die Wettbewerbsbeobachtung erfordert ein mehrstufiges Vorgehen. In einem ersten Schritt müssen die relevanten Wettbewerber identifiziert werden. Darauf aufbauend kann die eigentliche Beobachtung und Analyse erfolgen. Außerdem muss sich ein Unternehmen damit auseinandersetzen, wie die strategische Wettbewerbsbeobachtung als systematischer, fortwährender Prozess ablaufen kann.

Bestimmung der Wettbewerber – Aufgabe mit hoher Relevanz

Die Auswahl geeigneter Vergleichspartner ist, für sich genommen, bereits eine strategische Entscheidung. Die systematische Vernachlässigung strategisch relevanter Wettbewerber kann zu Nachteilen führen – ebenso wie die Einbeziehung der „falschen" Unternehmen. Wettbewerber sind jene Unternehmen, die Leistungen anbieten, die zur Befriedigung der gleichen Kundenbedürfnisse dienen wie die Produkte des eigenen Unternehmens (Hungenberg 2006). Damit sind zunächst jene Unternehmen Wettbewerber, deren Produkte in einer Substitutionsbeziehung zu den eigenen Produkten stehen. Eine strategische Wettbewerbsbeobachtung sollte aber auch jene Unternehmen einbeziehen, die in der Zukunft zu ernst zu nehmenden Konkurrenten heranreifen können. In der wissenschaftlichen Community werden zwar zahlreiche Konzepte zur „exakten" und objektiven Bestimmung der relevanten Wettbewerber diskutiert; diese erweisen sich in der Praxis jedoch häufig als zu wenig dynamisch und im Unternehmensalltag als umständlich. Unsere Erfahrung hat uns gelehrt, dass bei der Auswahl der zu beobachtenden Wettbewerber ein weitgehend pragmatischer Ansatz – unter Einhaltung bestimmter Grundregeln – am ehesten zum Erfolg führt.

Eine erste zu beachtende Grundregel ist aus unserer Sicht die Bildung verschiedener strategischer Gruppen, das heißt die Zusammenfassung von Unternehmen mit gleicher oder ähnlicher Strategie (Porter 1980, Hungenberg 2006). Eine wichtige strategische Gruppe sind dann zum Beispiel direkte Wettbewerber, die ein ähnliches Unternehmensprofil aufweisen und im selben Markt tätig sind. Davon abzugrenzen ist die Gruppe der Unternehmen, die über eine ähnliche Struktur wie die eigene Firma verfügen, die aber nur in verwandten Märkten tätig sind. Diese könnten jedoch – etwa im Rahmen von Mergers & Acquisitions – in der Zukunft durchaus zu gewichtigen Wettbewerbern heranreifen. Außerdem kann diese Gruppe Wege neuer Märkte aufzeigen (Hamelau 2004). Eine dritte relevante Gruppe stellen Unternehmen dar, die in ähnlichen Märkten agieren, aber andere Strukturen aufweisen, also zum Beispiel andere Vertriebskanäle wählen.

Eine zweite Grundregel betrifft die Erfahrung, dass die Unternehmen dieser Gruppen in eine Kerngruppe und eine Randgruppe unterteilt werden können. Die Kerngruppe sollte möglichst umfassend und regelmäßig analysiert werden, wohingegen für Unternehmen der Randgruppe einzelfallbezogene Analysen ausreichend sind. Hilfreich ist dabei die Einteilung in A-, B- und C-Wettbewerber. Als handhabbare Größe hat sich eine Kerngruppe (A-Wettbewerber) von maximal zehn, besser nur sechs Unternehmen je Gruppe erwiesen. Die gesamte Gruppe sollte eine Größenordnung von zwanzig Unternehmen nicht überschreiten.

Der zweite Schritt besteht in der Sammlung von Informationen über Wettbewerber und der Analyse. Da die Informationsbeschaffung aufwendig sein kann, ist von vornherein zu definieren, welche Ziele mit der Wettbewerbsbeobachtung erfüllt werden sollen. Dabei ist es sinnvoll, die folgenden Dimensionen im Auge zu behalten: strategische Handlungsfähigkeit, Marktsegmentstrategien, Unternehmensveränderungen (zum Beispiel M&A) und die Strategiephilosophie. Letztlich kann die Frage, welche Informationen wirklich notwendig sind, nur das Management jedes Unternehmens selbst beantworten. Dabei sollte sich das Management von dem Grundsatz leiten lassen, dass Nice-to-have-Informationen Ressourcen binden können und für strategische Aussagen wertlos sind. Die im Folgenden genannten Aspekte sind daher nur als Vorschläge zu interpretieren.

Die strategische Handlungsfähigkeit wird durch die Vermögens-, Finanz- und Ertragslage abgebildet (Hamelau 2004). Die strategische Handlungsfähigkeit kann also mithilfe finanzwirtschaftlicher Kennzahlen wiedergegeben werden. Gängige Größen sind etwa: Umsatzentwicklung, Kapitalrendite, Eigenkapitalquote, Umsatzrentabilität und Cashflow-Rate.

Die Bearbeitung von Marktsegmenten, also die Art der Diversifizierung durch die Wettbewerber, ist ebenfalls ein strategisch relevantes Beobachtungsfeld, wenn nicht sogar das Betätigungsfeld der klassischen Wettbewerbsanalyse. Im Themengebiet Marktsegmente können durch die Wettbewerbsbeobachtung folgende Fragen beantwortet werden:

- Welche Marktsegmente werden von den Wettbewerbern bearbeitet?
- Wer sind deren Kunden?
- Wie verschieben sich die Marktanteile pro Segment?
- Wer ist Marktführer in den einzelnen Segmenten?
- Welche Vertriebswege werden genutzt?
- Wie ist der Vertrieb organisiert?
- Verfolgen die Wettbewerber Konzepte der Serviceentwicklung?
- Welche Marketing- und Öffentlichkeitsarbeitsstrategien werden verfolgt?

Wichtige Hinweise auf die zukünftige Abdeckung von Marktsegmenten liefert die Beobachtung der Forschungs- und Entwicklungsprojekte der Konkurrenten, die im Rahmen eines Innovationsmonitoring erfolgen sollte (vgl. Kapitel 3.3). Innovationsbezogene Fragestellungen sind etwa:

- Welche Ressourcen setzen unsere Wettbewerber für Forschung und Entwicklung ein (Mitarbeiter, Investitionen in Anlagen)?
- Welche Innovationsprojekte (Themen, Dauer, Art) führen unsere Konkurrenten durch?
- Welchen Stellenwert haben Prozessinnovationen und Serviceinnovationen?
- Welche Patente werden beantragt beziehungsweise sind genehmigt worden?
- Wann ist mit einer Markteinführung von neuen Technologien und Produkten zu rechnen?
- Verfolgen die Konkurrenten Strategien der FuE-Verlagerung in andere Regionen (zum Beispiel Asien) oder betreiben sie vermehrt FuE-Outsourcing?

Das dritte wichtige Element der strategischen Wettbewerbsbeobachtung bezieht sich auf Veränderungen der Konkurrenzunternehmen. Dazu gehören alle organisatorischen Veränderungen der Unternehmen selbst, die sich auf die eigene Wettbewerbssituation und damit auf die Unternehmensstrategie auswirken. Fragen, die man sich in diesem Zusammenhang stellen sollte, sind etwa:

- Welche Allianzen, Kooperationen und Beteiligungen streben unsere Wettbewerber international an?
- Welche Standortverlagerungen gibt es dadurch?
- Wie verhalten sich die Mitarbeiter des Wettbewerbers?
- Welche Neugründungen, Ausgründungen, Töchter, Standortverlagerungen usw. planen unsere Wettbewerber?

Diese drei Themenfelder sind für jede Art der strategischen Wettbewerbsbeobachtung unerlässlich. Sie weisen aber einen entscheidenden Nachteil auf: Diese auf historischen Fakten basierte Sichtweise (Was geschah im letzten Jahr?) ist vergangenheitsbezogen. Eine allein auf aktuelle Fakten gegründete Wettbewerbsanalyse kann die langfristigen Grundströmungen und die Unternehmensphilosophie, die den Strategien oft zugrunde liegt, nicht erfassen und abbilden. Für die Entwicklung einer eigenen Strategie ist es aber unabdingbar, strategische Manöver der Konkurrenten einschätzen zu können, also eine Vorstellung davon zu haben, wie ein Konkurrenzunternehmen in der Zukunft von sich aus handeln oder auf eigene Manöver reagieren wird. Nicht von ungefähr hat sich die Spieltheorie, die versucht, Entscheidungsverhalten von Menschen oder Organisationen wie Unternehmen in Konfliktsituationen abzuleiten, zu einer auch für die Praxis ernst zu nehmenden Richtung der Wirtschaftswissenschaften entwickelt. Eine gute Möglichkeit, grundsätzliche strategische Orientierungen und von der gesamtwirtschaftlichen Situation geprägte Schwerpunktbildungen der Wettbewerber nachzuvollziehen, ist die Analyse von Geschäftsberichten. Geschäftsberichte (Jahresberichte) werden von den meisten der großen Unternehmen veröffentlicht und stehen in der Regel auch für einen längeren Zeitraum nach dem Erscheinen zur Verfügung beziehungsweise können beschafft werden. Für eine geschäftsberichtsbezogene Analyse ist die Beziehung von Unterlagen erforderlich, die einen Überblick über eine Periode von mindestens zehn Jahren erlauben. Durch die Kombination von aktuellen Marktdaten und langfristigen Trends kann eine vertiefte Einschätzung des Verhaltens wichtiger Wettbewerber gewonnen werden.

Themen, die auf diese Weise abgedeckt werden können, sind etwa

- Analyse von Wettbewerbern unter Berücksichtigung ihrer historischen Wurzeln, der Firmenkultur und davon geprägten Verhaltensweisen;
- Herausarbeitung der aktuellen Marktstellung und Zielrichtung;
- Ableitung langfristiger Trends zur besseren Einschätzung auch zukünftiger Verhaltensweisen;
- Analyse strategischer Schwachstellen als Angriffspunkte für Gegenmaßnahmen.

In einem ersten Schritt werden dazu Geschäftsberichte, Handelsregisterauskünfte, Prospekte und Zeitungsberichte über ausgewählte Unternehmen aus den letzten zehn bis fünfzehn Jahren beschafft und ausgewertet. Darauf erfolgt eine telefonische Befragung von Vertriebsmitarbeitern des eigenen Unternehmens über Image, Verhalten und Erfahrungen mit den ausgewählten Wettbewerbern. Aus den Auswertungsergebnissen können Wettbewerberstrategien abgeleitet und Schwachstellen aufgedeckt werden. Abbildung 4/3 zeigt beispielhaft, wie die Zusammenfassung der Strategiephilosophie aussehen könnte.

Strategiephilosophie der Beispiel AG
Marktbearbeitungsphilosophie: Die Marktbearbeitung der Beispiel AG erfolgt nach einer „verlässlichen" Vorgehensweise:

- Identifizierung von Marktnischen, die profitables Geschäft erwarten lassen.
- Suche nach den Schlüsselkunden in diesem Segment.
- Lieferung des bestmöglichen Service und Steigerung des Kundenerfolgs.

M&A: Nach den sehr dynamischen Jahren 1999 bis 2003 wird jetzt eine Konsolidierungsphase eintreten. Aber: Die Beispiel AG verspricht sich durch den Kauf der Example Ltd. erhebliche Synergieeffekte. Bei erfolgreicher Integration der Example Ltd. wird die Beispiel AG insgesamt *der* zentrale Herausforderer werden.

Abbildung 4/3: Beispiel für ein Strategieprofil

Die Wettbewerbsbeobachtung ist also unabdingbar, möchte man die Strategien der Konkurrenten verstehen. Jetzt stellen sich nur noch die Fragen, wann eine Wettbewerbsbeobachtung durchgeführt werden sollte und auf welche Informationen zurückgegriffen werden kann.

In der Praxis zeigt sich häufig, dass Unternehmen ihre Konkurrenten nur dann untersuchen, wenn ein aktueller Handlungsbedarf besteht. Üblicherweise werden dann einzelne Personen oder ein kleines Team damit beauftragt, eilig Informationen wie Finanzdaten aus Geschäftsberichten und allgemein verfügbare Marktinformationen zusammenzutragen. Die daraus gewonnenen Erkenntnisse sind häufig oberflächlich und werden meist nur für kurzfristige, taktische Entscheidungen verwendet. Strategische Wettbewerbsbeobachtung erfordert demgegenüber eine regelmäßige und konsequente Beobachtung des Marktes und der Wettbewerber. Unternehmen sollten daher großen Wert auf die Implementierung eines Wettbewerbsbeobachtungsprozesses legen.

Bei der Informationssammlung können grundsätzlich ähnliche Quellen genutzt werden wie bei einer Marktuntersuchung. Allerdings ragen aus dem Meer der Möglichkeiten zwei Quellen heraus: Die eine ist der schon genannte Geschäftsbericht, der häufig detaillierte, strategierelevante Informationen über Wettbewerber liefert. Wie bei allen Informationen gilt auch hier, dass dem gedruckten Papier nicht blind vertraut werden sollte, sondern man es verstehen muss, das Wissen der Marktteilnehmer zu nutzen! Besonders wertvoll sind für die Wettbewerbsbeobachtung Erkenntnisse jener eigenen Mitarbeiter, die tagtäglich im Kundenkontakt stehen und kontinuierlich mit Aussagen über Wettbewerber konfrontiert werden. Daher der Rat: Führen Sie regelmäßige Mitarbeiterbefragungen zum Thema Wettbewerber durch.

Eine weitere wichtige, direkte Informationsquelle sind Ihre Kunden selbst. Kundenzufriedenheitsanalysen können nicht nur wertvolle Informationen über die Zufriedenheit mit dem eigenen Unternehmen liefern, sondern auch über Wettbewerber. Wird die Wettbewerbsbeobachtung systematisch in eine Kundenbefragung integriert, sind gerade bei großen Stichproben valide Aussagen zu Wettbewerbern möglich.

Zu guter Letzt sei darauf hingewiesen, dass die Verankerung der Wettbewerbsbeobachtung in der Umfeldanalyse nicht nur bedeutet, Informationen systematisch zu erheben und zu analysieren, sondern auch zu kommunizieren. Die Ergebnisse der Analyse müssen im Rahmen von Wettbewerbsinformationssystemen oder in Reports erfasst und an die relevanten Zielgruppen weitergeleitet werden. Stellen Sie daher sicher, dass alle relevanten Mitarbeiter stets auf die Informationen der Wettbewerbsbeobachtung zurückgreifen können.

Mithilfe der beschriebenen Konzepte ist es möglich, die Wettbewerbssituation aus strategischer Sicht zu beschreiben und zu analysieren. Was allerdings noch fehlt, ist eine systematische Analyse der Branchenstruktur – zu der auch Wettbewerber zählen – als Ganzes. Hierfür hält die Managementtheorie eine ganze Reihe von Konzepten bereit. Das wohl bekannteste Konzept der Branchenstrukturanalyse stammt von Michael E. Porter, Professor für Wirtschaftswissenschaft an der Harvard Business School. Porter ist einer der führenden Ökonomen auf dem Gebiet des strategischen Managements. Sein Konzept zielt darauf ab, die Wettbewerbssituation innerhalb einer Branche aus der Sicht eines Unternehmens zu bestimmen, das hier bereits tätig ist. Porter schlägt vor, die Marktmacht von Abnehmern, Lieferanten, potentiellen Konkurrenten und Herstellern von Substitutionsprodukten zu untersuchen, um zu erkennen, ob die Wettbewerbssituation für das darin tätige Unternehmen attraktiv ist. Es handelt sich bei dem Porter'schen Ansatz somit vorrangig um ein Modell zur Bewertung der Branchensituation. Da die *Bewertung* für die strategische Analyse von großer Bedeutung ist, wird der Porter'sche Ansatz im nächsten Kapitel ausführlicher behandelt werden.

5   Bewertung nach Porter

5.1   Das Porter-Modell

Michael E. Porter ist insbesondere durch seine Formulierung der drei Wettbewerbsstrategien – Segmentierung, Differenzierung und Kostenführerschaft – bekannt. Zudem gilt er als Begründer der Theorie der Schaffung von Wettbewerbsvorteilen durch Clusterbildung im regionalen Kontext. Er beschreibt das Fundament der Strategie als Auswahl derjenigen Aktivitäten, die einer Organisation Wettbewerbsvorteile verschafft. Nur hierdurch werden die Unternehmen im Markt erfolgreich und heben sich positiv von ihren Wettbewerbern ab. Die Unterschiede zwischen in der gleichen Branche aktiven Unternehmen von Kosten oder Preisen sind insgesamt die Auswirkungen vieler Einzelaktivitäten, die sich zu einer Wertkette zusammenfügen.

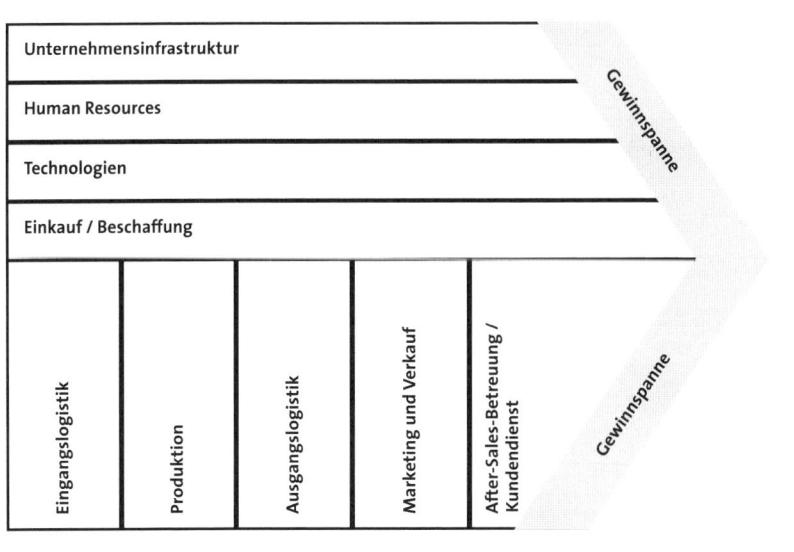

Abbildung 5/1: Modell einer Wertanalyse-Kette nach Michael E. Porter

Die Einzelaktivitäten sind Prozesse, die den Kundennutzen generieren. Die Gewinnspanne ergibt sich aus der Differenz zwischen dem erzielten Erlös und der Summe der aus den Prozessen entstandenen Kosten.

Bei den Aktivitäten wird zwischen den Primäraktivitäten und den unterstützenden Aktivitäten unterschieden. Zu den Primäraktivitäten zählen die Produktion, die Logistik, das Marketing und der Verkauf sowie der Kundendienst. Die unterstützenden Tätigkeiten sind wiederum die Ressourcen, die für diese Primäraktivitäten notwendig sind. Hierzu gehören die benötigten Materialien, die Technologie, die Mitarbeiter und die Infrastruktur im Unternehmen. Die eigene Wertkette des Unternehmens wird ergänzt von den vor- und nachgeschalteten Wertaktivitäten bei den Zulieferern und den Kunden. Erst wenn es einem Unternehmen gelingt, durch eine erbrachte Leistung einen Wert in der Wertkette des Kunden zu bilden, entsteht ein Wettbewerbsvorteil.

Um selbst ein einzigartiges Angebot zu schaffen, ist es daher notwendig, diese Aktivitäten im Vergleich zu den Wettbewerbern differenziert auszuwählen und umzusetzen. Laut Porter stellt sich eine dauerhaft gute strategische Position nur durch ein System von sich gegenseitig verstärkenden Aktivitäten ein.

Abbildung 5/2: Strategische Vorteils-Matrix

Aber nicht nur die Differenzierung über das Produkt- und Dienstleistungsspektrum sowie die Abgrenzung durch eine Preis- und Kostenführerschaft stehen im Mittelpunkt, sondern auch eine Differenzierung über eine verstärkte Kundenorientierung hat zunehmend an Bedeutung gewonnen.

Eine Konzentration auf die Kundenerwartungen ist aber insbesondere dort ein kritischer Erfolgsfaktor, wo viele Wettbewerber mit gleichen Leistungen in der gleichen Branche agieren. Wenn dann auch noch die Optimierungspotentiale bei den Kosten gering sind, wird eine positive Differenzierung besonders schwierig. Die Möglichkeiten eines weltweiten Einkaufs über internationale Handelsbeziehungen und kostengünstigere Fertigungsstätten hat ein funktionierendes Kundenmanagement über CRM-Systeme zum entscheidenden Erfolgsfaktor werden lassen. Bei vergleichbaren Produkten oder Dienstleistungen in umkämpften Märkten wird die Kaufentscheidung letztendlich über die persönliche Betreuung und die individuelle Wertschätzung beeinflusst.

Porter entwickelte im strategischen Management das Fünf-Kräfte-Modell. Dieses Modell besagt, dass der Wettbewerb in allen Wirtschaftszweigen, unabhängig davon, ob er national oder international ausgerichtet ist,

von den folgenden fünf Einflussfaktoren bestimmt wird:

- Auftreten neuer Wettbewerber,
- Herausforderung durch Substitute,
- Verhandlungsspielraum der Kunden,
- Verhandlungsspielraum der Zulieferer,
- Rivalität unter den vorhandenen Wettbewerbern.

Dieses Modell beschreibt die primären Einflussfaktoren, die die Wettbewerbsfähigkeit eines Unternehmens innerhalb einer Branche beeinflussen. Zur Entwicklung wirksamer Strategien zur Verbesserung der eigenen Wettbewerbsfähigkeit ist es daher erforderlich, die äußeren Einflussfaktoren genau zu bestimmen.

Mit dem Fünf-Kräfte-Modell von Porter wird über den kombinierten Einfluss dieser Wettbewerbsfaktoren die Fähigkeit von Unternehmen ermittelt, ihren Return on Investment (ROI) zu erreichen. Der Einfluss der einzelnen Faktoren ist abhängig vom jeweiligen Wirtschaftsbereich, in dem das Unternehmen agiert. Grundsätzlich wird aufgezeigt, ob und inwieweit der Return über den aufzubringenden Kosten liegt.

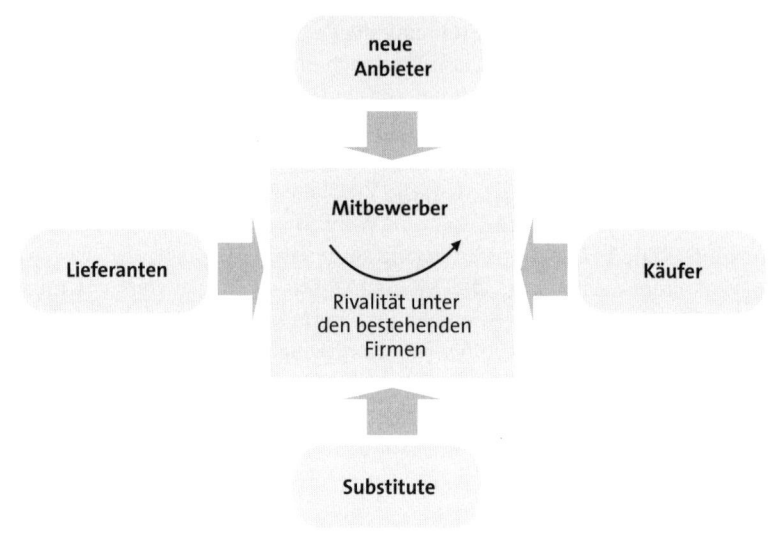

Abbildung 5/3: Fünf-Kräfte-Modell von Michael E. Porter

Nach Porter existieren drei „generische Strategien", sogenannte erfolgversprechende Handlungsansätze, mit denen ein Unternehmen den einschränkenden Wirkungen der fünf Kräfte entgegenwirken kann. Diese drei Handlungsansätze sind

- Differenzierung,
- kostenbasierte Führung und
- Fokussierung.

Die Strategie der Differenzierung erfordert einen Wertewettbewerb, der dem Kunden einen Mehrwert von zusätzlichem Service, besserer Qualität oder einem qualitativen Unterschied zum Konkurrenten bietet. Erkennt der Kunde diese zusätzliche Leistung oder gelingt es dem Unternehmen, diesen Mehrwert bei seinen Kunden über den Vertrieb zu deklarieren, so sind diese Kunden in der Regel bereit auch einen höheren Preis zu akzeptieren.

Bei der kostenbasierten Führung bietet das Unternehmen seine Produkte oder Dienstleistungen im direkten Wettbewerb preisgünstiger an. Hier steht die Kostensenkung im Vordergrund, die Differenzierung über Qualität und Service spielen allerdings nur eine untergeordnete Rolle, wenngleich sie nicht vernachlässigt werden dürfen.

Unternehmen sollten lieber eine klar formulierte als mehrere unklare Strategien gleichzeitig verfolgen; diese Unternehmen schneiden meist deutlich besser ab, obwohl nach Porter auch erfolgreiche Ausnahmen mit mehreren Strategien beobachtet werden können.

Die erfolgreiche Umsetzung einer dieser Strategien erfordert die konsequente Verfolgung der einmal beschlossenen Strategie mit allen dazu erforderlichen Mitteln und Kräften. Wird dagegen die geradlinige Umsetzung einer dieser drei Strategien nicht in die Tat umgesetzt, werden neue Problemfelder auftreten, die den Gesamterfolg gefährden. Aufgrund dieser neuen Probleme geht die Entschlusskraft verloren oder die Investitionsbereitschaft sinkt. Das Unternehmen gerät durch diese unklare Situation in eine ungünstige strategische Position und mit hoher Wahrscheinlichkeit sinkt seine Profitabilität. Die Auswirkungen sind der Verlust von Kunden mit hohem Auftragsvolumen oder die Reduzierung der Gewinnspanne, um diese Kunden von den konkurrierenden Wettbewerbern zurückzuholen. Diese Unternehmen haben keine klare Unternehmenskultur und kämpfen mit internen Konflikten. Ihnen fehlt meist eine eindeutig definierte Organisationsstruktur und ein klares Motivationssystem.

5.2 Die Wettbewerbskräfte im Einzelnen

Durch das Auftreten neuer Wettbewerber innerhalb einer Branche erhöht sich die Wettbewerbsrivalität im Markt. Diese Rivalität verstärkt sich dabei noch, wenn die miteinander konkurrierenden Unternehmen über vergleichbare Marktanteile verfügen. Daher ist der Wettbewerbsdruck insbesondere in den Marktsegmenten hoch, wo es Produkte mit geringen Differenzierungsmerkmalen gibt, die Wettbewerber eine ähnliche Größe besitzen und eine vergleichbare Strategie verfolgen. Im Markt der Gebrauchsgüter ist folglich die Rivalität besonders intensiv. Die Bedrohung durch neue Wettbewerber ist aber auch dann besonders hoch, wenn die Markteintrittsbarrieren niedrig sind und es generell einfach ist, in einen neuen Markt einzudringen.

Die neuen Wettbewerber sollten daher wie folgt analysiert werden:

• Wer sind die neuen Wettbewerber?
• Wo sind die Stärken und Schwächen dieser neuen Wettbewerber?

- Welches Ziel oder welche Strategie verfolgen sie?
- Welche Gegenstrategie kann eingesetzt werden?

Man unterscheidet bei neuen Wettbewerbern grundsätzlich zwischen direkten und indirekten Wettbewerbern. Die direkten Wettbewerber treten mit gleichen Produkten bei den gleichen Kunden auf, die indirekten dagegen bieten denselben Kunden andere Produkte oder Dienstleistungen an. Direkte Wettbewerber werden auch als eine strategische Gruppe bezeichnet. Michael Porter vertritt dabei die Ansicht, dass in den meisten Industriezweigen die konkurrierenden Wettbewerber innerhalb einer strategischen Gruppe anzutreffen sind. Diese Wettbewerber konzentrieren sich auf die gleichen Marktsegmente und verfolgen dabei vielfach auch vergleichbare Strategien.

Es ist leider nicht möglich, eine allgemeingültige Antwort auf Wettbewerbsmaßnahmen aufzuzeigen, da dabei immer spezifische Situationen mit zu berücksichtigen sind. Je genauer jedoch die Konkurrenzanalyse durchgeführt wird, desto präziser kann die erforderliche Gegenstrategie definiert werden.

Einen großen Einfluss haben beim Auftreten neuer Wettbewerber die Loyalität der Kunden und die Treue zur bisherigen Marke. Es werden somit wettbewerbsorientierte Antworten erforderlich, die interne Ressourcen verzehren und damit die Gewinnmarge des eigenen Unternehmens schmälern.

Wenn im Markt alternative Produkte oder Dienstleistungen auftreten, die den Kunden den gleichen Nutzen bieten, schwindet im Allgemeinen der Spielraum für die eigene Preisgestaltung. Wesentliche Fragen beim Auftreten alternativer Produkt sind:

- Wer steht hinter diesem Produkt, oder wer ist der Anbieter?
- Ist dieses Produkt oder diese Dienstleistung ein neues Produkt eines direkten Wettbewerbers?
- Oder wird das Substitut von einem indirekten Wettbewerber angeboten?

Ist der Anbieter des alternativen Produktes ein direkter Wettbewerber, so ist die Gefahr für das eigene Unternehmen meistens besonders groß, da diese Wettbewerber bei den eigenen Kunden in der Regel schon bekannt oder bereits mit anderen Produkten vertreten sind. Aber auch Substitute von indirekten Wettbewerbern dürfen nicht unbeachtet bleiben, da auch diese Anbieter in der Lage sind, über die Zeit Erfahrungen zu sammeln und daraus neue Fähigkeiten zu entwickeln. Die Bedrohung durch Alternativprodukte wird insbesondere dann groß, wenn der Preis für dieses Produkt sinkt, der Wechsel der Kunden auf dieses Substitut sehr einfach oder der Kunde generell bereit ist, ein Alternativprodukt zu kaufen. Wenn das alternative Produkt darüber hinaus noch qualitativ besser oder leistungsfähiger ist, wird die Gefährdung für das eigene Produkt oder die eigene Dienstleistung noch unmittelbarer.

Gibt es in einem Markt viele Anbieter, so entsteht eine Nachfragemacht, die sich belastend auf die Produkt- oder Dienstleistungspreise auswirkt. Sobald nämlich die Kunden einen Verhandlungsspielraum bemerken, werden sie diesen Spielraum auch weitestgehend nutzen. Dieser Spielraum entsteht insbesondere dadurch, dass die im Markt angebotenen Produkte nur geringe Unterschiede aufweisen, leicht austauschbar sind und ein Umstieg auf ein Ersatzprodukt keine hohen Kosten beim Kunden verursacht. Auch über die Konzentration von Kunden, wodurch wenige dominierende Kunden oder Einkaufsverbände entstehen, verbessert sich für diese insgesamt die eigene Verhandlungsmacht. Wenn Kunden aus Gründen der eigenen wirtschaftlichen Situation sehr kostensensibel sind, führt dies ebenfalls verstärkt zu intensiven Preisverhandlungen. Alle diese Effekte führen aber zu einer Reduzierung der Gewinnmarge, und die Profitabilität des Unternehmens sinkt.

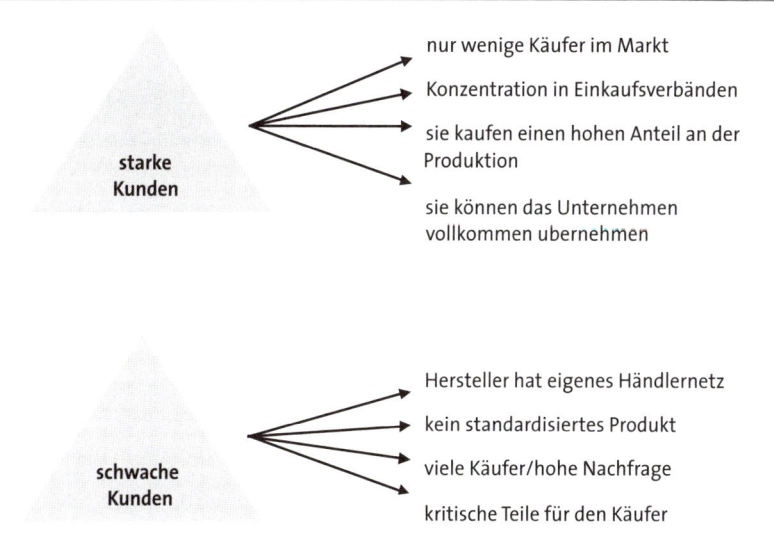

Abbildung 5/4: Einflussfaktoren für starke und schwache Kunden

Abbildung 5/4 gibt noch einmal einen Überblick über die Einflussfaktoren, die den Unterschied zwischen starken und schwachen Kunden bewirken.

Eine ähnliche Auswirkung wie bei Kunden ergibt sich zudem für die Zulieferer. Auch hier führt eine Konzentration bei den Lieferanten zu einer Stärkung der Verhandlungsmacht. Die eventuell notwendigen Wechselkosten spielen ebenfalls eine nicht unbedeutende Rolle, denn: Es ist nicht so ohne weiteres möglich, den Zulieferer zu vertretbaren Kosten zu wechseln; kann der Zulieferer das Produkt ohne große Probleme an einen anderen Kunden verkaufen, so führt dies unweigerlich zu einer Stärkung der Zuliefererposition. Auf der anderen Seite schwächt es die Position des Zulieferers, wenn sein Produkt als ein Standardprodukt eingestuft werden kann, oder er selbst gezwungen ist, seine Preise aus eigenen wirtschaftlichen Gründen zu erhöhen.

Weitere Kriterien sind die Zuverlässigkeit, die Produktqualität und der Service der Zulieferer. Unterscheidet er sich in diesen Punkten positiv von den Alternativanbietern und damit von seinen direkten Konkurrenten, so stärkt dies seine Verhandlungsposition gegenüber dem Unternehmen.

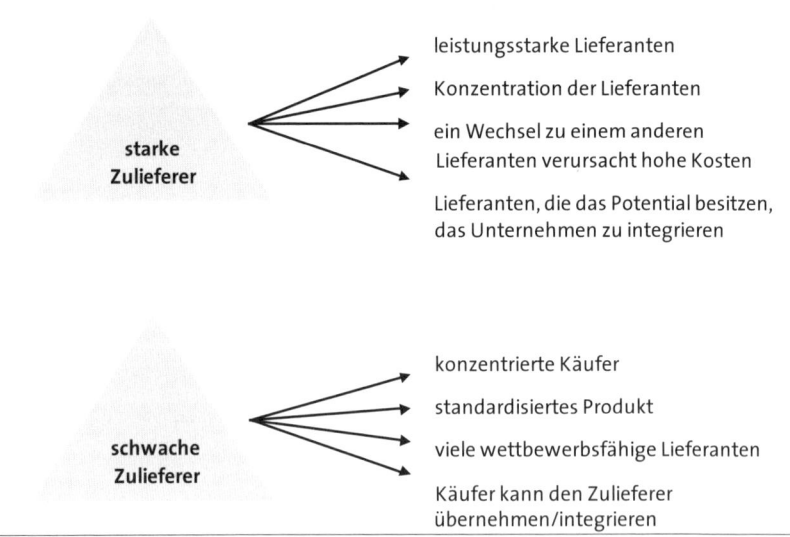

Abbildung 5/5: Einflussfaktoren für starke und schwache Lieferanten

Ein weiteres Signal für Stärke oder Schwäche ist das mögliche Integrationspotential des Zulieferers. Besitzt er selbst die Möglichkeit aus seiner Position heraus, seinen Kunden zu übernehmen, so stärkt dies seine Position. Besteht dagegen für ihn die Gefahr, selbst ein Übernahmekandidat seines Kunden zu sein, so wird seine Position hierdurch geschwächt. Starke Lieferanten sind somit eine Gefahr für den Deckungsbeitrag des Unternehmens, im Gegenzug besteht aber auch die Möglichkeit, bei schwachen Lieferanten die eigene Profitabilität zu verbessern.

In Abbildung 5/5 ist dieser Sachverhalt noch einmal auf einen Blick dargestellt.

5.3   Einschätzung der Produktfelder

Mit der Produktpolitik eines Unternehmens sollen die wesentlichen Bedürfnisse und Wünsche der Kunden befriedigt werden. Langfristig können Unternehmen aber nur bestehen, wenn sie kunden- und marktgerechte Produkte oder Dienstleistungen anbieten, und dass sie dies besser als ihre direkten Wettbewerber praktizieren. Das bedeutet aber auch, dass bei den vorhandenen Produktfeldern notwendige Anpassungen oder Veränderungen frühzeitig erkannt werden.

Um seine eigenen Produkte oder Dienstleistungen im vorhandenen Markt einschätzen zu können, werden die eigenen Produkte oder Dienstleistungen in eine Matrix eingetragen, in der der eigene relative Marktanteil und das zu erwartende Marktwachstum dargestellt werden. Die eigene Marktposition wird durch den eigenen Marktanteil, das Umsatzvolumen und den mit diesem Produkt erwirtschafteten Deckungsbeitrag ebenso beeinflusst wie durch den technischen Entwicklungsstand des Produktes und die Qualität des Vertriebes.

Die Marktattraktivität wiederum wird durch das gesamte Marktvolumen, das weitere zu erwartende Marktwachstum und die Nachfragesituation des Marktes geprägt. Es wirken aber auch die Gesetzgebung und soziale Aspekte auf den Markt.

Die jeweilige Gewichtung der einzelnen Kriterien führt aber zu potentiell unterschiedlichen Auswirkungen bei der Gesamteinschätzung. Befindet sich das Produkt in einem gesättigten Markt oder eher in einem stark wach-

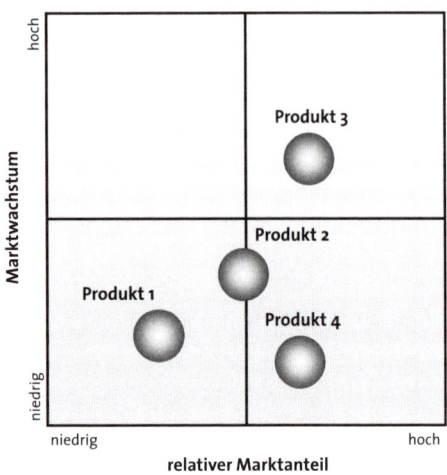

Abbildung 5/6: Beispiel eines Produktportfolios

senden Markt? Wird mit dem Produkt eine hohe oder niedrige Markt-durchdringung erreicht?

Eine stärkere Marktposition wird entweder durch die Verdrängung von Wettbewerbern oder durch eine verstärkte Neukundengewinnung erreicht. Eine weitere Möglichkeit, seine Marktposition zu verbessern und neue Kunden zu gewinnen, ist über Produktinnovationen oder Weiterentwicklungen bereits vorhandener Produkte. Jedes Produkt oder jede Dienstleistung, die von den bestehenden Kunden als neuartig empfunden wird und im Markt positioniert werden kann, ist eine Innovation. Dabei können sowohl die Kundenwünsche als auch technologische Entwicklungsprozesse die Ursache für diese Innovation sein. Da die Produktlebenszyklen (siehe auch Kapitel 3.4) in der Vergangenheit immer kürzer geworden sind, ist die Entwicklung neuer Produkte oder Dienstleistungen heute immer wichtiger geworden.

Auf der anderen Seite können aber mit den bereits existierenden Produkten oder Dienstleistungen auch neue Märkte durch eine internationale Ausrichtung erschlossen werden.

Ein Maßstab für eine gute Produktpolitik und starke Produktfelder ist die damit erreichte Kundenzufriedenheit. Durch eine höhere Kundenzufriedenheit wird gleichzeitig eine bessere Kundenbindung erreicht.

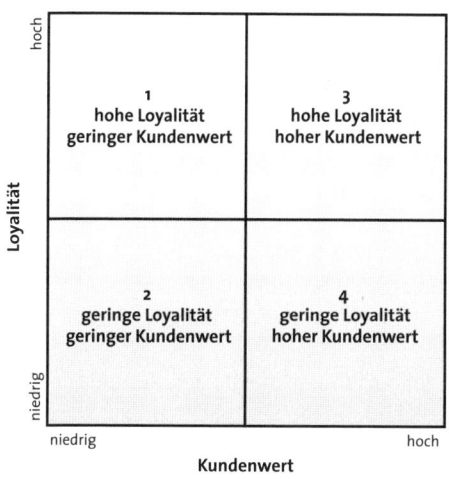

Abbildung 5/7: Kunden-Loyalitäts-Matrix

Die Kundenbindung zum Unternehmen kann dabei durch folgende Instrumente intensiviert werden:

- durch die gemeinsame Entwicklung von neuen Produktfeldern,
- durch individualisierte Angebote,
- durch eine verbesserte Kommunikationspolitik,
- durch eine zuverlässige Distribution und
- durch Rabatt- und Bonussysteme.

Die Kunden-Loyalitäts-Matrix zeigt die Beziehung zwischen Loyalität der Kunden und dem ihnen entgegengebrachten Kundenwert.

Der Kundenwert, auch die Kundenattraktivität genannt, wird über folgende Kriterien ermittelt:

- Wie hoch ist das Bedarfsvolumen des jeweiligen Kunden?
- Hat der Kunde weiteres Bedarfswachstum?
- Sind die Bonität und das Zahlungsverhalten des Kunden gut?
- Wie ist das Deckungsbeitragspotential des Kunden?

Die Loyalität der Kunden wird wiederum nach folgenden Merkmalen bewertet:

- Wie ist das eigene Image bei diesem Kunden?
- Wie lange besteht die Kundenbeziehung bereits?
- Wie hoch ist der eigene Lieferanteil bei diesem Kunden?
- Besteht eine Kontinuität bei den Aufträgen?

Loyale Kunden zeichnen sich durch eine hohe Kauffrequenz in regelmäßigen Abständen zur eigenen Bedarfabdeckung aus. Aber auch die emotionale Bindung eines Kunden hat eine nicht zu unterschätzende Bedeutung.

Für eine gute Kundenbeziehung, die die emotionale Bindung des Kunden fördert, ist eine große Kundennähe unabdingbar. Nur durch diese Nähe können die Kundenwünsche und -erwartungen frühzeitig erkannt werden. Veränderungen bei den Kundenerwartungen oder ein verstärktes Akquirieren der Wettbewerber bei den eigenen Kunden werden so zeitnah erkannt, und entsprechende eigene Gegenmaßnahmen können eingeleitet werden.

Außerdem wird den Kunden hierdurch eine Wertschätzung vermittelt, die ihre Loyalität fördert und sie zur weiteren gemeinsamen Zusammenarbeit motiviert.

Diese Zusammenarbeit umfasst dabei nicht nur die zukünftige Auftragsabwicklung und weitere Geschäfte, sondern vielmehr auch die Weiterentwicklung bereits vorhandener Produkte und Dienstleistungen oder sogar die Entwicklung zukünftiger, neuer Produkte oder Serviceleistungen.

Loyale Kunden sind häufig auch bereit, Premiumpreise zu zahlen und das gekaufte Produkt an andere potentielle Kunden weiterzuempfehlen. Zudem werden loyale Kunden ihre Zahlungsverpflichtungen immer zuverlässig erfüllen, da sie selbst an einer weiteren, gut funktionierenden Geschäftsbeziehung interessiert sind und diese nicht durch Unstimmigkeiten im Zahlungsverkehr gefährden wollen.

Nur durch die emotionale Bindung, die über einen individuellen Service und eine kundenfreundliche Abwicklung gefördert wird, kann eine echte Kundenloyalität entstehen. Die für das Unternehmen spezifischen Loyalitätsfaktoren richten sich nach den unterschiedlichen Kundengruppen, aber auch nach den einzelnen Produktfeldern und Dienstleistungen. Diese spezifischen Loyalitätsfaktoren müssen daher zuvor ermittelt werden.

5.4 Ergänzung durch eine Portfolioeinschätzung

Eine Portfolioeinschätzung ist generell für jedes Produkt, für alle Unternehmen und auch für alle Märkte einsetzbar. Sie ist ein strategisches Controlling-Instrument zur Wettbewerbsanalyse, mit dem Geschäftseinheiten im Verhältnis zum Markt und den Wettbewerbern untersucht werden.

Über die Visualisierung in der Portfoliomatrix wird eine Entscheidungsgrundlage für die zukünftige strategische Ausrichtung eines Unternehmens erstellt. So können sowohl das ganze Unternehmen wie auch einzelne Produkte oder Produktgruppen analysiert werden. Man unterscheidet dabei zwei Zielrichtungen. Zum einen wird eine ausgewogene Struktur der Produktlinien oder Dienstleistungen angestrebt, auf der anderen Seite soll ein Ausgleich zwischen risikoreichen und risikoarmen Geschäftsfeldern erreicht werden. Darüber hinaus kann damit die Finanzierung zukünftiger Wachstumsfelder ermöglicht und ein Ausgleich zwischen heutiger und zukünftiger Ertragssicherung gewährleistet werden.

Die klassische Portfoliomatrix wurde bereits in den 1960er-Jahren von der Boston Consulting Group entwickelt und ist bis heute ein Standardinstrument für das strategische Management. Dabei bilden die Erfahrungskurve und die Lebenszykluskurve (siehe Kapitel 3.4) eines Produktes oder einer Dienstleistung die Basis für dieses Portfolio. Auf den Achsen der Matrix werden der relative Marktanteil und das Marktwachstum dargestellt, daher wird diese Darstellung auch als Marktwachstum-Marktanteil-Matrix bezeichnet.

Über den relativen Marktanteil wird das Verhältnis des eigenen Marktanteils zum Marktanteil des stärksten Konkurrenten widergespiegelt, mit dem Marktwachstum wird wiederum das eigene notwendige Wachstum definiert, über das ein Unternehmen seine Marktanteile gegenüber den Wettbewerbern beibehalten will. Hieraus ergibt sich erfahrungsgemäß die Schwierigkeit, den betroffenen Markt richtig einzuschätzen.

Die vier Quadranten der Matrix enthalten

- die Cashcows,
- die Stars,
- die Question Marks und
- die Poor Dogs.

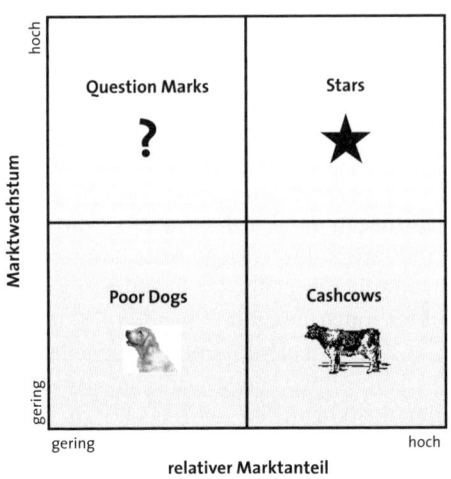

Abbildung 5/8: Klassische Portfoliomatrix der Boston Consulting Group

In diese Matrix werden zunächst die verschiedenen Produkte oder Dienstleistungen eines Unternehmens aufgrund der vorliegenden Vergangenheitswerte und je nach Stand ihres Produktlebenszyklus eingeordnet. Anschließend werden die Produkte oder Dienstleistungen der direkten Wettbewerber ebenfalls eingeschätzt und auch in diese Matrix eingetragen. Aus dieser Gesamteinschätzung können anschließend die Auswirkungen und die zukünftige Strategie abgeleitet werden.

Produkte, die sich in Wachstumsmärkten befinden, aber nur über einen geringen relativen Marktanteil verfügen, befinden sich im Quadranten „Question Marks". Produkte, die hier eingeordnet sind, befinden sich in der Wachstumsphase ihrer Lebenszykluskurve. Diese Geschäftsfelder sollten daher genau weiterbeobachtet werden. Werden die zukünftigen Aussichten für diese Geschäftsfelder positiv eingeschätzt, so ist es erforderlich, bei diesen Produkten stetig weiter zu investieren, um nicht den Anschluss an die starken Wettbewerber oder Marktführer zu verlieren.

Die eigenen Produkte oder Dienstleistungen mit niedrigem Marktwachstum verbunden mit hohem relativen Marktanteil befinden sich im Quadranten „Cashcows". Diese Produkte haben die Schwelle von der eigenen Produktwachstumsphase zur Reife- und Sättigungsphase überwunden. Sie benötigen keine hohen finanziellen Mittel mehr, sondern ihr Cashflow wird häufig zur Finanzierung von anderen, neuen und vielversprechenden Produkten oder Dienstleistungen verwendet, damit diese zu den neuen Stars werden.

Im Quadranten „Stars" dagegen befinden sich Unternehmen mit hohem Marktwachstum bei gleichzeitig hohem relativen Marktanteil. Sie haben sich bereits aus der eigenen Wachstumsphase erfolgreich entwickelt und haben einen zufriedenstellenden Cashflow. Für diese Produkte heißt es: Position halten und Marktanteil ausbauen.

Als „Poor Dogs" werden die Produkte bezeichnet, die in einem nur noch geringfügig wachsenden oder sogar stagnierenden Markt nur noch über einen geringen Marktanteil verfügen. Diese Produkte erwirtschaften keinen ausreichenden Cashflow mehr, im Gegenteil, in diesem Geschäftsfeld verlieren Unternehmen Geld. Die Produkte befinden sich in einer Degenerationsphase und sind die Auslaufprodukte eines Unternehmens. In diese Produkte sollte nicht weiter investiert werden.

Aus diesem Portfolio können somit vier Strategien abgeleitet werden:

- die Investitionsstrategie,
- die Wachstumsstrategie,
- die Abschöpfungsstrategie und
- die Desinvestitionsstrategie.

Mit der Investitionsstrategie wird im Question-Marks-Quadranten die eigene Marktposition verbessert, und die betroffenen Produkte können sich zu Stars entwickeln. Bei einem unbefriedigenden Verlauf dieser Strategie sollte kurzfristig desinvestiert werden, damit die Investitionsmittel für andere Produkte oder Dienstleistungen genutzt werden können.

Bei der Wachstumsstrategie wird die vorhandene Marktposition weiter ausgebaut, bis eine Marktführerschaft erreicht wird. Die Produkte werden gegenüber den wesentlichen Wettbewerbern abgeschottet, und es wird versucht, die eigenen Kostenvorteile weiter zu bewahren.

Die Abschöpfungsstrategie hat ihr Ziel darin, Erlösüberschuss für ein Produkt zu erzielen und für andere Geschäftsfelder zu verwenden. Dabei sollten aber keine weiteren Investitionen mehr vorgenommen werden, um den Marktanteil dieses Produktes zu erhöhen.

In nur noch langsam wachsenden oder bereits stagnierenden Märkten wird dagegen die Desinvestitionsstrategie angewendet.

Das Portfolio-Analyse-Tool ist nicht unumstritten, da es auch Mängel aufweist. Eine wesentliche Voraussetzung ist zum Beispiel die korrekte Definition des Marktes. Schon diese Einschätzung ist nicht einfach und kann durchaus individuell geprägt sein. Auch die Annahme, dass der Marktanteil ein zutreffender Indikator für den zu erwartenden Cashflow ist und dass der Cash-Bedarf über das Marktwachstum bestimmt werden kann, ist nicht unbedingt zutreffend.

Ein anderes wesentliches Tool, um mit dessen Hilfe Visionen und optimale Strategien für mittelgroße Unternehmen zu entwickeln, ist daher das Wettbewerbsportfolio. In diesem Portfolio steht anstelle des Marktwachstums auf der y-Achse die relative Design-/Know-how-Stärke und auf der x-Achse der relative Kosten-/Preis-Vorteil. Auch hier wird das eigene Produkt oder die eigene Dienstleitung aus den vergangenen Erfahrungswerten eingeschätzt und den bekannten aktiven Wettbewerbern in der Matrix gegenübergestellt.

Anschließend können mit dieser Portfolioeinschätzung Folgerungen aus der Wettbewerbsstärke und der Marktattraktivität herausgefiltert werden. Ein bedeutender Kostenvorsprung wirkt sich aber erst bei einer deutlichen

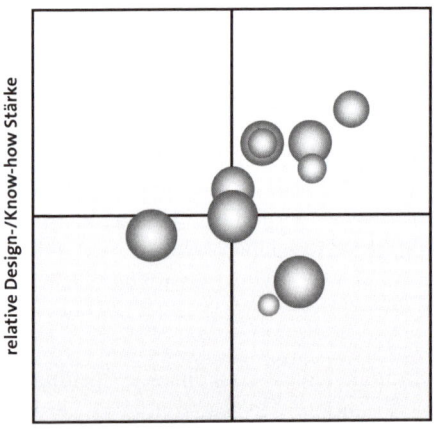

Abbildung 5/9: Wettbewerbsportfolio

Marktanteilsdifferenz von über 30 bis 40 Prozent gegenüber den nachfolgenden Wettbewerbern aus.

Eine starke Wettbewerbsposition in einem stark wachsenden Markt verlangt nach zusätzlichen Investitionen und weiterem Wachstum. Dagegen sollten bei einer schwachen relativen Wettbewerbsposition in einem nur wenig attraktiven Markt keine weiteren Investitionen getätigt werden. Hier sollte sich das Unternehmen darauf konzentrieren, den Markt, soweit es geht, abzuschöpfen und seine zukünftigen Aktivitäten auf Produktinnovationen zu konzentrieren oder in andere, bereits vorhandene, aber besser positionierte Produkte oder Dienstleistungen zu investieren.

Alternativ kann ein Wettbewerbsportfolio auch in neun Segmente aufgeteilt werden, wobei jede Achse dreiteilig von niedrig über mittel bis hoch skaliert wird. Durch den zusätzlich entstehenden mittleren Bereich wird häufig eine leichtere Einordnung möglich.

6 Vision, Strategie und Strategieentwicklung

6.1 Von der Vision zur Strategie

Strategien sind Mittel und Maßnahmen, um eine Vorstellung von der Zukunft durch systematisches Handeln zu bekommen. Die Basis ist dabei diese Vorstellung von der Zukunft selbst – sie wird auch als Vision bezeichnet. Die Vision ist damit die eigentliche Idee, bei Unternehmen spricht man von der Geschäftsidee. Visionen sind langfristig orientiert und bilden die Position im zukünftigen Wettbewerbsumfeld nach Umsetzung aller strategischen Vorhaben ab. Sie können sich einerseits auf ganz neue Vorhaben beziehen oder andererseits mit an die Kundenbedürfnisse angepassten Produkten verbesserte Marktpositionen in bestehenden Märkten anstreben. Ein Beispiel für Ersteres war der entstehende Mobilfunkmarkt Anfang der 1990er-Jahre, für Letzteres die Einführung des Hybridantriebs kurz nach der Jahrtausendwende in den gesättigten Automärkten der Industrienationen durch Toyota. Im einen Fall wurde der noch nicht vorhandene Mobilfunkmarkt als Kundenbedürfnis erkannt und auf dieser Erkenntnis basierend mit milliardenschweren Investitionen erst geschaffen. Im anderen Fall wurde das sich ändernde Umweltbewusstsein im Umfeld der CO_2-Diskussion frühzeitig, das heißt schon vor vielen Jahren erkannt und mit einer genau darauf abgestimmten Produktreihe bedient. Die unternehmerische Idee lag in beiden Fällen bei der Entscheidungsfindung über das eigene, einige Jahre in der Zukunft liegende Vorgehen und hat als Orientierungsrahmen für das weitere Handeln gedient.

Der Weg zur Umsetzung der Vision ist die Strategie. Strategien beziehen sich daher auf alles, was notwendig ist, um die in der Vision skizzierten Inhalte umzusetzen. In der Regel sind somit alle, das Unternehmen von innen und außen prägenden Aspekte betroffen: der Markt, die Produkte, die Kunden, das Preisniveau, die Vermarktungsstrategie, der Produktionsprozess, die Administrationsprozesse, die Logistik, die Zulieferbeziehungen, das Personal, die Investitionen, die Finanzierung sowie die daraus zu erwartende Ertragslage. Produkte und Leistungen von Unternehmen werden mithilfe der Strategien so ausgerichtet, dass die jeweilige Vision bei der Umsetzung der entsprechenden Strategie realisiert wird. Strategien sind

↳ Die Strategie ist „nur" die Umsetzung der angepeilten Vision?

somit die gebündelten Vorhaben, mit denen ein Unternehmen seine im Vorhinein skizzierte Vision innerhalb eines definierten und überschaubaren Zeitrahmens erreichen kann. Strategien basieren jedoch auch auf den Ressourcen und Fähigkeiten des Unternehmens (Menschen, Kunden, Produkte, Maschinen, Know-how etc.) zum gegenwärtigen Zeitpunkt. Strategien stellen somit die Verbindung zwischen der weit in der Zukunft liegenden Vision und der Gegenwart dar. Sie beschreiben einen gut zu verwirklichenden und planbaren Zeitpunkt in der Zukunft mit konkreten Vorhaben. So wird auch deutlich, dass eine Strategie die Ansammlung von strategischen Maßnahmen ist, für die im Regelfall konkrete Ziele (SOLL 1, SOLL 2, … SOLL n) vereinbart werden, so dass ersichtlich wird, ob jede einzelne Maßnahme erreicht wird oder nicht. Ziele sind in diesem Kontext immer numerisch und messbar. Sie beschreiben Zwischen- und Endzustände der jeweils geplanten strategischen Maßnahmen in ihrer erwarteten Wirkung. Typische Beispiele für Ziele sind Umsatzhöhen, Mitarbeiterzahlen, Investitionshöhen, Kundenzahlen, Marktanteile etc. Die Ziele sind der jeweiligen strategischen Maßnahmen mit ihrem spezifischen Zeithorizont eng zugeordnet, so dass ein sinnvolles Controlling der strategischen Maßnahme möglich wird. Bei Abweichungen können rechtzeitig Gegenmaßnahmen erwogen werden. Abbildung 6/1 zeigt den Zusammenhang.

Aus der Abbildung ist ebenfalls gut ersichtlich, dass ein allein auf Vergangenheit und Gegenwart basierendes Vorgehen nicht strategisch sein kann. Es fehlt mit der Vision die zukünftige Orientierung. Solche Vorgehensweisen beinhalten zwar in der Regel auch Maßnahmen zur Umsetzung ver-

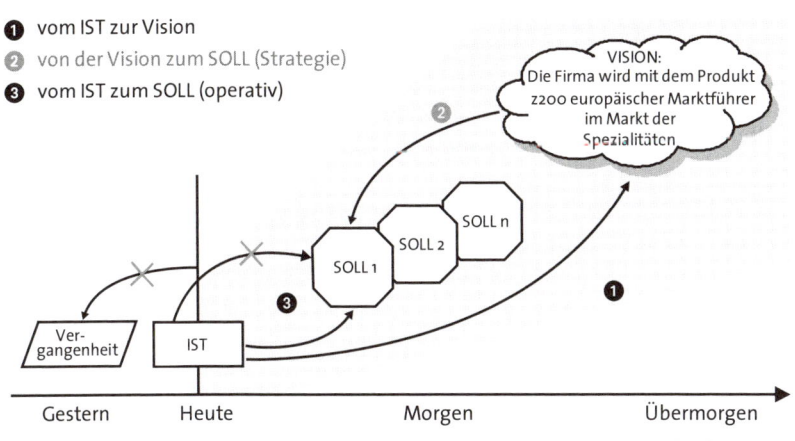

Abbildung 6/1: Zusammenhang von IST-Situation, Vision und Strategie

115

schiedenster Vorhaben und besitzen Ziele – es handelt sich jedoch mangels einer Vision nicht um strategische, sondern mehr um operative Procedere. Allein der Schluss von heute auf übermorgen ist kein strategisches Vorgehen, sondern entspricht einer operativen Planung.

Eine gute Vision vermittelt dem Unternehmen die Chance, in der Zukunft gegenüber den Wettbewerbern eine möglichst gute Wettbewerbsposition mit möglichst vielen Alleinstellungsmerkmalen zu generieren. Zumeist liegen diese Wettbewerbspositionen in der eigenen Branche, was aber nicht sein muss. Aus den Erfahrungen und Möglichkeiten des Unternehmens von heute wird eine erreichbare Vision des Unternehmens von übermorgen skizziert, die durch die Realisierung der geplanten Strategie erreicht wird.

Bei Strategien handelt es sich also immer um langfristig angelegte Vorhaben für und in Unternehmen. Langfristig bedeutet dies, dass der Zeithorizont größer ist, als er für rein operative Dinge notwendigerweise sein müsste. Der Zeitraum, der als lang-, mittel- oder kurzfristig angesetzt wird, richtet sich nach den jeweiligen Branchen und der Dauer mindestens eines Innovationszyklus in der jeweiligen Branche. Im Einzelfall kann dies schon mit drei Jahren der Fall sein, wenn es sich um Märkte mit schnellen Veränderungen handelt (zum Beispiel Chipindustrie). Im Allgemeinen wird sich der Charakter des Langfristigen mehr im Zeithorizont von über fünf Jahren (zum Beispiel Investitionsgüter) oder um die fünf Jahre (Konsumgüter) abspielen. An dieser Stelle wird die ausgeprägte Kompetenz deutlich, die notwendig ist, um die Entwicklung von Märkten und der eigenen Position darin auf eine große Distanz korrekt einzuschätzen und die richtige Strategie zu wählen, die zu mehr Alleinstellung und Wettbewerbsvorteilen in den Märkten der Zukunft führt. Untersuchungen haben gezeigt, dass besonders erfolgreich arbeitende Unternehmen eher bei zehn als bei fünf Jahren mit dem Zeithorizont ihrer Visionen liegen.

Die strategische Positionierung eines Unternehmens ist somit ein langfristig wirkendes Vorhaben, das die beiden Elemente *Vision* und *Strategie* beinhaltet. Der Sinn eines strategischen Vorgehens liegt darin begründet, mit dem gewählten Vorgehen Vorteile im Wettbewerb zu erlangen. In welchen Märkten das erfolgt und mit welchen Leistungen beziehungsweise Produkten, ist bereits Inhalt der Vision. Die Vorteile oder vielmehr die zukünftigen Positionen müssen jedoch auf Basis der bestehenden Fähigkeiten des Unternehmens realistisch erreichbar sein. Die realistische Einschätzung des Managements nach dem Machbaren und Erreichbaren ist hier gefragt. Visionen, die nicht plausibel erscheinen, weil sie die Wirklichkeitsabschätzung vernachlässigen oder sogar außer Acht lassen, wirken auf die beteiligten Mitarbeiter oder Geschäftspartner daher abschreckend. Eine gute Vision ist begeisternd und mitreißend, eine gute Strategie realitätsnah und sicher umsetzbar. Hierzu einige zusätzliche Ausführungen.

Vision und Strategie sind umso brillanter, je besser die Position des Unternehmens gegenüber dem Wettbewerb nach Realisierung der Strategie ist. Daraus folgt in jedem Fall, dass die Vision so ambitioniert sein muss, dass dieser Aspekt auch berücksichtigt wird. Für die Beurteilung der Qualität einer Vision mit dazugehöriger Strategie ist demnach heute einzuschätzen, wie die realisierte Strategie das Unternehmen in einigen Jahren zum Wettbewerb hin positioniert haben wird. Der jeweils erfolgreichsten Vision ist mit der dazugehörigen Strategie der Vorzug zu geben. Messkriterien für den Erfolgsgrad in der Entwicklung von Unternehmen sind das Wachstum von Umsatz und Profit, wobei der Profit als EBIT (earnings before interests and taxes) definiert wird. Da strategische Vorgehensweisen also langfristig angelegt sind, sind auch die Messkriterien dazu langfristig zu betrachten.

Erfolgreiche Visionen und Strategien führen dazu, dass das Unternehmen langfristig in die Position des höheren Umsatz- und Gewinnwachstums geführt wird. Das höhere Umsatz- und Gewinnwachstum gilt im Vergleich zum Wettbewerb und auch absolut. Unter absolut wird der langjährige und alle Branchen umfassende Branchendurchschnitt für Wachstum angesehen. Dieser liegt im industriellen Bereich bei ca. 5 Prozent Wachstum pro Jahr. Wachstum im Vergleich zum Wettbewerb bezieht sich auf das durchschnittliche Wachstum der eigenen Branche. Bei dynamischen Branchen oder Branchen in ihrer Entstehungsphase können hier Wachstumsdurchschnitte erreicht werden, die bei 50 oder 100 Prozent Wachstum pro Jahr liegen (zum Beispiel Solarindustrie Anfang des Jahrtausendwechsels in Deutschland). Vision und Strategie, die ein derartig definiertes Wachstum von Umsatz und Profit nicht erreichen, haben entweder bereits in der Vision oder dann später in der Strategieformulierung ein Manko. Ambitionierte Visionen und Strategien lassen durch ihre entsprechend formulierten Ziele im Vorhinein erkennen, dass das Wachstum von Umsatz und Profit im oben genannten Sinne überdurchschnittlich ist.

Bei der Umsetzung der Strategie gewinnen sorgfältig formulierte Ziele eine zusätzliche Bedeutung. Durch ein zeitnahes Controlling des Zielerreichungsgrades werden Abweichungen gegenüber dem strategisch geplanten

Zustand frühzeitig sichtbar. Es kann gegebenenfalls überprüft werden, ob die zugrunde liegende Vision noch tragfähig ist, die strategischen Maßnahmen richtig formuliert sind oder ob nur einfache Realisierungsprobleme bestehen. Es wird frühzeitig ersichtlich, ob die gesetzten Wachstumsziele erreicht werden oder ob Gegenmaßnahmen notwendig werden. In einigen Fällen ist für die Umsetzung einer ambitionierten Vision mit einer ausgefeilten Strategie einiges Durchhaltevermögen notwendig, und kurzfristig sind Rückschläge bei der Marktentwicklung zu verkraften.

Die vollständige Beurteilung dieses Prozesses ist in den meisten Fällen erst im Nachhinein möglich. Marktwachstumsraten und Wachstumsraten einzelner Unternehmen müssen über einen längeren Zeitraum ersichtlich und auswertbar sein, um den Erfolgsgrad eines einzelnen Unternehmens beurteilen zu können. Der zeitliche Abstand für die retrospektive Betrachtung muss für eine sichere Bewertung genügend groß und technologische Entwicklungen sollten abgeschlossen sein.

Die retrospektiven Betrachtungen von Unternehmen hinsichtlich ihres strategischen Erfolges werden vielfach von externen Instituten wie Universitäten, Beratungsgesellschaften oder Banken durchgeführt. Externe, retrospektive Beurteilungen haben damit den Vorteil, dass sie gegenüber selbst durchgeführten Beurteilungen objektiver sind. Der Erfolg oder Misserfolg einer Strategie wird deutlich sichtbarer, ohne dass auf persönliche Belange Rücksicht genommen werden muss. Neben den Einzelfallbeurteilungen sollen hierdurch erfolgreiche Handlungsmaxime erkannt und danach verallgemeinert werden.

Eine übersichtliche Darstellung zur Visualisierung der Qualität von Visionen und Strategien ist die Darstellung im Wachstumsportfolio (siehe Abbildung 6/2). Hier werden die Unternehmen in ein Portfolio sowohl mit ihrem jährlich erreichten Umsatzwachstum (y-Achse) als auch mit ihrem verwirklichten Profitwachstum (x-Achse) eingetragen. Zur Beurteilung der Auswirkung von Strategien muss die Wachstumsbetrachtung natürlich über eine Reihe von Jahren hinweg erfolgen, und es wird der mehrjährige Durchschnittswert des Wachstums pro Jahr berechnet (% Wachstum/a). Die Mittellinien werden in Wachstumsportfolios entweder durch die jeweiligen Branchendurchschnitte oder durch den langjährigen Industriedurchschnitt für erreichbares Wachstum in Höhe von 5 Prozent pro Jahr gebildet. Unterschreitet das durchschnittliche Wachstum in einer Branche den Industriedurchschnitt, so wird der Industriedurchschnitt von 5 Prozent Wachstum/a als Mittellinie verwendet. Durchschnittswerte von unter 5 Prozent werden somit nicht als Mittelwerte dargestellt. Der Grund liegt darin, dass Wachstumswerte für Branchen unterhalb des Industriedurchschnitts eine eher nicht lukrative Branche anzeigen. Branchenausstiegsszenarien wären dann die Folge.

Mit den Durchschnittswerten als Mittellinien werden die folgenden vier Quadranten im Wachstumsportfolio gebildet:

- Wachstumsführer: Unternehmen mit sowohl beim Umsatz als auch beim Profit überdurchschnittlichem Wachstum (absolute Gewinner).

- Werttreiber: Unternehmen mit nur bei der EBIT-Entwicklung überdurchschnittlichem Wachstum, das Umsatzwachstum bleibt unterdurchschnittlich (steigender Unternehmenswert).

- Markttreiber: Unternehmen mit nur beim Umsatz überdurchschnittlichem Wachstum, die Profitentwicklung bleibt unterdurchschnittlich (zumeist Marktanteilsgewinner).

- Wachstumsverlierer: Sowohl Umsatz als auch Profit wachsen nur unterdurchschnittlich beziehungsweise schrumpfen sogar (absolute Verlierer).

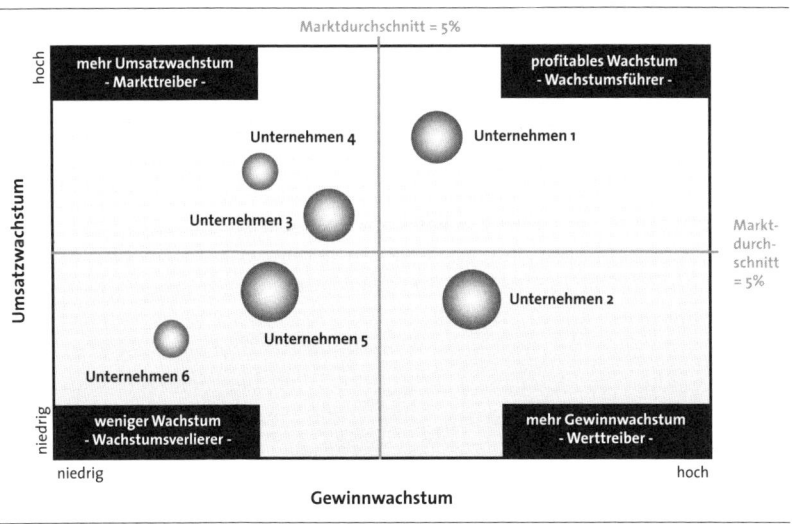

Abbildung 6/2: Wachstumsportfolio zur Beurteilung von Strategien

Die Wahl der Mittellinien ist bei Portfolios entscheidend für die Einteilung beziehungsweise Abgrenzung der Viertel. Durch die Festlegung der Mittellinien im Wachstumsportfolio entweder als genereller Wachstumsdurchschnitt der Industrie (5 %/a) oder als realer Wachstumsdurchschnitt der relevanten Branche – jeweils der höhere Wert wird gewählt – ist sichergestellt, dass bei Schrumpfungsentwicklungen ganzer Branchen alle Marktteilnehmer im Quadrant Wachstumsverlierer eingestuft werden. Dies ist auch korrekt, da die ganze Branche als unattraktiv zu bewerten ist. Umgekehrt erreichen den Quadrant Wachstumsgewinner nur Unternehmen mit höherem Wachstum – sowohl höher als 5 Prozent als auch höher als der Branchendurchschnitt. Auch dies ist korrekt, da Durchschnittswerte im Wachstum bei einzelnen besonders dynamischen Branchen zeitweise durchaus Werte von 100 Prozent und mehr erreichen können. Als Beispiel sei hier kurz die weltweite Mobilfunkindustrie zu Beginn der Jahrtausendwende genannt, als Märkte in Indien und China neu entstanden sind. Das Ziel für eine optimale Vision und Strategie liegt somit darin, das eigene Unternehmen innerhalb eines strategischen Zeithorizonts in den Bereich der Wachstumsgewinner zu führen; dies entweder in der Branche, wo bereits die eigenen Produkte und Leistungen abgesetzt werden, oder in anderen (zumeist angrenzenden) Märkten – jedenfalls immer auf Basis der heute bestehenden Fähigkeiten des Unternehmens.

Zu den skizzierten Verfahren „Wachstumsportfolio" zur Beurteilung der Qualität von Strategien beziehungsweise zum dauerhaften Erfolg von Unternehmen gibt es eine Reihe von praktischen Studien, unter denen wir eine zur Erläuterung des Sachverhaltes herausgreifen möchten. 2007 wurde von der University of St. Gallen der strategische Erfolg der Fortune-Global-500-Unternehmen untersucht (Raisch/Gilber/Gomez 2007). Alle Unternehmen sind über den Zeitraum 1996 bis 2004 hinsichtlich ihres jährlichen Wachstums in Umsatz und Profit untersucht und dann in das Wachstumsportfolio eingeordnet worden. Im Ergebnis ist zu sehen, dass ca. 25 Prozent aller untersuchten Unternehmen sich als Wachstumsführer qualifiziert haben. Nur knapp 20 Prozent lagen im Quadrant der Wachstumsverlierer (siehe Abbildung 6/3). In dieser Untersuchung wurde die harte Grenze von 5 Prozent Wachstum als Mittellinie im Portfolio angewandt. Im Umkehrschluss bedeutet dies, dass – die Wahl der richtigen Vision und Strategie sowie eine fehlerarme Umsetzung vorausgesetzt – sich Wettbewerbspositionen mit mehr als 5 Prozent Umsatz- und Profitwachstum erreichen lassen und von erfolgreichen Unternehmen auch erreicht werden.

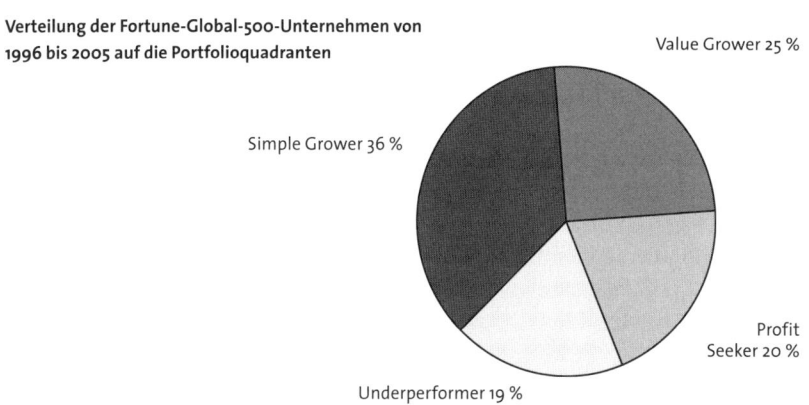

Verteilung der Fortune-Global-500-Unternehmen von 1996 bis 2005 auf die Portfolioquadranten

Value Grower 25 %

Simple Grower 36 %

Profit Seeker 20 %

Underperformer 19 %

Abbildung 6/3: Verteilung der Fortune-Global-500-Unternehmen von 1996 bis 2005 auf die Portfolioquadranten

Aus den strategischen Verhaltensweisen der Unternehmen, die im Quadrant der Wachstumsgewinner eingestuft worden sind, können Erkenntnisse darüber gewonnen werden, welche Verhaltensweisen sich als erfolgreich erwiesen haben. In diesem Zusammenhang ist es von großem Interesse, zu erkennen, was die Gewinner in ihrem strategischen und auch operativen Verhalten anders gemacht haben als die Unternehmen im Quadrant der Wachstumsverlierer. Für die Neuentwicklung von Strategien bietet es sich an, auf diesen Erfahrungen aufzubauen. Vision, Strategie sowie strategische Maßnahmen (operative Umsetzung) können für zukünftige Vorhaben diesen Erfahrungen angenähert werden, um die Erfolgsquote anzuheben (siehe Kapitel 6.6).

Strategieentwicklung heißt, das Unternehmen langfristig in die Zukunft auszurichten und Wachstum systematisch zu generieren. Um das zu erreichen, muss für die Kunden des Unternehmens durch die strategische Vorgehensweise ein überragender Nutzen entstehen: Der Kundennutzen sollte zumindest so groß sein, dass der Kaufentscheid zugunsten des eigenen Geschäfts ausfällt. Die Situation wird umso lukrativer, je höher der Wettbewerbsvorteil und der Kundennutzen ausfallen. Klassicherweise – aber in diesem Fall nicht positiv zu bewerten – tritt die Situation des überragenden Wettbewerbsvorteils beim Monopolisten auf.

Monopolisten sind Unternehmen, die in ihrem Marktsegment keine Wettbewerber haben. Einige bekannte Beispiele, die mehr oder weniger in bestimmten Teilen Merkmale von monopolartigen Strukturen aufweisen, sind Microsoft bei PC-Betriebssystemen, IBM bei Mainframe-Systemen oder die Deutsche Post bei der Briefbeförderung (Standardbriefe). Natürlich wird dies stets von denBbetroffenen bestritten, und es folgen oft langjährige Kartellauseinandersetzungen, aber für dieses Beispiel kommt es nicht darauf an, ob es sich im juristischen Sinne tatsächlich um Kartelle handelt oder nicht, sondern es soll deutlich gemacht werden, dass nahezu kein anderer Anbieter in der Lage ist, eine Leistung anzubieten, die für den Kunden einen vergleichbaren Nutzen aufweist. Staatliche Regelungen, wie das Ende 2007 ausgelaufene Briefmonopol, haben die gleiche Wirkung, jedoch ohne dass mit kartellrechtlichen Konsequenzen zu rechnen ist. Die anderen Anbieter im Markt sind bei monopolartigen Strukturen nicht in der Lage, mit einer vergleichbaren Leistung aufzuwarten. Der Vorteil einer solchen Position liegt in einer größeren Freiheit bei der Preisgestaltung, was den Profit maximiert. Ein Wachstum beim Umsatz findet hier zumeist nicht statt, so dass monopolartige Unternehmen eher im Quadrant der Werttreiber zu finden sind.

Einmal abgesehen von Monopolisten beziehungsweise von monopolähnlichen Strukturen, ist der Begriff der Alleinstellungsmerkmale hier von Interesse. Alleinstellungsmerkmale sind Produkteigenschaften oder Leistungsmerkmale, die einen spezifischen Kundennutzen hervorrufen. Die Betonung liegt hier *auf Wahrnehmung durch den Kunden,* denn Alleinstellungsmerkmale, die nicht von Kunden wahrgenommen werden, sind vielleicht technisch tatsächliche Unikate, haben jedoch mit einer Alleinstellung im Sinne von Strategien nichts zu tun. Nur ein von Kunden wahrgenommener Nutzen eines Produktes oder einer Leistung kann ein Alleinstellungsmerkmal begründen. Das ist genau dann der Fall, wenn dieses Merkmal nur einen Anbieter kennzeichnet. Entscheidend ist, wie es bei dem Kunden ankommt, nicht, wie es tatsächlich ist oder zu sein scheint. Alleinstellungsmerkmale basieren vielfach auf Kernkompetenzen, die in Kapitel 2 näher erläutert sind.

Gelingt es dem Unternehmen, ein Alleinstellungsmerkmal zu vermitteln, hat es eine ähnliche Wirkung wie die oben aufgeführte bedingte Monopolstellung. Der Kunde ist bereit, für diesen Nutzen den Kaufentscheid zugunsten des Anbieters mit dem Alleinstellungsmerkmal zu fällen. Den Alleinstellungsmerkmalen kommt somit eine erhebliche Bedeutung bei der Formulierung von Strategien zu. Sie müssen zudem stets neu entwickelt werden, da sie durch den Wettbewerb erodieren und in aller Regel nach einer bestimmten Zeit nicht mehr attraktiv sind, da

Wettbewerber zwischenzeitlich Produkte mit ähnlichen Eigenschaften auf den Markt gebracht haben.

Grundsätzlich können drei Wege beschritten werden, um Vorteile im Sinne einer Alleinstellung in Märkten zu erlangen:

- Technologieführerschaft,
- Kostenführerschaft oder
- Serviceführerschaft.

Technologieführerschaft zielt darauf ab, über technologische Eigenschaften Vorteile zu generieren. Technologische Eigenschaften setzen technologisches Know-how und genaue Kenntnisse zu den jeweiligen Kundenbedürfnissen in den Märkten voraus. Am Beispiel erfolgreicher Strategien lässt sich dies sehr gut verdeutlichen. Toyota hat Ende der 1990er-Jahre den Hybridantrieb serienreif entwickelt und als Erster auf den Markt gebracht. Es handelt sich um einen Autoantrieb mittels eines herkömmlichen Benzin- oder Dieselmotors, zusätzlich aber auch durch einen Elektromotor und einer leistungsfähigen Batterie, wobei als energetischer Hauptvorteil die elektrische Nutzung der Bremsenergie entsteht. Der resultierende Kundenvorteil ist ein deutlich niedrigerer Verbrauch mit weniger CO_2-Emission zumindest im Stadtverkehr, da hier die meisten Bremsvorgänge stattfinden. Die höheren Kosten konnten über höhere Preise kompensiert werden. Ein wesentlicher Grund dafür, dass diese Strategie überhaupt funktionierte, war und ist ein stark steigender Ölpreis von ehemals 30 auf 100 bis hin zu 200 US-Dollar pro Barrel. Von Toyota wurde die Entwicklung der steigenden Ölpreise Ende der 1990er-Jahre offensichtlich so eingeschätzt und entwicklungstechnisch mit dem neuen Produkt Hybridauto entsprechend umgesetzt.

Im Nachhinein scheint dies einfach, zum Zeitpunkt der Entscheidung war dies jedoch sicherlich schwieriger, was auch daran deutlich wird, dass kein anderer weltweiter Wettbewerber so agiert hat. Andererseits sollte es eigentlich nicht so überraschend sein, wenn zur entwickelten westlichen Welt mit ca. 350 Millionen Europäern und ca. 300 Millionen Amerikanern innerhalb weniger Jahre oder Jahrzehnte ca. 1.300 Millionen Chinesen und ca. 1.100 Millionen Inder als industrielle Verbraucher von Ressourcen neu hinzukommen. Hier sind andere Schwellenländer und Osteuropa noch gar nicht mitgezählt. Bei solchen Größenordnungen sollte von vornherein klar sein, dass dies auf die Preise der eigentlich industriewesentlichen Ressource – nämlich dem Rohöl – erhebliche Auswirkungen haben wird.

Dies gilt umso mehr, da China und Indien über mittlerweile ein Jahrzehnt hinweg ein konstantes Wirtschaftswachstum von etwa 10 Prozent haben. In Indien wächst zusätzlich die Bevölkerung deutlich mit 1,4 Prozent pro Jahr – prognostizierte Einwohnerzahl 2030: 1.450 Millionen Menschen. In Anbetracht dieser Datenlage handelt es sich vielleicht doch nicht um eine so große strategische Erkenntnis von Toyota, wie es eingangs den Anschein hatte, sondern lediglich um eine Frage der intelligenten Einschätzung des Faktors Zeit.

Geht man davon aus, dass weitere Entwicklungen beim Auto stets die Reduktion der CO_2-Emission zum Inhalt haben werden, so ist das Knowhow über energetische Steuerung und das der Speicherung von elektrischer Energie eine Kernkompetenz. Innovationen auf diesem Gebiet haben somit weit über das normale Maß hinausreichende Vorteilspotentiale. Folgendes Szenario möge dies verdeutlichen: Der Ölpreis steigt aufgrund ungebremster Nachfrage aus den Schwellenländern innerhalb der nächsten fünf Jahren auf 300 US-Dollar, die EU-Rechtsvorschriften sehen zum gleichen Zeitpunkt einen Grenzwert für den CO_2-Ausstoß von nur noch 50 g/km vor und zwischenzeitlich wurde das Problem der elektrischen Energiespeicherung im Auto durch neue Lithium-Ionen-Technologie (oder andersartig) gelöst. Das Resultat werden Elektrofahrzeuge mit Radnabenmotoren und nächtlicher Aufladung an der Steckdose im großen Umfang sein. In diesem Fall kann Toyota sicherlich seinen technischen Entwicklungsvorsprung von etwa drei Jahren bei dem Energiemanagement und bei der Auslegung von elektrischen Antrieben im Auto gut nutzen und die Position des Innovationsführers in diesem Segment weiter ausbauen. Sicherlich ist dieses Szenario jetzt noch nicht absehbar, aber eine gute Strategie schätzt heute diese Zusammenhänge richtig ein, so dass nach fünf Jahren genau die gewünschte Alleinstellung erreicht ist, die das Unternehmen braucht.

Ein weiteres schönes, jedoch nicht so bekanntes Beispiel kommt aus der Textilindustrie. Im Allgemeinen zeigt diese Industrie nicht unbedingt einen Wachstumstrend für Hochlohnländer auf. Das niederländische Unternehmen TenCate setzt hier jedoch unverdrossen und extrem erfolgreich auf Technologieführerschaft. TenCate hat seine Wurzeln in mehreren Webereifirmen und wurde ursprünglich um das Jahr 1700 gegründet. So wie sich TenCate heute präsentiert, besteht das Unternehmen seit 1957. Im Zuge der sukzessiven Verlagerung der standardisierten Gewebe in Billiglohnländer wurde mit technologisch anspruchsvollen Innovationen gegengehalten; diese Produkte gehören heute zu den Kernprodukten des Konzerns und basieren auf textilem Know-how (der ursprünglichen Ressource des Unternehmens). #Im Einzelnen sind dies Gewebe für Kunstrasen und aus Aramidfasern.

Der Markt für Kunstrasen ist in den letzten zehn Jahren geradezu explosionsartig gewachsen und die Herstellung ein Spezial-Know-how. So sind beispielsweise die Olympiagelände in China für die Sommerspiele 2008 weitgehend mit Kunstrasen ausgestattet. Er ist optisch sehr attraktiv und strapazierfähiger als das natürliche Produkt. Selbstverständlich ist Kunstrasen nicht unbegrenzt haltbar und muss nach einer bestimmten Zeit erneuert werden. TenCate ist auf diesem Gebiet durch rechtzeitige Entwicklung des Produktes (bevor der Markt gewachsen ist) Weltmarktführer.

Das zweite Produkt, dem TenCate seine erfolgreiche Marktführerschaft zu verdanken hat, sind Gewebe aus Aramidfasern, vorzugsweise Kevlar (Marke des Industriekonzerns DuPont). Diese Gewebe werden zu schusssicheren Westen und zu anderer Spezialbekleidung verarbeitet, die an der Oberfläche sehr widerstandsfähig sein muss, zum Beispiel Feuerwehranzüge, Rettungsbekleidung, Motorradschutzbekleidung und seit neuestem Kampfanzüge für das Militär. Die Aramidgewebe haben bei den widerstandsfähigen Geweben zumeist schwere Baumwollgewebe verdrängt, da ihre Eigenschaften deutlich besser sind. Schusssichere Produkte wurden durch Aramidfasern überhaupt erst möglich. Einen großen Nachfragesprung hat die Umstellung der Kampfanzüge der US-Army von Baumwollgewebe auf Aramidgewebe hervorgerufen. Der Schutzfaktor im Gelände ist so viel größer, dass der höhere Preis nicht mehr relevant ist, und dies bei einem Preisfaktor von etwa 1 zu 10 von Baumwolle- zu Aramidfasern. Leider sind Aramidfasern im Rohzustand nicht UV-resistent, das heißt, bei andauernder UV-Bestrahlung – beispielsweise auf einen Kampfanzug eines Soldaten in der Wüste – verlieren Aramidgewebe nach und nach ihre positiven Eigenschaften. Auch hier konnte mit Technologie gegengesteuert werden: Einerseits werden Aramidgewebe mit einem UV-Schutz versehen (Ausrüstung und farbiges Bedrucken), und andererseits sollte es nach etwa vier Jahren ausgetauscht werden – damit ist die Nachfragesteigerung programmiert.

TenCate produziert weltweit, aber überwiegend in den USA und den Niederlanden, und das Unternehmen gehört im Wachstumsportfolio zu den Wachstumsführern. Die oben skizzierte Produktpalette von TenCate ist bei weitem nicht vollständig, denn es existiert noch eine Reihe von anderen Geschäftsfeldern. TenCate ist ein gutes Beispiel dafür, wie durch die geschickte und richtige Wahl der Strategie selbst in Branchen, die allgemein unter den westlichen Industrienationen als „verloren" galten, nachhaltige Erfolge erzielt werden können.

Die Technologieführerschaft ist die gängige Strategie von Unternehmen in Hochlohnländern, um sich und ihre Produkte auf dem internationalen Wettbewerbsumfeld von Billiglohnländern abzusetzen. Innovationen kommen hier große Bedeutung zu, denn hierdurch entstehen neue Eigenschaften, die zu Alleinstellungsmerkmalen führen. In aller Regel werden diese Innovationen nach einem bestimmten Zeitraum Allgemeingut, wodurch sie ihren Alleinstellungsstatus verlieren. Die Folge sind weitere Innovationen, um die Technologieführerschaft aufrechtzuerhalten. Insofern setzt eine dauerhafte Technologieführerschaft immer eine hohe Innovationsfähigkeit des Unternehmens voraus (siehe Toyota-Beispiel).

Ein weiteres gutes Beispiel hierfür kommt aus der Mobilfunkindustrie – in diesem Fall die Hersteller der Handys selbst. Immer neue technische Features sichern den Verbleib der technisch hochwertigen Geräte in Hochlohnländern. Wenn es Herstellern gelingt, mit neuen Handyeigenschaften in den Markt zu kommen und diese einen hohen Kundennutzen haben, so verschieben sich rasch Marktanteile. Die Firma RIM (Research in Motion) aus Kanada hat in das Handy die automatische Einbindung von E-Mails und die Aktualisierung von Kalendereinträgen eingeführt und unter dem Namen Blackberry auf den Markt gebracht – ein bis kurz nach dem Jahrtausendwechsel nicht gekanntes Feature. Der Erfolg war durchschlagend, und Marktanteile haben sich von anderen Anbietern wie Nokia verschoben, obwohl der Preis für diese Leistung am Anfang durchaus hoch war. Seit 2007 bieten auch andere Unternehmen derartige Leistungen an, jedoch besteht – zumindest wird dies von vielen Kunden so wahrgenommen – noch immer ein technischer Vorteil zugunsten von RIM, so dass das Unternehmen weiter wächst. Technologieführerschaft heißt immer wieder auch Innovationswissen aufzubauen, um an der Spitze bleiben zu können.

Die Gegenstrategie zur Technologieführerschaft ist als Grundstrategie die Kostenführerschaft. Hier werden standardisierte Produkte – oft Commodities genannt – kostenoptimal hergestellt. Dabei ist es natürlich das Ziel, die Preise so gestalten zu können, dass dem Kunden der Nutzen – eben der konkurrenzlos niedrige Preis – auch bewusst ist. Ein Konkurrenzvorteil kann dabei nur erzielt werden, wenn der Nutzen durch den geringen Preis vom Kunden höher bewertet wird, als weitere, nicht enthaltene Eigenschaften, die zwangsläufig zu einem höheren Preis führen würden. Das

Alleinstellungsmerkmal ist damit die gute beziehungsweise beste Kosten-position verbunden mit einem niedrigen Preis. Grundsätzlich kann die Kostenführerschaft durch hohe Automatisierung oder durch niedrige Lohnstückkosten erreicht werden. Beides ist gleichermaßen möglich. Für technisch anspruchsvolle Produkte ist häufig eine hohe Automatisierung und bei echten Commodities eine Produktion mit niedrigen Löhnen sinn-voll. Bekannte Beispiele für die Strategie der Kostenführerschaft ist die Produktion von einfachen Elektronikgeräten (Fernseher, PCs, einfache Handys) durch Produzenten in China zu drastisch niedrigen Kosten.

Die erfolgreiche Grundstrategie der Kostenführerschaft ist beim türki-schen Hersteller Beko zu beobachten. Beko hat seine Wurzeln unter ande-rem in der Herstellung von Tomatenmark in Dosen seit 1954. Schon früh wurde auf den Vertrieb von GE-Glühbirnen in der ganzen Türkei gesetzt. 1983 begann das Unternehmen mit der Herstellung und dem Vertrieb von Geräten der „weißen Ware" (Kühlschränke, Herde, Waschmaschinen, Geschirrspüler etc.). Aufgrund der sehr günstigen Kostenlage konnte Beko Anfang der 1990er-Jahre zuerst den Markt Großbritannien und danach den restlichen EU-Markt für weiße Ware durchdringen. Der Wettbewerbs-vorteil war stets der nachhaltig günstige Preis für Standardgeräte. Herstel-lern von weißer Ware fällt es zunehmend schwerer, Standardgeräte nicht in Billiglohnländern herstellen zu lassen, da echte Innovationen beim Kunden kaum verspürt werden und somit der preiswertere Wettbewerber die Nase vorn hat. Beko hat inzwischen nicht nur weiße, sondern hat auch braune Ware (TV-Geräte, Radios, Hi-Fi-Produkte etc.) genauso erfolgreich im Programm und ist der weltweit fünftgrößte TV-Hersteller. Außerdem wur-den zur Stärkung des Vertriebs eine Reihe von alten Namen übernommen, die in den Hochlohnländern keine geeignete Strategie mehr zum Überle-ben gefunden hatten (Blomberg Hausgeräte und Grundig). Natürlich erfolgt die Produktion ausschließlich in der Türkei, da sonst die Strategie des Kostenführers nicht haltbar ist.

Im Textil- und Bekleidungsbereich oder bei Spielzeug ist eine Produktion in Hochlohnländern nicht mehr sinnvoll, da sich nicht genügend Innovatio-nen finden lassen, die dem Kunden eine Alleinstellung von technologi-schen Vorteilen signalisiert. Das führt zu einem Aus für ganze Branchen als Produzenten in Hochlohnländern. Aus dem Automobilbereich ist die Stra-tegie des Renault-Konzerns mit der Marke Dacia und dem Produkt Logan bekannt (8.200 Euro Einstiegspreis mit der Grundkonfiguration eines Autos der Golf-Klasse in Westeuropa inklusive aller wesentlichen Stan-dardeigenschaften). Auch der indische Konzern Tata setzt mit dem Produkt Nano auf die Kostenführerschaft, allerdings zielt das Produkt zunächst auf den heimischen Markt in Indien (Einstiegspreis 1.700 Euro für ein Auto unterhalb der Polo-Größe). All diese Produkte differenzieren sich über eine niedrige Kostenposition als Alleinstellungsmerkmal bei standardmäßigen Produkteigenschaften.

Die dritte grundsätzliche Strategieform ist die Serviceführung. Hier kommen die Alleinstellungsmerkmale aus der Darstellung von Kundennutzen über spezifische Dienstleistungen, die das Produkt oder die Leistung zum Wettbewerb abgrenzen. In der Folge sind wiederum erhöhte Preise realisierbar, da der Kundennutzen die Kundenkosten übersteigt. Beispiel für eine Servicestrategie ist der Autovermieter Sixt gegenüber Firmenkunden, die er mit promptem Service und reibungsarmer Abwicklung an allen deutschen Flughäfen an sich bindet. Ein geschicktes Marketing hat hier eine hohe Bedeutung, denn es zählt insbesondere bei der Serviceführung, wie die Leistung vom Kunden wahrgenommen wird, und nicht, wie sie sich tatsächlich darstellt.

Luftfahrtgesellschaften versuchen immer wieder, exklusiv Strecken anzubieten, auf denen kein Wettbewerb herrscht, um dann die Preise gegenüber Strecken mit Wettbewerb in etwa zu verdoppeln. Da in diesen Fällen der Service quasi einzigartig ist, kauft der Kunde die Tickets trotz des Preisaufschlags, und die Airline erhält einen überproportionalen Gewinnbeitrag. Steigt der Gewinn zu sehr, so finden sich in der Regel doch noch Wettbewerber, und die Servicestrategie ist wieder beendet. Vielfliegerprogramme sind auch dem Ziel der Serviceführung zuzuordnen.

Die drei Grundstrategien treten nicht immer allein auf, sondern können auch kombiniert werden: zum Beispiel Technologieführerschaft mit dem kombinierten Ziel der niedrigeren Herstellkosten. Wichtig ist jedoch, dass immer nur eine Grundstrategie die Hauptstrategie ist, die die entscheidenden Wettbewerbsvorteile gegenüber dem Kunden generiert. Eine unklare Vorteilsposition bei den Strategien Technologie- oder Serviceführerschaft endet im Übrigen immer in der erzwungenen Notwendigkeit zur Kostenführerschaft beziehungsweise im Preiskampf. Denn wenn die Kunden keine Vorteile in der Technologie beziehungsweise in den Eigenschaften und auch keine im Service mehr wahrnehmen, werden auf Dauer die Produkte oder Leistungen mit dem niedrigsten Preis präferiert. Dies löst einen Preiskampf zwischen den Anbietern aus, bei dem sich auf Dauer derjenige mit den niedrigsten Kostenstrukturen durchsetzt. In der Regel hat dieser Wettbewerber frühzeitig auf die Stra-

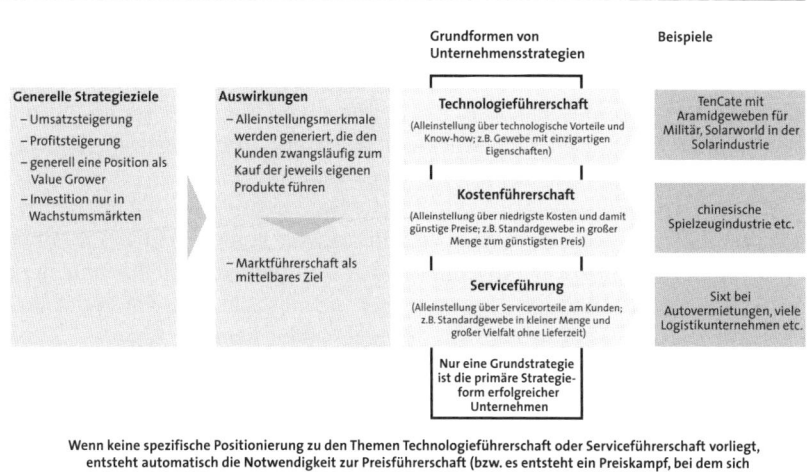

Generelle Strategieziele	Auswirkungen	Grundformen von Unternehmensstrategien	Beispiele

Generelle Strategieziele
- Umsatzsteigerung
- Profitsteigerung
- generell eine Position als Value Grower
- Investition nur in Wachstumsmärkten

Auswirkungen
- Alleinstellungsmerkmale werden generiert, die den Kunden zwangsläufig zum Kauf der jeweils eigenen Produkte führen

- Marktführerschaft als mittelbares Ziel

Technologieführerschaft
(Alleinstellung über technologische Vorteile und Know-how; z.B. Gewebe mit einzigartigen Eigenschaften)

Kostenführerschaft
(Alleinstellung über niedrigste Kosten und damit günstige Preise; z.B. Standardgewebe in großer Menge zum günstigsten Preis)

Serviceführung
(Alleinstellung über Servicevorteile am Kunden; z.B. Standardgewebe in kleiner Menge und großer Vielfalt ohne Lieferzeit)

Nur eine Grundstrategie ist die primäre Strategieform erfolgreicher Unternehmen

Beispiele
TenCate mit Aramidgeweben für Militär, Solarworld in der Solarindustrie

chinesische Spielzeugindustrie etc.

Sixt bei Autovermietungen, viele Logistikunternehmen etc.

Wenn keine spezifische Positionierung zu den Themen Technologieführerschaft oder Serviceführerschaft vorliegt, entsteht automatisch die Notwendigkeit zur Preisführerschaft (bzw. es entsteht ein Preiskampf, bei dem sich letztendlich derjenige mit der Strategie Kostenführerschaft durchsetzt).

Abbildung 6/4: Grundsätzliche Formen und Wirkungen von Strategien

tegie der Kostenführerschaft gesetzt und hat sich auf diese Bedingungen eingestellt.

In Abbildung 6/4 sind die Grundformen von Strategien dargestellt.

Der nächste wesentliche Punkt bei der Auswahl von Strategien ist die Frage, in welche Richtung die Weiterentwicklung des Unternehmens gehen soll. Ausgehend von der heutigen Situation, kann das Unternehmen in Richtung neuer Produkte oder neuer Märkte oder in beide Richtungen entwickelt werden. Für den Hersteller TenCate hat die Entwicklung der Gewebe aus Aramidfasern eine Innovation auf verwandtem Produkt-Know-how bedeutet. Das Unternehmen verfügte bereits vorher über ausgiebige Kenntnisse bei der Gewebeherstellung, jedoch waren Aramidgewebe neu für das Unternehmen. Da Aramidfasern sehr zäh sind, entsteht bei der Verarbeitung eine Reihe von Problemen, die es zu bewältigen gilt. Durch die gewünschte Materialeigenschaft der extremen Zähigkeit funktioniert eine normale Schere oder ein Messer nur bedingt, da der Verschleiß, sofern es überhaupt funktioniert, extrem hoch ist. Die Lösung liegt entweder im Wasserstrahlschneiden oder in anderen Spezialtechnologien.

Ein Unternehmen, das sich in Richtung neuer Märkte entwickelt, wäre TenCate dann, wenn die Aramidfasergewebe, die schwerpunktmäßig in den USA hergestellt werden, von dort an andere Armeen in Europa oder weltweit vertrieben würden. Eine Marktausweitung bestehender Produkte oder Leistungen in neue Märkte mit allenfalls marktspezifischen Anpassungen ist hier gemeint. Diese Ausweitung wird unter Ausdehnung der Produkte in Richtung neuer Märkte verstanden. Abbildung 6/5 zeigt die beiden prinzipiellen Richtungen zur Expansion.

Theoretisch kann sich ein Unternehmen auch in beide Richtungen entwickeln. TenCate müsste dann neue Produkte aufbauen und diese in neue Märkte vertreiben, eine Strategie, die eher unrealistisch ist, denn in der Praxis käme sie dem Vorhaben gleich, Nähmaschinen herstellen zu wollen mit der Absicht, sie zunächst in Australien zu vertreiben. Kein vernünftig denkender Unternehmenslenker wird derartige Risiken eingehen und zugleich Produkt und Markt strategisch neu wählen. Empirisch ist erwiesen, dass es keine derartigen Strategien gegeben hat, die auf diese Art und Weise erfolgreich gewesen sind. Diese Strategieform wird als Diversifikation bezeichnet.

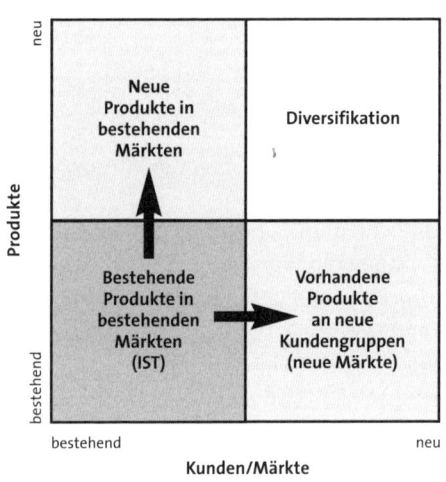

Abbildung 6/5: Prinzipielle Richtungen für Expansionen

Dieser Sachverhalt trifft jedenfalls für bestehende Markt- oder Produktkombinationen zu. Denn hier sind stets Wettbewerber zur Stelle, die bereits mit ähnlichen Produkten auf bestehenden Märkten Kunden mit Alleinstellungsmerkmalen zufriedenstellen. Diversifikationen von Fachfremden in diese Bereiche hinein sind, wie gesagt, nicht erfolgreich. Anders sieht es hingegen aus, wenn Märkte neu entstehen oder wenn mit Know-how aus einer anderen Branche Innovationen möglich werden. Das klassische Beispiel hierfür ist die Teflon-Bratpfanne, die ein Know-how aus der Raumfahrt auf ganz gewöhnliche Küchengeräte übertragen hat: durchaus erfolgreich, obwohl tendenziell eine Diversifikation vorliegt. Eine Ausnahme sind auch neu entstehende Märkte, die gerade hier ein erhebliches Potential beinhalten können, das trotz Diversifikation erschlossen werden kann.

Anfang der 1990er-Jahre hat der im Stahl- und Röhrenbereich tätige Mannesmann-Konzern beschlossen, eine neue Sparte, den Mobilfunkbereich, zu generieren. Der Markt, nämlich die Endkunden von Telefonleistungen, war für Mannesmann komplett neu. Zusätzlich war auch das Produkt neu, denn es lagen keinerlei Erfahrungen für den Aufbau und das Operieren eines Telefongeschäftes vor – somit eine klassische Diversifikation. Allerdings war der angepeilte Markt noch gar nicht vorhanden und wesentliche technische Voraussetzungen mussten ebenfalls durch Innovationen geschaffen werden. Letztendlich wurde das Potential des neuen Bereichs vom Mannesmann-Vorstand viel höher eingeschätzt als das des angestammten Geschäftes. Da keine etablierten Anbieter im neuen Markt vorhanden waren, bestand auch eine gute Chance für Außenseiter, sich behaupten zu können. Die Einschätzungen waren komplett richtig, und sie haben zu einem milliardenschweren Umsatz- und Gewinnwachstum bei Mannesmann in den folgenden Jahren geführt.

Diversifikation kann also durchaus erfolgreich und wünschenswert sein. Die Risikokomponente ist jedoch gegenüber den anderen beiden Richtungen auch hier ungleich höher. Denn keiner weiß schließlich, was die Zukunft tatsächlich bringen wird. In Kapitel 6.6 werden hierzu noch einige Erläuterungen gemacht, die sich auf Erfolgsfaktoren beziehen. Auch können als Erfolgsfaktoren bei der Diversifikation keinerlei markt- oder produktbezogene Kernkompetenzen genutzt werden (siehe Kapitel 2).

Im Folgenden werden die Einzelkomponenten für ein erfolgreiches strategisches Vorgehen beleuchtet, so dass deutlich wird, wie ein mittelständisches Unternehmen erfolgreich strategisch agieren kann.

6.2   Die Vision

Die Vision ist die Basis von allem. Sie ist die unternehmerische Idee, die dem Ganzen zugrunde liegt. Großunternehmen sind hier im Gegensatz zu mittelgroßen und mittelständischen Unternehmen wesentlich unbeweglicher, denn eine Änderung der unternehmerischen Idee bedarf vielfältiger Anstrengungen von Vorstand über Aufsichtsrat bis hin zur Hauptversammlung. Die unternehmerische Idee muss verschiedenes gleichzeitig sicherstellen: Sie sollte die Marktentwicklungen richtig einschätzen, das Unternehmen erfolgversprechend darauf fixieren und die Investitionen richtig einsetzen, und sie muss die Menschen begeistern, und zwar alle, die mit dem Unternehmen im weitesten Sinne zu tun haben: die Unternehmer selbst, Manager, Mitarbeiter, Gesellschafter, Kunden, Lieferanten und befreundete Personen. Begeistern heißt, sie für sich zu gewinnen. Das ist treffend von Antoine de Saint-Exupéry in die Worte gefasst worden:

Wenn du ein Schiff bauen willst, so trommle nicht die Männer zusammen, um Holz zu beschaffen, Werkzeuge zu bearbeiten und Aufgaben zu vergeben, sondern lehre die Männer die Sehnsucht nach dem endlosen Meer.

Eine unternehmerische Vision zu haben, heißt, eine faszinierende Vorstellung von dem zukünftigen Erscheinungsbild des Unternehmens begreifbar zu kommunizieren. Visionen können ungeahnte Kräfte mobilisieren; sie haben orientierende Funktion, setzen Energien frei und sind Basis für Ziele. Es handelt sich somit nicht um illusionäre Utopien, sondern um realistische Grundlagen für zukünftige Erfolge. Es gilt: ohne Vision keine Strategie. Deshalb benötigen wir eine Visionskultur von und mit den Führenden, die in der Lage ist, alle zu begeistern. Sie vermittelt allen Mitarbeitern und Managern das Gefühl, im Unternehmen eine wertvolle Aufgabe zu erfüllen. Es handelt sich um die tragende Säule des Unternehmens. Durch sie wird das Unternehmen krisensicherer, menschenfreundlicher und widerstandsfähiger gegen Anfechtungen des Marktes.

Eine klar formulierte und offen kommunizierte Vision

• ist unternehmerisch richtig,

• bezieht Mitarbeiter und alle betroffenen Menschen ein und motiviert sie,

• erhöht die Leistungsfähigkeit und den Leistungswillen durch realitätsnahe Bilder der Zukunft,

• fördert Vertrauen und Identität bei Mitarbeitern, Managern und Geschäftspartnern,

- lässt die Zukunft deutlicher und positiver hervortreten,

- vermittelt allen Mitarbeitern das Gefühl, eine wertvolle Aufgabe für das Unternehmen zu erfüllen,

- ist die Grundlage für die Entwicklung eines gemeinsamen „Stils des Hauses", das „Wir-Gefühl", und damit für ein einheitliches Erscheinungsbild mit den unternehmensspezifischen Alleinstellungsmerkmalen,

- fördert das Ableiten von Strategien, strategischen Maßnahmen und Zielen, so dass jeder das Richtige tun kann, und

- erleichtert es, Geduld zu haben bei Fehlern und wenn Umwege in Kauf zu nehmen und Abweichungen zu korrigieren sind.

Diese Faktoren sind der Schwerpunkt, die emotionale Seite der Vision, wobei sie neben dem korrekten Einschätzen von zukünftigen Alleinstellungsmerkmalen im Wettbewerb für den Erfolg bestimmend sind. Denn niemand wird sich für eine Angelegenheit anstrengen, wenn er nicht in ihr den überragenden Sinn sieht. Es bleibt dann beim „Abarbeiten" von irgendwelchen Maßnahmen, und das kann für die nachhaltige Umsetzung einer Vision zu wenig sein.

Beispiele für eine in diesem Sinne gute Vision gibt es genügend. Zum Zeitpunkt des Jahrtausendwechsels begann die Solarindustrie in Deutschland Fuß zu fassen. Aufbauend auf Fördergesetzgebungen stieg nach und nach das Interesse von Unternehmen, aber auch bei privaten Nachfragern, in Solaranlagen zu investieren und Strom selbst zu erzeugen. Das erkannten eine Reihe von Unternehmen und investierten in die regenerative Energiegewinnung (Solarworld, ErSol, Conergy, Q-Cells, Würth-Solar, Solon, aleo-Solar, Solarstrom und viele mehr). Es handelte sich entweder um klassische Diversifikationen (Würth-Solar) oder Neugründungen in neue Märkte mit neuen Produkten. Daneben waren bereits internationale Produzenten aktiv, allerdings nicht mit der Ausrichtung, wie sie für Deutschland notwendig war (Mitsubishi, Sharp, Sanyo, Kyocera, BP Solar etc.).

Auch die Siliziumlieferanten waren von der sich abzeichnenden Marktexplosion betroffen und mussten sie mit Investitionen begleiten (Wacker Chemie, Mitsubishi, Hemlock Industries, Assemi, Tokuyama). Weltweite Wettbewerber waren und sind wegen der immensen Investitionen und des

Zeitbedarfes für den Aufbau einer neuen Siliziumanlage (mindestens drei Jahre) allerdings ein überschaubarer Anbieterkreis (ca. fünf bis acht) geblieben, die allesamt der Chemieindustrie zuzurechnen sind. Noch heute ist daher die Verfügbarkeit von Silizium ein entscheidendes Wachstumshindernis für einzelne Firmen der Solarindustrie.

Die zugrunde liegende unternehmerische Idee war, dass sich Solarstrom, in Deutschland hergestellt, zu einem echten Markt entwickeln würde. Die Preisunterschiede zu fossilen Energieträgern werden, so die Überlegungen, zunächst durch staatliche Förderung aufgefangen und sollen mittelfristig durch die Preissteigerung bei fossilen Energieträgern und durch die Preissenkungen bei Solarstrom infolge der Lernkurve (Economies of Scale) eingeebnet beziehungsweise in Kostenvorteile umgewandelt werden. Damit war ein langfristiger Markt mit nachhaltigen Geschäftsinhalten ins Auge gefasst worden.

Es war jedoch viel mehr Geld für die aufzubauenden Fabriken notwendig, als ursprünglich geplant. Eine Reihe von Unternehmensgründungen gingen nach ihrer Gründung also daran, die unternehmerische Vision mit Geld von der Börse zu finanzieren. Hier sei einmal dahingestellt, ob es schwierig war oder wenig Überzeugungsarbeit gekostet haben mag, die Börsianer von dieser Absicht zu überzeugen, denn sie glauben auf der einen Seite gern „Geschichten", sind auf der anderen Seite aber doch sehr „zahlenlastig". Da alle zu erwartenden Marktentwicklungen von Innovationen und der neuen Marktlage abhängig waren, zählte für die Börsianer sicherlich mehr die emotionale Seite. De facto haben alle Unternehmen, die an die Börse gegangen sind, die Finanzierungsfrage lösen können. Das notwendige Kapital konnte jedenfalls in beträchtlicher Höhe an der Börse eingeworben werden. Da die Markteinschätzung in der Solarindustrie aufgrund der Aktiengesetzgebung in Aktionärsberichten und Emissionspapieren recht gut dokumentiert sind, sind Vergleiche und Bewertungen von Vision und Strategie ohne weiteres möglich.

Ein gutes Beispiel für eine „emotionale Vision", die Begeisterung auslösen soll, ist in Abbildung 6/6 (Solarworld AG) dargestellt.

Visionen in neu entstehenden Märkten und Technologien sind anders konzipiert als solche in klassischen Märkten. Neu entstehende Märkte benötigen mehr Überzeugungsarbeit für ihre unternehmerischen Ideen als Unternehmen, die in klassischen Märkten operieren. Deshalb unterteilt man das zu erwartende Marktwachstum in zwei Typen: Wachstum des

Vision

Wenn unsere Kinder die Welt von morgen aktiv bestimmen, wird die Stromerzeugung aus Kernenergie für sie ein Relikt des 20. Jahrhunderts sein. An die Debatte über ein Für und Wider werden sie sich nicht erinnern. In einer sicheren Welt von morgen werden die kommenden Generationen auf Energien mit dem Doppel-S setzen: sauber und sicher sollen sie sein bzw. ergänzt um den Faktor 4: sauber und sicher aus Sand und Sonne!

Deshalb wird auch die ineffiziente Stromerzeugung aus fossilen Energien ein vorübergehendes Ereignis einer sich weiter entwickelnden Welt sein. In der Zeit, in der uns unsere Kinder das Handeln für eine lebenswerte Welt abnehmen werden, wird die Nutzung der Sonnenenergie zu einer normalen Erscheinung geworden sein, ähnlich alltäglich wie für uns in den Industriestaaten das Auto und die Eisenbahn. Solarzellen werden vielfach auf Auto- und Häuserdächern zu sehen sein und bei einer Reise z.B. in die Mittelmeerländer der EU, so gegenwärtig sein wie an den Küsten die Strände und das Meer. Besonders in den Ländern, denen zur Zeit noch keine ausreichende Energie zur Verfügung steht, wird die Solarenergie die Chance zu einer gleichberechtigten Entwicklung ebnen können. Der berechtigte Energiebedarf des Großteils der auf unserem Planeten lebenden Menschen wird nicht durch die Nutzung fossiler und atomarer Energien zu befriedigen sein. Die Solarstromtechnik wird aus der modernen und gerechten Welt von morgen nicht mehr wegzudenken sein.

Quelle: Solarworld AG, 2007

Abbildung 6/6: Beispiel einer Vision: Solarworld AG

Unternehmens mit gewöhnlichen zyklischen Schwankungen aufgrund von Innovationen und Konjunkturzyklen (Typ 1) und Wachstum des Unternehmens aufgrund völlig neuer Märkte (Typ 2). Abbildung 6/6 zeigt den Zusammenhang.

Für Typ 2 gibt es keine oder kaum Erfahrungswerte, so dass von vornherein sehr viel auf Einschätzungen von bestimmten Entwicklungen beruht. Der spekulative Faktor nimmt zu. Die Hauptaufgabe liegt darin, bestimmte Entwicklungen zu erkennen und die sich damit auftuenden Chancen zu nutzen. Kommen wir noch einmal auf Toyotas Hybridantrieb zurück. Toyota vermittelt diese Voraussicht auf Chancen in jedem Fall in seinen Werbeaussagen. Die Mehrzahl der deutschen Automobilhersteller glaubt an ein solches Szenario gemäß Pressemitteilungen und ihren veröffentlichten Entwicklungsrichtungen ganz offensichtlich nicht. Hier wird nach wie vor von einer eher moderaten Entwicklung der Energiekosten für das Auto inklusive gesetzlicher Rahmenbedingungen ausgegangen. Favoriten in der Entwicklung sind bei den deutschen Automobilherstellern schwerpunktmäßig Lösungen mit Mild-Hybrid, Diesel-Technologie oder langfristig Wasserstoffantriebe. Dies setzt voraus, dass der Ölpreis eben nicht bei 300 US-Dollar liegt, der Grenzwert für CO_2 nicht bei 50 g/km und die Batteriefra-

135

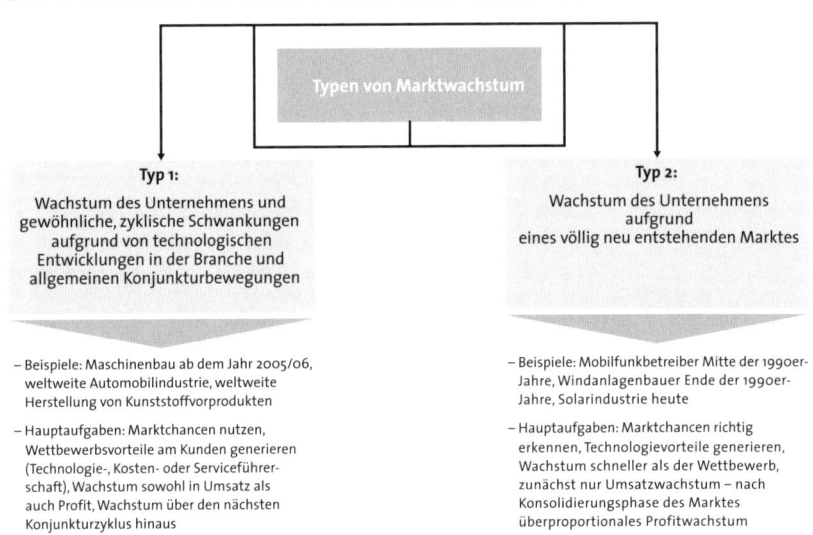

Abbildung 6/7: Visionäre Grundmuster für Wachstum

ge gelöst ist. Dann käme der Entwicklungsvorsprung von Toyota auch nicht so sehr zum Tragen. Im Übrigen Bedarf es für Entscheidungen in diese Richtung auch lange nicht so viel unternehmerischen Mut und in der Folge auch keiner großen Visionen, die für etwas noch nicht Dagewesenes begeistern.

In der Vergangenheit hat es sich im Übrigen vielfach gezeigt, dass Marktbedürfnisse sich zunächst langsam zeigen – manchmal sogar sehr langsam. Wenn die technologischen Fragen dann gelöst sind, erhalten die Produkte einen ansprechenden Preis, und der Kundennutzen ist für den Endanwender klar ersichtlich, so dass der Umschwung in die neuen Produkte und Märkte sehr schnell geht. Anfang der 1980er-Jahre traf das auf die Schreibmaschine zu. Computerlösungen für Schreib- und Büroarbeiten waren bereits seit Ende der 1950er-Jahre bekannt. Immer wieder hatten Firmen (Wang, Commodore und Apple) versucht, bezahlbare Computersysteme in den Büromarkt zu bringen, um das Briefeschreiben zu optimieren. Alle waren zunächst aus den verschiedensten Gründen gescheitert, bis die Firma IBM den Personal Computer (PC) erfand, mit Microsofts DOS ein einfaches Betriebssystem vorhanden war und Programme wie Symphonie oder MS Word das Problem der Textverarbeitung lösten. Innerhalb von noch nicht einmal fünf Jahren verschwand die Schreibmaschine aus den

Büros, die dort seit über hundert Jahren ihren festen Platz eingenommen hatte. Die Schreibmaschinenproduktion brach innerhalb von wenigen Jahren zusammen; Pleiten in diesem Industriesektor waren die Folge. IBM selbst hatte natürlich zuvor seine eigene qualitätvolle Schreibmaschinensparte (Kugelkopfschreibmaschinen) desinvestiert und war nicht davon betroffen. Entscheidend war der überragende Kundennutzen: ein leicht zu erfassendes, an die Schreibmaschine angelehntes Schriftsystem, unbegrenzte Layout- und Korrekturfunktion und niedrige Anschaffungskosten. Das war für IBM damals noch nicht einmal eine schwere Entscheidung, da die Sache quasi „in der Luft gelegen hat".

Andere Beispiele rasanter Marktumschwünge infolge grundsätzlichen Technologiewandels sind die Einführung der CD mit dem gleichzeitigen Niedergang der Schallplatte und die Einführung der digitalen Fotografie mit dem Ende der chemischen Filmindustrie. In beiden Fällen gab es Firmenpleiten (zum Beispiel Agfa), da die Unternehmen die Entwicklung zwar kannten, aber falsch einschätzten und meinten, ihre vorhandene Technologie wäre noch „gut genug". In beiden Fällen ereignete sich der eigentliche Umschwung im Markt, das heißt, es kam zu einer Verschiebung des Marktanteils von 20 Prozent auf 80 Prozent zugunsten der neuen Technologie innerhalb von weniger als zwei Jahren.

Visionen haben demnach auch viel mit dem richtigen Erkennen von verschwindenden Märkten bei gleichzeitigem Aufzeigen von neuen Wegen zu tun. Dies ist unternehmerisches Handeln. Gerade hier haben mittelständische Unternehmen Stärken, denn sie besitzen mit dem Unternehmer eine stark fokussierte Unternehmensspitze, so dass Visionen eine stärkere Lobby haben.

Etwas kalkulierbarer sind Visionen für Typ 1 aus Abbildung 6/7. Es liegen weitaus mehr Erfahrungswerte vor, wenngleich auch hier zum eigentlichen Kerngebiet nichts Wesentliches an Informationen verbreitet wird, da es sonst weniger geeignet wäre, Alleinstellungsmerkmale hervorzubringen. Die emotionale Komponente der Vision muss somit nicht ausgeprägt sein, da wesentliche Elemente im Markt einfach bekannt sind und nicht auf Jahre abgeschätzt werden müssen. Trotzdem muss auch für Visionen aus Typ 1 Begeisterung geweckt werden, wie das Beispiel eines Mittelständlers zeigt, der auf Recyclingmaschinen und Müllaufbereitung spezialisiert ist. Die Vision besteht darin, alle Maschinen anzubieten, die für Müllrecycling nach bestimmten Definitionen notwendig sind. Grundstrategie ist die Technologieführerschaft, denn das Unternehmen erreicht seine Marktstel-

↳ Eine Vision muss Begeisterung wecken ?

lung durch technische Leistungsfähigkeit der Anlagen. Die Vision muss dies aufzeigen und alle Mitarbeiter dazu anspornen, die immer wieder auftretenden Kundenprobleme stets neu und besser zu lösen. Eine sicherlich zugleich einfache als auch wirkungsvolle Vision. Hier liegen dann Schwierigkeiten eher in der Ableitung der echten Strategie und der strategischen Maßnahmen.

Was ist demnach neben der emotionalen Komponente der eigentliche Inhalt einer guten Vision?

Inhaltlich muss die unternehmerische Idee deutlich zum Tragen kommen, indem sie gut beschrieben ist: der relevante Markt und die angebotenen Produkte und Leistungen. Auch die Grundstrategie ist in aller Regel Inhalt der Vision, da es ein fundamentaler Unterschied ist, ob ein Unternehmen sich auf dem Markt mit einer Technologiestrategie, einer Servicestrategie oder einer Kostenführerschaft positioniert. Weitere Elemente sind die Ressourcen, auf die die Alleinstellungsmerkmale gegründet werden sollen. Ressourcen in diesem Zusammenhang können Mitarbeiter, Lieferanten und Maschinen sein. Gute Visionen lassen sich durch Marktstudien fundieren und absichern (siehe Kapitel 3 und 4). Abbildung 6/8 zeigt die Inhalte einer Vision.

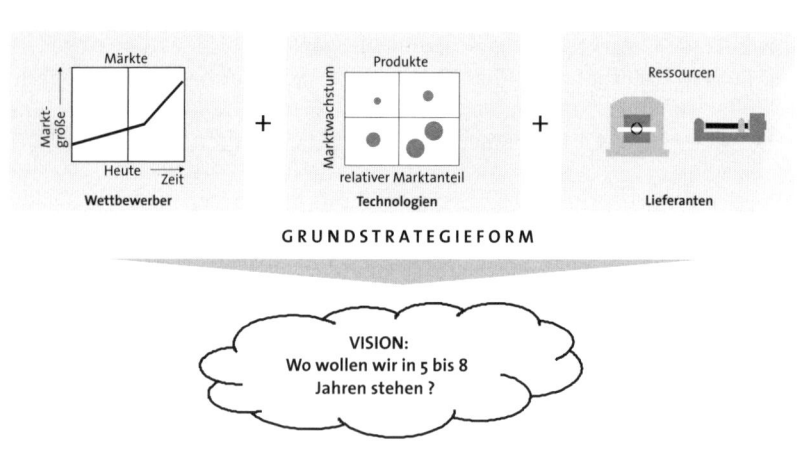

Abbildung 6/8: Die Vision

Im Ergebnis sagt die Vision immer, wo das Unternehmen in einigen Jahren unter Beachtung dessen, was die unternehmerische Idee ist, stehen soll. Hier sind auch die Alleinstellungsmerkmale mit der Grundstrategie zu finden. Typische Zeithorizonte sind fünf bis acht Jahre. Sie können jedoch auch längerfristig sein. Dies gilt etwa für mittelständische Servicestrategien, die die Zufriedenheit des Kunden mit den angebotenen Leistungen oftmals zum Ziel haben. In einigen Branchen, wie zum Beispiel der Internetindustrie, sind kurzfristigere Visionen verbreitet. Die Produktlebenszyklen können auch deutlich kürzer sein. Es ist jedoch in aller Regel ein erheblicher Fehler, wenn Visionen zu kurzfristig ausgerichtet werden. Rein fachlich mag dies zwar noch durch sich ändernde Märkte begründbar sein, emotional jedoch nicht. Die Möglichkeit, wenigstens die Mitarbeiter von neuen Chancen für das Unternehmen zu begeistern, wird immer weiter abnehmen, je öfter dies vorkommt. Ein langer Atem ist gefordert, denn begeisterungsfähige, grundlegende Ideen sind eben nicht kurzlebig. Oder auch andersherum: Wenn ein Unternehmen diese unternehmerischen Grundlagen alle drei Jahre wechselt, so hat es die eigentlichen Inhalte der Vision nicht erreicht – es ist nicht erfolgreich. Passiert dies mehrfach, so sind neue Visionen nicht mehr glaubwürdig.

6.3 Die Strategie

Die Strategie ist der Weg vom heutigen Zustand des Unternehmens zur Vision. Die Vision erfüllt dabei die richtungsweisende Zielfunktion für alle Handlungen. Strategie ist dabei allumfassend zu verstehen – alle notwendigen Maßnahmen, die es zu bewältigen gilt, um die Vision zu erreichen, sind eingeschlossen. Auch die emotionale Seite der Vision gilt es in der Strategie aufzugreifen und zu entwickeln. Eine gute Strategie bündelt die vorhandenen Kräfte und richtet sie auf das Erreichen der Vision aus. Insofern begeistert sie auch. Abbildung 6/9 gibt einige Anhaltspunkte zu Eigenschaften von schlagkräftigen Strategien (→ emotionale Seite einer Strategie).

Strategien dienen somit zur zielgenauen Umsetzung der visionären Ideen und umfassen alle Bereiche des Unternehmens. Die Wirkung einzelner Vorhaben ist genau zu überlegen, da die Ressourcen des Unternehmens nur einmal verwendet werden können und danach aus den Investments entsprechende Erträge zu generieren sind. Dies gilt ganz besonders für mittelständische Unternehmen. Aber auch bei konzerngebundenen Unternehmen werden Fehlschläge in der Strategieumsetzung meist nicht toleriert. Hier ist zwar nicht die Insolvenz der „Gegner", sondern mehr die langfris-

- fokussieren, bündeln und Kräfte konzentrieren
- Stärken aufbauen und manchmal auch Schwächen bekämpfen
- neue Technologie-, Umwelt- und Marktchancen nutzen
- sich positionieren und auf klar definierte Märkte ausrichten
- sich auf wenige Bereiche mit hohem Kundennutzen fokussieren
- Erfolgspotentiale laufend mit allen Mitteln weiterentwickeln und stützen
- klare aktions- und projektorientierte Veränderungsziele setzen
- die Organisation weiterentwickeln durch kontinuierliches Lernen

Abbildung 6/9: Emotionale Merkmale einer guten Strategie

tige Einstellung des Geschäfts wegen mangelhafter Erträge gemeint, aber inhaltlich ist in Strategien grundsätzlich das komplette Unternehmen abzubilden, um wirklich alle Aspekte einer Vision und die Erreichung auch tatsächlich abzudecken (→ sachliche Seite einer Strategie).

Erfahrungswerte können bei der Auswahl helfen, welche Segmente eine Unternehmensstrategie möglichst abdecken sollte, um nichts Wesentliches zu vergessen. Im Grunde ist das gesamte Unternehmen abzubilden. Am Anfang steht immer der Markt und die Aussagen zu ihm. Hier fließt die Vision besonders stark ein. Dann sind jedoch auch die Aktionen zu definieren, die den Marktanteilsausbau bewirken sollen. Gegebenenfalls sind auch notwendige Marktstudien durchzuführen (siehe Kapitel 3). Eine fundierte Auffassung zum zu erwartenden Marktwachstum ist immer essentiell, nicht nur, um später Marktanteile richtig werten zu können, sondern vor allem, um die Marktdynamik korrekt wiederzugeben. Das gesamte Bild zum Markt muss abgerundet dargestellt sein. Der Gegenpart zum Markt sind natürlich die eigenen Produkte und Leistungen. Sie bilden ein eigenes Segment. Falls Produktentwicklungen oder Innovationen notwendig sein sollten, um die Vision zu erreichen, sind die dazu notwendigen Schritte und Ressourcen zu planen. Es müssen alle für die Vision ausschlaggebenden Produkte mit den geplanten strategischen Maßnahmen hinsichtlich dieser Produkte auch machbar sein. Sind Vertriebs- und Entwicklungsmitarbeiter erst am Markt zu beschaffen, so ist dies letztendlich ein Aufbau von Knowhow, der zügig anzugehen wäre. Das angestrebte Qualitäts- und Preisniveau ist in Verbindung mit dem Segment Wettbewerb und den Alleinstellungsmerkmalen zu berücksichtigen. Markt und eigene Produkte greifen eng ineinander.

Das nächste Segment ist der Wettbewerb und dessen Leistungsfähigkeit. In einer Strategie muss die Leistungsfähigkeit des Wettbewerbs deutlich ersichtlich sein. Dies fängt zunächst einmal damit an, dass die Wettbewerber und ihre am Markt sichtbaren Vorgehensweisen zu benennen sind. Auch eine quantitative Abgrenzung ist sinnvoll. Was nicht bekannt ist, kann während der Umsetzung erarbeitet werden. Am Ende steht die Grundstrategie, mit der das eigene Unternehmen Alleinstellungsmerkmale im Vergleich zum Wettbewerb erlangen will beziehungsweise weiter ausbauen möchte (Technologiestrategie, Kostenführerschaft oder Servicestrategie). Auf die dann dazu notwendigen Voraussetzungen ist in jedem einzelnen Teil der Strategie explizit zu achten, damit die Alleinstellungsmerkmale auch tatsächlich erreicht werden können. Die genaue Abgrenzung zum Wettbewerb in der Zukunft wird beschrieben. Eine saubere Basisarbeit genau an dieser Stelle zahlt sich in der Regel aus. Wenn es schon im Planungsstadium der Strategie schwerfällt, die Generierung beziehungsweise den Ausbau der Alleinstellungsmerkmale für die Kunden als Abgrenzung zum Wettbewerb zu formulieren, so ist die gesamte Strategie und auch die gewählte Vision nochmals bedenkenswert oder bedarf einer grundlegenden Überarbeitung.

Als weiteres Segment ist die resultierende Umsatzerwartung zu nennen. Umsätze sind in Unternehmen eine essentielle Größe und gerade in Wachstumsstrategien, wo ein erhebliches Wachstum geplant wird, der Ausdruck der in der Zukunft gewonnenen Marktstärke. Im ersten Schritt wird die Umsatzplanung eher die Grenzwerte der Umsatzbereiche pro Produktfeld abgrenzen und weniger eine operative Dreijahresplanung sein. Die Kernannahmen in den Segmenten Markt und Produkt müssen sich jedoch kongruent widerspiegeln. Ein Unternehmen aus dem Bereich Wachstumsführer hat zumindest ein stärkeres Wachstum als der Markt.

Die „Produktion" ist die eigentliche Leistungserstellung beziehungsweise Leistungserbringung des Unternehmens. Die notwendigen Geschäftsprozesse – ob vorhanden oder erst im Aufbau – sind zu beschreiben und strategisch zu planen. Für ein produzierendes Unternehmen ist hier der gesamte operative Maschinenpark enthalten, der notwendig wird, um die vorgesehenen Alleinstellungsmerkmale auch tatsächlich zu erlangen. Bei einem Dienstleistungsunternehmen sind die Ressourcen enthalten, die zur unmittelbaren Leistungserbringung erwartet werden. Sind Maschinen erst noch zu entwickeln, so führt dies auch zu entsprechenden Aufwendungen. Betriebswirtschaftlich sind die Bereiche der sogenannten variablen Kosten und der dazugehörigen Investments betroffen. Die Ressourcen sind so zu dimensionieren, dass genügend Kapazität für die geplanten oder avisierten Umsätze auch tatsächlich vorhanden ist. Ein wesentlicher Eckpfeiler in diesem Segment ist immer der Investitionsplan, denn hier werden wesentliche Eckwerte zum Erreichen der Alleinstellungsmerkmale monetär beziffert.

Hierzu gehört ebenfalls die Konzentration auf die eigentlichen Kernkompetenzen. Die Alleinstellungsmerkmale, die der Kunde positiv wahrnimmt und die auf den eigenen Kernkompetenzen aufbauen, sind im Endeffekt erfolgreich. Ein wesentlicher Punkt, den die Strategie beinhalten sollte. Alles, was nicht in die zukünftig angestrebte Kernkompetenz fällt, kann von außen zugekauft werden, ohne dass die strategische Position gefährdet wird. Im Gegenteil, es erfolgt dann sogar eine Bündelung der Kräfte auf die Kernkompetenzen, die in diesem Fall auch die Alleinstellungsmerkmale sind. Das Know-how steigt und die Investitionen sinken. Details dazu sind in Kapitel 2 erläutert.

Natürlich resultiert auch die eigentliche Personalplanung (Segment Personal) aus den Segmenten Produkt und Produktion, hier wird jedoch neben der reinen numerischen Betrachtung die Organisation und Übergreifendes zu regeln sein. Besonders wichtig ist dieser Punkt normalerweise für die Grundstrategie Serviceführerschaft. Die notwendigen Qualifikationen und Qualifikationsmaßnahmen sind ebenfalls gebündelt zu beschreiben. Auch das gesamte Thema „Overheadpersonal" (nicht produktive und nicht zum Vertrieb und zur Entwicklung gehörige Mitarbeiter) bedarf der genaueren Beleuchtung. Unternehmen mit rasanten Wachstumskurven sind schon oft durch eine nur rudimentär vorhandene oder überforderte Buchhaltung ausgebremst worden. Es gilt, rechtzeitig entsprechende Ausbaumaßnahmen zu planen ebenso wie für die zugrunde liegenden Geschäftsprozesse und die diese unterstützende IT. Kleine mittelständische Unternehmen (bis ca. 200 Mitarbeiter) kommen vielfach noch mit einer DATEV-Buchhaltung vom Steuerbüro und einer Excel-gestützten Abwicklung aus. Allzu viele Excel-Tabellen als tägliches Instrumentarium sind jedoch des Unternehmens sicherer Tod. Die Fehleranfälligkeit steigt ab einer bestimmten Komplexität exponentiell an, so dass ein verlässliches Arbeiten nicht mehr möglich ist. Wann diese Schwelle erreicht ist, ist individuell unterschiedlich. Falls sie in einer Expansionsphase erreicht wird, muss die Strategie die Einführung eines geeigneten ERP-Systems (Enterprise Ressource Planning) bereits sehr frühzeitig – in der Planung – vorsehen. Hier sind die notwendigen Zeithorizonte zur Realisierung (→ fehlerfreier Lauf des neuen IT-Systems) immer mehrjährig und immer kostenintensiv. Die Elemente Personal, Geschäftsprozesse, Organisation und IT greifen eng ineinander.

Das Segment Ergebnis wird hier üblicherweise als EBIT definiert. An dieser Stelle ist noch keine explizite Planung aller Kosten notwendig, jedoch sind die Rahmendaten schon genauer zu betrachten. Zu den wesentlichen Rahmendaten zählen natürlich Materialeinsatz, variable Personalkosten, fixe Personalkosten, Vertriebskosten, sonstige Kosten der Leistungserstellung, sofern wesentlich, und sonstige Overheadkosten. Alle Annahmen aus den vorherigen Segmenten tauchen hier schlüssig wieder auf und bilden die Ergebniserwartung. Die Vision beschreibt ein Unternehmen der Wachstumsführer, was bereits an dieser Stelle im Umsatzwachstum und im Profitwachstum erkennbar sein muss. Eine konsequente Ausrichtung auf dieses Wachstum ist daher im Ergebnisplan schon notwendig, da es sonst nicht funktionieren wird. Rein sachlich gesehen, wird weniger das Ergebnis geplant, sondern eher die Kosten beziehungsweise die den Kosten zugrunde liegenden Ressourcen.

Das letzte Segment einer Unternehmensstrategie ist die Finanzierung, bei der die Expansionsstrategie aktiv- und passivseitig geplant wird. Nicht nur Anlagevermögen (Investitionen), sondern vor allem die Zunahme an Umlaufvermögen (Working Capital) sind in Abhängigkeit von den in den vorherigen Segmenten getroffenen Annahmen abzuschätzen. Leider haben expansive Unternehmen die Eigenart, dass sie fast immer das Working Capital ausdehnen. Die Gegenposition sind entweder Eigenkapital- oder Fremdkapitalzuführungen in genügender Höhe und zum richtigen Zeitpunkt. Treten hier unerwartete Schwankungen auf, so führt dies auf Seiten der Fremdfinanzierer wieder und wieder zur Annahme, dass Verluste aufgetreten sind – was oft Anlass für Diskussionen und große Schwierigkeiten ist, gerade auch in mittelständischen Unternehmen. Das einzig wirksame Gegenmittel vor unliebsamen Überraschungen ist eine realitätsnahe Planung der Finanzierungsseite, so dass der Finanzierungspartner erkennen kann, dass keine Verluste finanziert werden, sondern eine Expansion vorliegt. Innovative Private-Equity-Firmen oder Instrumente können hier zusätzlich Hilfestellung leisten. Auch stellen einige Banken „atmende" Finanzierungsinstrumente bereit, die speziell darauf ausgerichtet sind, gerade wachsende Umlaufmittel zu finanzieren.

Die gesamte sachliche Seite einer Strategie ist im Grunde ein vollständiges Unternehmenskonzept. Mittelständische Unternehmen werden vielfach nicht so viel „Aufwand" für die genannten Segmente investieren. Sind jedoch Fremdkapitalgeber mit im Boot, so wird hieraus in aller Regel eine Pflichtübung. Die Finanzgeber sind damit in der Lage, die gewählte Strategie und auch die Vision auf Schlüssigkeit zu überprüfen. Zudem schützt die

Ausarbeitung eines echten Unternehmenskonzeptes vor Überraschungen und ist deshalb durchaus auch für kleinere Mittelständler mit großen Vorhaben empfehlenswert. Der dargestellte und praxiserprobte Aufbau hierfür resultiert aus mehr als 50 Projekten zum Thema Unternehmenskonzept und ist in Zusammenarbeit mit Banken erarbeitet worden. Die Abbildung 6/10 gibt noch einmal einen Gesamtüberblick und in Kapitel 7 sind weitere Details zum Thema Strategiepapier enthalten.

Um an dieser Stelle wieder ein kurzes Beispiel aus der Praxis zu geben, möchten wir erneut auf Solarworld zurückkommen. Die dargestellte Vision beschreibt klar, wohin die Reise gehen soll, und sie begeistert. Notwendige

Abbildung 6/10: Sachliche und inhaltliche Punkte in einer guten Strategie

strategische Schritte, die in einer Strategie darzustellen sind, sind die Ausbaupläne hinsichtlich der Produkte, der Märkte, des Umsatzes, der Produktion, des Know-how, der Investitionen, Kosten und der Finanzbedarf. Hier liegen aufgrund der Börsennotierung der Gesellschaft eine Reihe von Daten und Geschäftsberichten vor.

In der Solarindustrie ist die Vormaterialversorgung mit Silizium besonders erfolgskritisch, da es nur wenige Lieferanten und begrenzte Ressourcen gibt (siehe oben Kap. 6.2). Mehrjährige, in die Zukunft reichende Verträge mit Lieferanten sind durchaus üblich. Conergy, ein ebenfalls börsennotiertes Solarunternehmen, ist an dieser Stelle an seine Grenzen gestoßen. Dementsprechend muss dieser kritische Teil des Materialeinkaufs in einer Strategie ausführlicher als sonst gewürdigt beziehungsweise geklärt werden. In den anderen Segmenten wurde und wird der Ausbau des Unternehmens synchron zueinander und plausibel dargestellt. Die Synchronizität der Darstellung ist dabei wichtig, die Wechselwirkungen der einzelnen Teilsegmente hinreichend gut abzubilden. Der Aktionär kann dann die Daten und die Entwicklung der Planwerte im Geschäftsbericht oder schon im Quartalsbericht nachlesen. Bisher hat sich bei Solarworld im Gegensatz zu Conergy keine Überraschung gezeigt, so dass die Wachstumsstrategie wirklich erfolgreich und nachvollziehbar verläuft. Da auch der Profit überproportional wächst, ist das Unternehmen sicherlich zu den Wachstumsführern zu rechnen.

Wie bereits oben festgestellt, ist die sachliche Seite einer Strategie eine Art ganzheitliches Unternehmenskonzept mit allen unternehmenskritischen Aspekten. Diese sachliche Seite ist einerseits für die eigene Planung und andererseits für die Außendarstellung, zum Beispiel bei Banken, geeignet. Für die interne Darstellung und Wirkung einer Strategie ist jedoch die emotionale Seite besser geeignet, insbesondere dann, wenn beide Seiten optimal zusammenwirken. Die Botschaft, bestimmte Märkte planmäßig zu erobern, ist die eine Seite, die Mannschaft zu begeistern die andere. Das Verhältnis zwischen begeisterten Mitarbeitern und Mitarbeitern, denen der Lauf der Dinge mehr oder weniger egal ist, beträgt jedoch auf Basis der Erfahrungen der Verfasser mindestens eins zu zwei. Somit lohnt es sich, Mitarbeiter mit Vision und Strategie zu begeistern (siehe nochmals Abbildung 6/8).

⤷ Vision = Tool um Mitarbeiter zu motivieren?

Die Eigenschaften der Wachstumsführer aus dem Wachstumsportfolio machen deutlich, dass genau diese Unternehmen Begeisterung ausstrahlen. Keinesfalls wird dies jedoch dem Zufall überlassen, sondern systematisch

Vision → Strategie – Ziele

betrieben. Einerseits ist die eigentliche Vision begeisterungsfähig (siehe Abbildung 6/6) und bildet die Basis, andererseits fließen die anderen Elemente deckungsgleich ein. Bei jeder Strategieformulierung wird hierauf geachtet. Aber das reicht nicht aus. Bei diesen Unternehmen liegt in sehr hohem Maße eine Kongruenz von

Vision ⇔ Strategie ⇔ Ziele ⇔ Leitbild/Werte ⇔ Corporate Identity (CI)

vor. Diesen Sachverhalt zeigt Abbildung 6/11. Die Bedeutung und Wirkung liegt hier auf dem tatsächlichen Einklang. Die in Vision und Strategie kommunizierten Sachverhalte finden sich in den Zielen der Mitarbeiter kongruent wieder, und das Leitbild und die Werte sind ebenfalls synchron. Abschließend hierzu wird Wert auf eine gute Darstellung des Unternehmens in der CI gelegt, so dass auch dadurch die Vision glaubwürdig wird.

Diese sogenannten weichen Faktoren einer Strategie können genauso ausschlaggebend für den Erfolg sein wie die sachlichen Teile. Die Basis dieser Kongruenz von Vision, Strategie, Zielen, Werten und Leitbild/CI ist im übrigen Glaubwürdigkeit. Glaubwürdigkeit heißt auch, den Menschen die Wahrheit zu sagen. Nichts ist schlimmer als Aussagen im Wertekodex einer Firma wie „Wir gehen offen miteinander um und unterstützen uns", wenn jeder weiß, dass „Krieg" zwischen den Führungskräften herrscht oder die

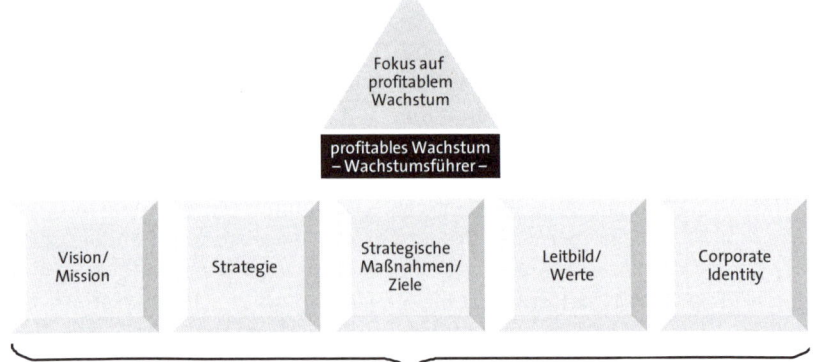

Abbildung 6/11: Einordnung der verschiedenen Elemente

Gleichklang

Unternehmensleitung Meinungsverschiedenheiten mit Entlassungen ahndet. Glaubwürdigkeit setzt sehr früh an und muss über viele Jahre erarbeitet werden, sie kann jedoch sehr schnell zerstört werden, mit erheblichen Folgen für die Leistungsbereitschaft der Mitarbeiter.

Ein bekanntes Beispiel ist die Firma Nokia Deutschland mit dem Werk Bochum. Nokia galt über Jahre als Unternehmen mit Topmitarbeitern und hoher Motivation. Der Einklang zwischen Vision/Strategie/Zielen/Werten/CI war so hergestellt, wie er oben idealerweise beschrieben wurde. In der Folge konnte Nokia mit hoher Leistungsbereitschaft alter und neuer Mitarbeiter rechnen. Der Bruch entstand durch ein Verhalten, das im krassen Widerspruch zu den eigenen Werten steht, die Nokia so formulierte: „Mit sozial ausgerichteten und umweltbezogenen Programmen zeigt Nokia hohes Verantwortungsbewusstsein" oder „Als Marktführer und international agierendes Unternehmen ist für Nokia eine solide Unternehmensethik integrierter Teil des täglichen Geschäfts". Dazu passt die die Ankündigung vom Januar 2008 nicht, weitgehend ohne Kommunikationsprozess die Bochumer Werksschließung anzuordnen. Neben den Protesten, die die Standortschließung hervorgerufen hat, ist jedem Nokia-Angestellten weltweit vor Augen geführt worden, wie wenig ernst Nokia seine eigenen Werte nimmt. Der Schaden wird nachhaltig sein. Hier ist nicht die Handlung als solche schädlich (die Werksschließung), sondern die nicht erfolgte Kommunikation, die im Widerspruch zu den eigenen Werten im Umgang miteinander steht.

6.4 Strategische Maßnahmen

Strategische Maßnahmen sind zur Umsetzung der Strategie notwendig. Die Gesamtheit der Maßnahmen verdichtet sich zu einem Maßnahmenplan, der aus der Strategie abgeleitet ist. Die Maßnahmen werden in Zusammenarbeit mit den jeweils Verantwortlichen mit numerisch messbaren Zwischenzielen und Zielen versehen. Liegt ein solches Zielgerüst vor, so ist die Strategie controllingfähig.

Die Ziele sind das wesentliche Element. Zumindest für die Betroffenen wird ersichtlich, was bis zu welchem Termin in welcher Größenordnung erwartet wird. Handelt es sich um ein Vorgehen über mehrere Jahre, ist es zweckmäßig und üblich, die Ziele in mehrere Zwischenziele zu zerlegen. Gängig sind jährliche Ziele und auch quartalsbezogenen Unterziele – je nachdem, was mit einem Ziel angestrebt wird. Ein weiterer Vorteil besteht natürlich darin, dass die Strategieerfüllung sich über die Zielerfüllung nachprüfen lässt. Abweichungen fallen auf, und es kann frühzeitiger gegengesteuert werden. Bei offen im Unternehmen kommunizierten Zielen wird die Lage nicht nur für die Betroffen und die Unternehmensleitung, sondern für eine Vielzahl der Mitarbeiter transparent. Ziele in diesem Zusammenhang sind immer numerisch messbar.

Strategische Maßnahmen und Ziele sind somit untrennbar miteinander verbunden. Sie stellen jedoch kein selbständiges Know-how dar, sondern sind ledig Festlegungen, was zu tun ist, damit die Strategie umgesetzt und infolge dessen die Vision erreicht wird. Die Wirkung der strategischen Maßnahmen mit den verbundenen Zielen ist jedoch sehr deutlich zu spüren, denn hierdurch ist die Geschäftsleitung sehr gut in der Lage, das gesamte Unternehmen auf die Realisierung der Strategie auszurichten. Der Wirkungsgrad von Zielen und strategischen Maßnahmen wiederum hängt recht stark von der Konsequenz der Umsetzung ab. Das heißt, Unternehmen, die zwar strategische Maßnahmen mit Zielen ausarbeiten, diese jedoch nicht verfolgen, sind weniger erfolgreich als andere, die die Zielverfolgung ernst nehmen.

Ein Mitarbeiter oder Manager, dem nur einmal im Jahr ein Ziel verkündet wird, der aber sonst davon wenig merkt, arbeitet nur selten zielorientiert. Zielvorgaben müssen ständig erneuert werden und bedürfen eines guten Controllings, um Wirkung zu entfalten. Genauso wichtig ist die Akzeptanz der Ziele. Die Ziele müssen möglichst von jedem Einzelnen mitgestaltet worden sein, damit eine hohe Akzeptanz vorliegt. Sind die Mitarbeiter von Vision und Strategie begeistert, so fällt auch die Akzeptanz von eigenen Zielen leichter, wenn damit tatsächlich Arbeit und Anstrengung für jeden Einzelnen verbunden ist. Die im Kapitel zuvor beschriebene Kongruenz von Vision, Strategie, Zielen, Werten und Leitbild/CI ist von großer Bedeutung.

Auch die Wahl der Sanktionen bei Nichterfüllung beziehungsweise die Belohnung bei Erfüllung der Ziele spielt eine Rolle. Aus Untersuchungen der Wachstumsführer weiß man, dass Sanktionen zwar sein müssen, jedoch mit Augenmaß. Allzu harte Sanktionen führen zu Unehrlichkeit und Frust bei den Betroffenen. Die Bereitschaft zur Einsicht und Besserung sinkt, da tendenziell nicht beeinflussbare Faktoren von außen verantwortlich gemacht werden. Erfolgreiche Wachstumsführer verhängen eher geringe oder gar keine Sanktionen. Sie arbeiten mit Überzeugung und Glaubwürdigkeit – beides ist mit harten Sanktionen nur bedingt möglich. Aber auch

Belohnungen sollten nicht zu leichtfertig ausgesetzt werden. An Erfolgen sollen möglichst viele partizipieren. Wenn jedoch Einzelne aufgrund ihrer Stellung und der (von der Geschäftsleitung) gewählten Strategie (so empfunden von anderen Mitarbeitern) mit unerwartet hohen Einkommen bedacht werden, obwohl sie nur das getan haben, was erwartet wurde, so führt dies bei den Kollegen im Unternehmen zu Frustrationen. Auch hier wird letztendlich das Gegenteil erreicht von dem, was angestrebt wurde. Erfolgreiche Wachstumsführer zeigen vorbildlich, dass sich Zielerfüllung lohnt, und sie motivieren vorzugsweise alle moderat als einige sehr hoch.

Der Mittelstand hat manchmal noch etwas Nachholbedarf. Das liegt jedoch daran, dass die strategischen Maßnahmen und die Ziele nicht genügend transparent und genau sind, um eine stimulierende Zielvorgabe formulieren zu können. Es wird mehr auf persönliche Motivation der Einzelnen als aufs Zielsystem vertraut, was natürlich auch nicht schaden kann. Trotzdem ist es möglich, bei mittelständischen Unternehmen ein Zielsystem auf einfacher Basis einzuführen. Ein Beispiel ist das in einem 400-Mann-Betrieb eingeführte Tantiemesystem, das alle Führungskräfte in einem bestimmten Verhältnis am Umsatz und am EBIT beteiligt hat – bekanntlich die beiden zentralen Größen auf dem Weg zum Wachstumsführer. Die Dynamik bei Managementprozessen hat spürbar zugenommen.

Gerade strategische Maßnahmen und deren Ziele lassen sich auch hervorragend über Balanced-Scorecard-Systeme in ein Unternehmen implantieren. Details zu BSC-Systemen sind in Kapitel 9 detailliert beschrieben. Durch die verschiedenen Perspektiven der Balanced Scorecard kommen hier zusätzliche Aspekte hinzu, die zweifelsohne sehr wirkungsvoll und für die Umsetzung von Strategien bestens geeignet sind. Auch hier sind klare strategische Maßnahmen, die sich mit Zielen – sowohl nach Organisationseinheiten als auch nach Perspektiven gegliedert – belegen lassen, erst einmal Voraussetzung.

Je größer das strategisch auszurichtende Unternehmen ist, desto sinnvoller wird die Zielausrichtung mittels einer Balanced Scorecard. Diese ist geradezu dafür prädestiniert, eine weitläufige Organisation (mehrere Tausend Mitarbeiter in einer operativen Einheit) auf einheitliche Ziele und Strategien auszurichten. Sie ist bei kompetenter Durchführung immer wirksam. Ein Nachteil ist vielleicht die Abhängigkeit von der Geschwindigkeit. Balanced-Scorecard-Systeme benötigen, bis die Zahlen für die Ziele ordnungsgemäß auf allen Ebenen zum Abruf bereitstehen, eine gewisse Zeit, um Aktivitäten zu messen. Danach müssen

Erfahrungswerte gewonnen werden, damit das Ganze auch tatsächlich richtig funktioniert. Insgesamt handelt es sich hier um einen mehrperiodigen Prozess. Wenn in der Zwischenzeit Änderungen am Markt oder anderswo auftreten, die wiederum Änderungen in den Kennzahlen verursachen, hat das weitere Auswirkungen auf die Einführungsgeschwindigkeiten. Die Folge ist, dass dies soweit es irgend geht unterlassen wird (einmal konzipiert, heißt, so auch eingeführt). Eine gewisse Flexibilitätshemmung des gesamten Unternehmens ist dann das Resultat und auch der Nachteil an BSC-Systemen. Für große Unternehmen überwiegen jedoch zumeist die Vorteile von BSC-Systemen. Alternativ dazu kann die Aufteilung einer großen Einheit in mehrere prozessorientierte kleinere Divisions oder Profit Center hilfreich sein.

Der Mittelstand kann mit solchen Konstellationen eher weniger anfangen, so dass sich für ihn zumeist ein klassisches Zielsystem anbieten wird, wie sie die mittelständischen Wachstumsführer bevorzugen.

6.5 Strategie-Workshops als Mittel der Strategieentwicklung

Aus Kapitel 6.2 wissen wir bereits, dass die erfolgreichen Wachstumsführer aus einer optimalen Kommunikation von Vision, Strategie und strategischen Maßnahmen mit Zielen ihren spezifischen Vorteil ziehen. Zumindest die engere erste und zweite Führungsebene ist hiervon besonders betroffen, weil sie besondere Verantwortung und Einfluss auf das ganze Unternehmen haben.

Das probate Mittel zur Gewinnung einer klaren Unterstützungshaltung von der Managementebene sind rechtzeitig und entschlossen abgehaltene Strategie-Workshops. Ein Strategie-Workshop bindet genau diese Mitarbeiter frühzeitig ein und beteiligt sie am Entstehungsprozess der Strategie und der strategischen Maßnahmen mit den dazugehörigen Zielen. Zusätzlich fließt die Erfahrung des Managements ein, so dass die Fehlerquote bei der Umsetzung sinkt. Voraussetzung hierfür ist, dass die Manager wirklich mitarbeiten und Einfluss ausüben können, denn erst dann werden sie zu „Mittätern" und stehen hinter den strategischen Maßnahmen. Auch Ziele sollten so vereinbart und regelrecht erarbeitet werden. Das bloße Vorlesen von festgefügten strategischen Maßnahmen und Zielen ist nicht Sache des Workshops, sondern ein Seminar oder Training.

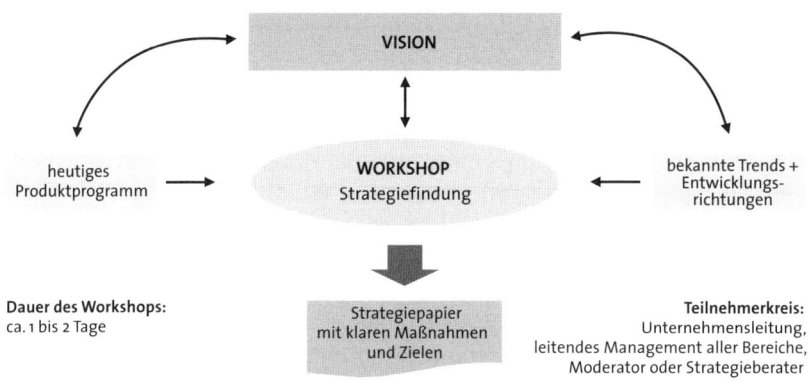

Abbildung 6/12: Bedeutung von Strategie-Workshops

Strategie-Workshops sollten fachgerecht gelenkt werden. Dadurch werden unangenehme One-Man-Shows eingedämmt und die Grenzen der gesamten Strategie deutlich gemacht. Vielfach bewährt hat sich ein externer Moderator oder Berater, der den Workshop leitet. Die Geschäftsleitung kann als gleicher unter gleichen mitdiskutieren, ohne dass die Glaubwürdigkeit leidet. Im Gegenteil, der Meinungsaustausch wird offener und intensiver. Voraussetzung ist allerdings, dass der Workshopleiter fachlich-thematisch in der Lage ist, Fehlentwicklungen in der Diskussion frühzeitig zu erkennen und gegenzusteuern. Numerische Ziele für die Einzelnen werden im Workshop als Prinzipmodell diskutiert und im Nachgang in Einzelgesprächen numerisch fixiert und verbindlich vereinbart. Abbildung 6/12 zeigt die Details.

Ein Punkt, der in keinem Fall in einem Strategie-Workshop mit dem Management zu diskutieren ist, ist die Vision an sich. Derartige Fragestellungen gehören in andere Gremien. Die Vision als unternehmerische Grundausrichtung gibt den Rahmen und den eigentlichen Zweck des Unternehmens für einen längeren Zeitraum vor. Ein Strategie-Workshop mit dieser Fragestellung unter Beteiligung des Managements würde mindestens bei der Hälfte der Personen große Unsicherheit auslösen, denn der Workshop beinhaltet die Fragen

- Was wollen wir machen?
- Wozu sind wir da?
- Wohin wollen wir?

Leider wird dies vielfach unausgesprochen ergänzt um die Fragestellung

Wann sind wir nicht mehr da?

Im Großen und Ganzen entsteht hier mehr existenzielle Angst als Motivation. Es fließt fast immer die unbeabsichtigte Botschaft mit, die Geschäftsführung wisse nicht mehr, „wohin die Reise gehen soll".

Die Methode der Strategie-Workshops zur Erarbeitung von Strategien, strategischen Maßnahmen und dazugehörigen Zielen ist für Unternehmen aller Größenordnung gleichermaßen geeignet. Der Inhalt wird bei mittelständischen Unternehmen etwas mehr auf Geschwindigkeit und Kundenwünsche sowie bei konzerngebundenen Unternehmen mehr auf Gründlichkeit und abgesicherten Zahlen liegen.

6.6 Erfolgsfaktoren für Wachstumsführer

Vorherige Kapitel haben gezeigt, wie das theoretische Rüstzeug für den Aufbau einer guten strategischen Position eines Unternehmens aussieht. Von besonderem Interesse für Unternehmen, die sich gerade mit dieser Fragestellung auseinandersetzen, ist, welche Erfahrungswerte beim Aufbau und bei der Umsetzung von Strategien – speziell für mittelständische Unternehmen – vorliegen. Was ist letztendlich erfolgreich und was führt in die Irre? Im Folgenden sind die Erfahrungen gebündelt, die zu einer erfolgreichen Strategie und Strategieumsetzung insbesondere bei mittelständischen Unternehmen führen.

Basis sind einerseits die aus der Global-Future-500-Studie herausgefilterten Merkmale der Wachstumsführer und andererseits die in mehreren Jahrzehnten gesammelte Beratungs- und Managementerfahrung der Autoren. Die beiden Erfahrungsschwerpunkte decken sich überwiegend, das heißt, Wachstumsführer sind genau mit den Merkmalen ausgestattet, die auch ein erfahrener Berater oder eine erfahrene Führungskraft diesen mehrheitlich zubilligen würde.

Den Grundzusammenhang zeigt Abbildung 6/13. Sie zeigt substantielle Merkmale oder Eigenschaften von Wachstumsführern, die diese mit ihrer Organisation in der überwiegenden Zahl der Fälle aufweisen. Das heißt nicht, dass ein Unternehmen ohne diese Merkmale kein Wachstumsführer sein kann oder dass alle Wachstumsführer alle diese Merkmale haben; es

Organisatorische Merkmale von erfolgreichem Wachstum

Abbildung 6/13: Strategische Merkmale von profitablem Wachstum

heißt vielmehr, dass die Wahrscheinlichkeit, dass ein Unternehmen sich zu einem Wachstumsführer entwickelt, weit größer ist, wenn es möglichst viele dieser Merkmale mit seiner strategischen und auch operativen Ausrichtung möglichst gut erfüllt. Wachstum erfolgreich gestalten ist hier das Ziel. Weitere Informationen enthält der Vortrag des Autors E. Hartmann mit dem Titel „Die wachsende Organisation" (Hartmann 2007/2008).

Wachstumsführer haben in aller Regel eine klare Vision und eine dazu passende Strategie. Beides wird im Unternehmen breit kommuniziert. Die Mitarbeiter, Kunden, Lieferanten und Gesellschafter wissen genau, wofür das Unternehmen steht. Die Vision vermittelt Begeisterung, sie trifft dabei Kundenbedürfnisse, ist in der Lage, Alleinstellungsmerkmale zu erfüllen, und zielt auf Märkte mit Wachstumspotential. Die Strategie ist genau hierauf abgestellt und geht ausschließlich die Realisierung der Vision mit allen Mitteln an. Bei vielen Mittelständlern äußert sich dies vielfach nicht in Hochglanzprospekten, sondern wird zunächst einmal vom Eigentümer vorgelebt. Es kommt kein Zweifel auf, wofür er und das Unternehmen stehen. Diese Glaubwürdigkeit reißt mit und spornt alle zu überproportionalen Leistungen an. Erfahrungsgemäß liegt die Leistungsdifferenz zwischen wenig motivierten und optimal motivierten Mitarbeitern bei 1 zu 2, das heißt, der optimal motivierte Mitarbeiter leistet das Doppelte seines eher frustrierten Fachkollegen. Dieses Potential wird genutzt. Da zur Strategie fast immer die vollständige Befriedigung der Kundenwünsche steht, ist das Gesamtpaket extrem durchschlagskräftig. Überproportional sichere Marktkenntnis eröffnet für diese Unternehmen auch die kontinuierliche Weiterentwicklung dieser Philosophie.

Als Beispiel soll ein Mittelständler (in vorgestellten Bereich ca. 250 Mitarbeiter) dienen, der mit seinem Unternehmen industrielle Bremslösungen anbietet. Die ausschließlich über mündliche Kommunikation verbreitete Vision liegt darin, Einzellösungen für alle Arten von Bremsproblemen bei Antrieben jeder Art anzubieten. Die Strategie ist auf die rationelle Konstruktion und Fertigung von Einzelsystemen ausgelegt, und es wird kontinuierlich in diese Richtung investiert. Die Mitarbeiter sind extrem motiviert und das Unternehmen ist überproportional gewinnstark.

Formaler agieren größere Unternehmen oder Unternehmen, die an der Börse als Start-up notiert sind. Hier wird großen Wert auf eine saubere und widerspruchslose Formulierung von Vision und Strategie gelegt, um letztendlich dasselbe Resultat zu erzielen: alle zu begeistern und mitzureißen. Die Vision ist auch hier der zentrale Orientierungspunkt. Als Beispiel wird auf die Vision von Solarworld verwiesen. Begeisterung setzt hier auch auf eine bestimmte Grundeinstellung (kritisch gegenüber konventioneller Energieerzeugung), was deshalb vorteilhaft ist, da besonders Personen mit diesen Grundeinstellungen angezogen werden, die damit eine noch höhere Motivation bei ihrer Arbeit erfahren.

Die Wirkungsmechanismen von „kommunizierte klare Vision und richtige Strategie" liegen in den Bereichen

- eindeutige Ausrichtung des Unternehmens auf einen Markt mit hohem Wachstumspotential,
- Motivation durch Begeisterung aller beteiligten Personen,
- fehlerfreie strategische Maßnahmen, die ausschließlich nur Dinge umsetzen, die für die Erfüllung der Vision notwendig sind.

Der nächste Punkt ist die Konzentration auf die Kernkompetenzen, die erfolgreiche Unternehmen als Wachstumsführer auszeichnet. Durch sie werden Energien nur für Wesentliches genutzt. Unwesentliche Leistungskomponenten, das heißt Leistungen, die keine vom Kunden wahrgenommenen Alleinstellungsmerkmale beinhalten, werden konsequent zugekauft. Die Wirkung der Konzentration auf Kernkompetenzen ist im Kapitel 2 ausführlich beschrieben. Bei Gesprächen mit Unternehmensführern wird die Konzentration auf Kernkompetenzen oft als existent beschrieben, entscheidend für die Erfolgsrelevanz ist jedoch, ob dies tatsächlich so ist. Wachstumstreiber investieren viel Aufwand in die stetige Anpassung des Unternehmens auf genau die richtigen Kernkompetenzen – und nur auf diese.

Von Bedeutung ist auch, dass sich Kernkompetenzen durch Marktveränderungen ständig verschieben. Marktveränderungen sind Innovationen, die immer wieder „bessere" Produkte für den Kunden ermöglichen. Dies wird von den Wachstumsführern im Auge behalten und das Unternehmen entsprechend weiterentwickelt (siehe Abbildung 6/14). Die Kernkompetenzen liegen hier immer in Wachstumsbereichen und sind tatsächlich für die vom Kunden wahrgenommenen Alleinstellungsmerkmale entscheidend. Im Laufe der Zeit werden immer wieder neue Innovationen entwickelt und zu marktfähigen Produkten ausgebaut. Nicht selten geben diese Unternehmen ihre Innovationsquote auch an und werben damit (Beispiel: „70 Prozent unserer Endprodukte sind nicht älter als zwei Jahre"). Die Länge der Innovationszyklen ist branchenabhängig und kann zwischen einem und fünf Jahren schwanken.

Weiterhin darf der Fokus auf neue oder verwandte Produkte nicht vernachlässigt werden. Aus einer Vielzahl von Untersuchungen ist bekannt, dass organisches Wachstum zwar nicht so schnell, aber gerade für mittelständische Unternehmen viel gesünder und dauerhafter ist. Die Wachstumsführer des Mittelstandes haben ihren Fokus auf dem organischen Wachstum in ihrem Produktbereich, der von der Vision klar umrissen ist. Hier werden Innovationen schnell an den Markt gebracht und dadurch Produktneuheiten erzeugt. Der Kunde nimmt diese Unternehmen als Schöpfer unschlagbarer Produkte

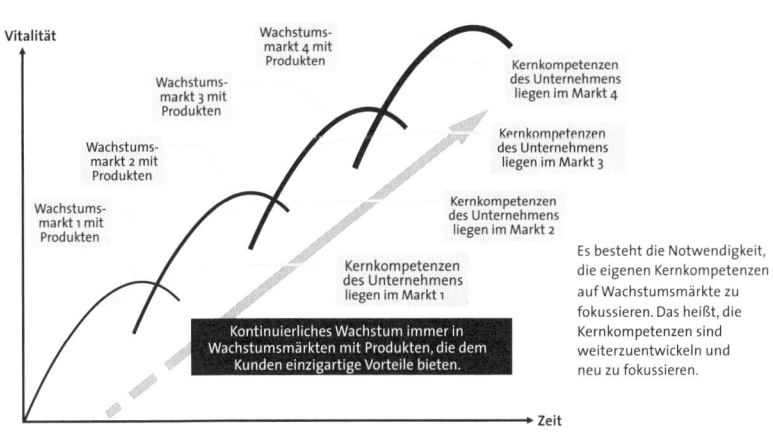

Abbildung 6/14: Immer wieder Konzentration auf neue Kernkompetenzen

wahr. Das Resultat ist ein hohes Umsatzwachstum bei gleichzeitig hoher Preischance, dies führt wiederum zu Gewinnwachstum. Insbesondere in alten Industrieländern, wie Deutschland eines ist, ist diese strategische Grundausrichtung (Technologie- oder Serviceführerschaft) erfolgversprechend, um sich von Nachahmerprodukten erfolgreich abzusetzen. Außerdem erleichtert der Fokus auf neue oder verwandte Produkte die uneingeschränkte und optimale Erfüllung von Kundenwünschen, da das ganze Unternehmen immer auf der Suche nach Innovationen für noch bessere Erfüllung der Kundenbedürfnisse ist.

Hiervon unabhängig ist, wenn derartig fokussierte Unternehmen neue Märkte angehen. Das passt zwar vordergründig nicht zur Ausrichtung auf neue oder verwandte Produkte, ist jedoch nur ein Zwischenschritt auf dem Weg zum Weltmarktführer, was das eigentliche Ziel sein muss und hier auch ist. Die Unternehmen bleiben primär auf ihre Produkte und Leistungen sowie die dahinterstehenden Kundenbedürfnisse fokussiert und bieten dieses Konzept auch in dem neuen Markt an. Nur darf dieser Schritt nicht zu viele Ressourcen im Unternehmen dauerhaft binden. Von vielen Mittelständlern ist die Markterweiterung trotz des Fokus auf neue und verwandte Produkte für den Markt China eingeleitet worden.

Ein passendes Beispiel dafür kann anhand der Firmen Solarworld und Q-Cells aus der Solarindustrie gezeigt werden. Bei ihnen erfolgte zunächst ausschließlich die Entwicklung immer neuer Produkte mit jeweils besseren Eigenschaften und niedrigeren Kosten. In einem zweiten Schritt vollzog sich die Erweiterung auf neue Märkte in Amerika und Asien, um sich in der Weltliga zu platzieren.

Von nicht geringerer Bedeutung ist die Entscheidungsgeschwindigkeit im Unternehmen. Entscheidungen operativer und strategischer Art sind hier gemeint. Diverse Unternehmen, insbesondere größere Organisationen, neigen dazu, alles sehr genau zu analysieren und dann zu entscheiden. Das ist gründlich, dauert aber, so dass diese Unternehmen in dynamischen Märkten kaum Chancen haben. Unter großen Unternehmen lassen sich viele solcher Beispiele finden: Sie mussten in dynamischen Märkten aufgeben beziehungsweise waren nicht erfolgreich (Siemens bei Handys, Microsoft mit Internetangeboten). Die Entscheidungsgeschwindigkeit selbst wird hiermit zu einem eigenständigen, erfolgsbestimmenden Faktor für Strategien. Natürlich ist eine hohe Entscheidungsgeschwindigkeit bei einer tolerablen Fehlerquote gemeint. Im Allgemeinen genügen in operativen Belangen 80 bis 90 Prozent richtige Entscheidungen. Alles darüber macht die Organisation nur langsam

Für eine adäquate Entscheidungsgeschwindigkeit wird eine Fehlerquote von 10-20 eingenommen.

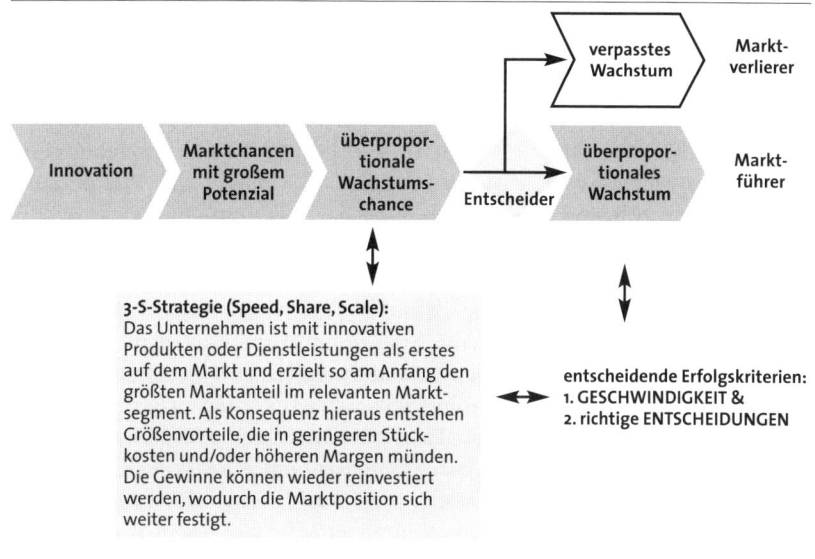

Abbildung 6/15: Die Bedeutung von Geschwindigkeit

und führt am Markt nicht zu Wettbewerbsvorteilen. Der Wirkmechanismus ist in Abbildung 6/15 ersichtlich.

Unternehmen mit schneller Entscheidungskultur sind einfach besser in der Lage, auf schnelle Marktveränderungen zu reagieren. Sie nutzen diesen Vorteil, um schneller den Kunden zu befriedigen und neue Alleinstellungsmerkmale zu generieren. Die Komponente Zeit wird als strategische Dimension begriffen. Alleinstellungsmerkmale sind immer nur einen bestimmten Zeitraum als solche anzusehen – nach einiger Zeit wird das Merkmal von anderen kopiert und ist als Alleinstellungsmerkmal entwertet. Für diesen Prozess benötigt der Nachahmer Zeit, die das schnelle Unternehmen wieder für Innovationen nutzen kann. Entscheidungsgeschwindigkeit an sich produziert somit Wettbewerbsvorteile.

Mittelständische Unternehmen sind hier in vielen Fällen gegenüber konzerngebundenen Unternehmen im Vorteil. Grundlegende Entscheidungen – gleich, ob operative oder strategische – werden vom Unternehmer selbst getroffen.

Mittelstand - Wettbewerbsvorteil:
Generelle Entscheidungsgeschwindigkeit

157

Entscheidungsgeschwindigkeit im operativen Sinne ist wesentlich von der gewählten Organisationsform und der Kultur im Unternehmen abhängig. Die Organisation ist im Allgemeinen gut änderbar, während die Kultur dies nicht ist. Es gilt: Je direkter ein Prozess ausgerichtet ist und je weniger er echte Schnittstellen hat, desto schneller ist er. Hierauf kann bei organisatorischen Änderungen in Unternehmen Rücksicht genommen werden, und eine schnittstellenarme Organisation wird gegenüber einer mit Schnittstellen und vielen Stabsabteilungen im Vorteil sein. Am Beispiel wird dies etwas deutlicher. Ein Unternehmen ist nach Kundengruppen organisiert und der Manager für die jeweilige Kundengruppe hat alle zur Leistungserbringung notwendigen Ressourcen (Vertrieb, Entwicklung, Produktion) in seinem Verantwortungsbereich. Entscheidungskompetenz ist mit Verantwortung gepaart und kommt optimal zum Zuge. Im anderen, ungünstigeren Fall gibt es Vertriebsleiter, Entwicklungsleiter und Produktionsleiter – jeweils echte Schnittstellen. Hier entsteht Geschwindigkeitsverlust. Umfangreiche Matrixorganisationen verstärken diesen Effekt, wie man bei verschiedenen Großkonzernen gut sehen kann, die wir hier aber nicht nennen möchten. Ein erprobtes Mittel zur Verbesserung der Entscheidungsgeschwindigkeit ist die Optimierung der Geschäftsprozesse.

Mittelständische Unternehmen sind sich im Allgemeinen dieses Vorteils bewusst und setzen ihn auch gezielt ein. Umso gefährlicher wird es, wenn die Entscheidungsqualität aufgrund von Marktveränderungen, die nicht richtig oder unvollständig wahrgenommen werden, leidet. Manchmal sind Nachfolgeprobleme auch Ursache mangelnder Entscheidungsqualität bei Mittelständlern. Da eine umfangreiche Filterfunktion der Organisation hier fehlt, schlagen in diesen Fällen die Fehlentscheidungen direkter auf das Unternehmen durch. Wird nicht schnell korrigiert, ist das Unternehmen rasch in einer realen Schieflage. Korrektur heißt hier zunächst einmal, dass der Entscheidungsträger (Unternehmer) einsehen muss, dass seine auf alten Verhaltensweisen fußende Entscheidungspolitik falsch ist.

Ein weiterer bedeutender Aspekt ist sowohl die Erneuerung als auch die Optimierung im Sinne der Ausrichtung der Organisation auf die Gewinnung neuer Produkte (Innovationszyklus) und auf rationelle Produktion (Optimierungszyklus). Bei neuen Produkten (Innovationen) ist zunächst die Fähigkeit gefragt, diese Innovationen zu entwickeln und als Alleinstellungsmerkmal für das eigene Unternehmen zu besetzen. Hier sind Kundennähe, technologische Innovationskraft und Entscheidungsgeschwindigkeit gefragt. Ist die Innovation mit dem Kundenvorteil erreicht, gilt es, sie zu günstigsten Bedingungen

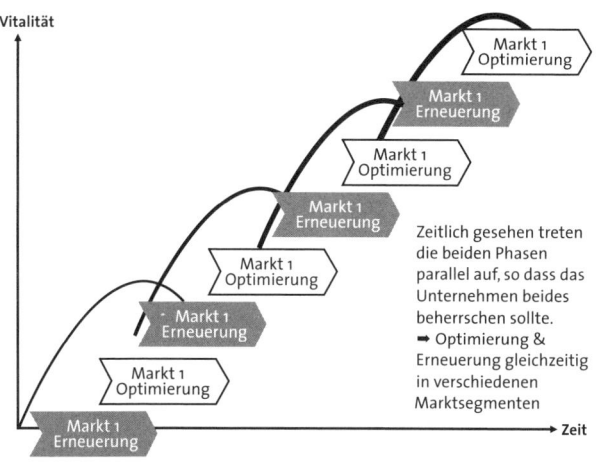

Zeitlich gesehen treten die beiden Phasen parallel auf, so dass das Unternehmen beides beherrschen sollte.
➡ Optimierung & Erneuerung gleichzeitig in verschiedenen Marktsegmenten

Abbildung 6/16: Optimierung und gleichzeitige Erneuerung

anzubieten; die Leistungserbringung ist laufend zu optimieren, wie Abbildung 6/16 zeigt.

An der Automobilzulieferindustrie lässt sich das gut illustrieren. Zunächst muss eine Komponente für ein spezielles Auto mit definierten Fähigkeiten und zu einem maximalen Preis („cost target") entwickelt werden. Hier sind Entwicklungsabteilungen in Zusammenarbeit mit den Produktionsabteilungen und Einkauf gefordert (Innovationszyklus). Wenn das Auto dann produziert wird, müssen die Produktionskosten über den Produktionszyklus hinweg permanent gesenkt werden (Optimierungszyklus). In aller Regel sind bereits zu Beginn Preissenkungen vorgegeben. Hier liegt der Schwerpunkt sehr deutlich auf den Produktionsabteilungen.

Unternehmen aus dem Bereich der Wachstumsführer beherrschen beide Zyklen gleich gut. So werden sowohl ein überragender Kundenvorteil als auch eine eigene gute Position im Wettbewerb deutlich. Die Organisation sowohl auf Innovation als auch auf Optimierung auszurichten, erfordert einige Vorkehrungen, die darin bestehen, die jeweils Verantwortlichen ihren Stärken entsprechend einzusetzen. Ein als „Kostenkiller" bekannter Produktionsleiter ist sicherlich sehr erfolgreich, wenn es darum geht, die Kosten zu senken. Wenn es allerdings um Innovationen geht, wird er vielleicht nicht so stark sein. Von daher berücksichtigen Organisationen, die beides gleichzeitig können, beide Spezialisten an unterschiedlichen Stellen mit unterschiedlichen Aufgabenschwerpunkten. Der Schwerpunkt Innovation oder Optimierung kann dabei folgendermaßen definiert sein:

- zeitlich alternierend (erst Innovation, dann Optimierung, und das abwechselnd, ist jedoch etwas umständlich und führt leicht zu Verwirrung);
- räumliche und organisatorische Trennung (zwei Teile der Organisation, eine primär für Innovation und eine für Leistungserbringung, durchaus üblich und erfolgreich);
- Parallelorganisation (für den primär wichtigen Prozess – Innovation oder Optimierung – wird die Organisation ausgelegt, der zweite Prozess wird durch eine Projektorganisation abgedeckt, die auf den gleichen Mitarbeitern beruht, jedoch nach den Stärken der Einzelnen besetzt ist; recht leistungsfähig und im Mittelstand verbreitet);
- echte Matrixorganisationen mit jeweils einem Ast für Optimierung und einem für Innovation (nur typisch in Großunternehmen, da recht aufwendig).

Ein weiteres Merkmal von Wachstumsführern sind dezentrale und offene Organisationsformen. Hierunter sind auf den Kunden ausgerichtete Organisationen zu verstehen. Entscheidungskompetenzen werden so dicht wie möglich und so vollständig wie möglich an den Kunden herangebracht. Solche Organisationsformen werden auch als prozessorientiert bezeichnet, wobei leider Prozessorientierung mitunter unterschiedlich interpretiert wird. Abbildung 6/17 zeigt eine Darstellung, die die Prozessorientierung unserer Meinung nach gut erklärt. Der eigentliche Gegensatz ist die funktionale Organisation, bei der die Funktionen (Vertrieb, Entwicklung, Produktion etc.) auch Hauptabteilungen oder Bereiche sind. Die Prozessuale Organisation kennt hier Profit-Center, Divisions oder Kunden-Center, die mit möglichst allen Funktionen, die zur Erfüllung der Kundenbedürfnisse notwendig sind, ausgestattet sind. Auf die Vielzahl von Mischformen, die noch zu unterscheiden wären, kommt es jedoch in diesem Zusammenhang nicht an. Dezentral heißt, so prozessual wie möglich, das bedeutet automatisch wenig Schnittstellen, hohe Entscheidungsgeschwindigkeit und große Kundennähe: alles ist kongruent zu den anderen Erfolgsfaktoren für Wachstumsführer.

Unter dem Begriff offene Organisation wird auch Flexibilität verstanden. Offene Organisationen sind fähig, neue Aufgaben schnell zu integrieren. Sie erlauben einfache Wechsel der organisatorischen Aufgaben. Flexibilität ist dabei umso einfacher zu vollziehen, je flacher eine Organisation aufgestellt ist. Es ist leicht ersichtlich, dass viele Großunternehmen hier an ihre

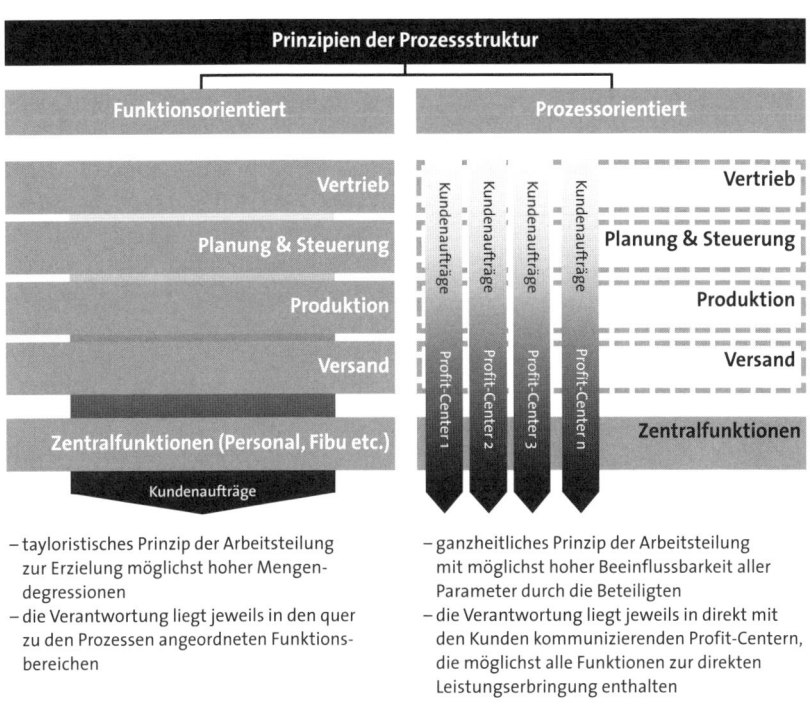

Prinzipien der Prozessstruktur

Funktionsorientiert	Prozessorientiert

Funktionsorientiert:
- Vertrieb
- Planung & Steuerung
- Produktion
- Versand
- Zentralfunktionen (Personal, Fibu etc.)

Kundenaufträge

Prozessorientiert (Kundenaufträge / Profit-Center 1, Profit-Center 2, Profit-Center 3, Profit-Center n):
- Vertrieb
- Planung & Steuerung
- Produktion
- Versand
- Zentralfunktionen

– tayloristisches Prinzip der Arbeitsteilung zur Erzielung möglichst hoher Mengendegressionen
– die Verantwortung liegt jeweils in den quer zu den Prozessen angeordneten Funktionsbereichen

– ganzheitliches Prinzip der Arbeitsteilung mit möglichst hoher Beeinflussbarkeit aller Parameter durch die Beteiligten
– die Verantwortung liegt jeweils in direkt mit den Kunden kommunizierenden Profit-Centern, die möglichst alle Funktionen zur direkten Leistungserbringung enthalten

Abbildung 6/17: Dezentrale, offene Organisation

Grenzen stoßen. Das ist ein weiteres Argument dafür, warum mittelständische Unternehmen immer wieder Weltmarktführer sind, obwohl sie nicht im Besitz der erheblichen Größenvorteile und des Kapitals von Konzernunternehmen sind.

Nicht zuletzt nimmt auch die Vertrauenskultur bei Wachstumsführern eine überragende Stellung ein (mit dazu kongruenter Corporate Identity). Vertrauen ist eine Eigenschaft, die sich nicht organisatorisch oder auf andere Art erzwingen lässt. Vertrauen ist das unentdeckte Kapital für alle Unternehmen. Vertrauen optimiert, integriert, macht kreativ, teamfähig und schnell. Eine Vertrauenskultur ist damit ein unverzichtbarer Bestandteil jeder Unternehmensführung. Der Aufbau einer Vertrauenskultur braucht eine gründliche strukturelle Verankerung, so dass auch die Organisationsentwicklung, die Führungskräfte- und Personalentwicklung Hand in Hand gehen.

Vertrauenskultur als Grundlage unternehmerischen Handelns bedeutet Folgendes:

In einem Unternehmen ist Vertrauen der Grundstein für die Realisierung von außergewöhnlichen Entwicklungen. Es ist die Grundlage für eine langfristig erfolgreiche Unternehmensführung. Mit Vertrauen werden Vorhersehbarkeit, Verantwortlichkeit und Zuverlässigkeit impliziert. Durch den Aufbau einer Vertrauenskultur kann eine Arbeitsumgebung geschaffen werden, die sich vor allem durch gegenseitigen Respekt und Anerkennung und weniger durch Macht- und Angstkomponenten auszeichnet. Ist das Vertrauen zwischen Führungskräften und Mitarbeitern gering, tendieren Menschen dazu, Fakten, Ideen und Gefühle nicht an sich heranzulassen. In den Unternehmen heute eine Vertrauenskultur zu schaffen, ist keine einfache Aufgabe, denn man kann sie nicht kaufen oder verordnen, man muss sie sich im täglichen Miteinander über alle Hierarchieebenen hinweg hart erarbeiten. Sie ist nicht Resultat, sondern kontinuierlicher Prozess, nicht Ideal, sondern Aktionsfeld.

Definition für Vertrauen im Unternehmen:

Vertrauen ist eine risikobehaftete Vorleistung, gewissermaßen ein Vorschuss in Erwartung späterer, günstigerer Ergebnisse.

Eine Vertrauenskultur zu entwickeln bedeutet eine langfristige Angelegenheit, die auf das Verhalten der Beteiligten abgestellt ist und auf Vorleistungen aufbaut. Für Unternehmen bedeutet dies zuallererst:

Realität = kommunizierte Inhalte = tatsächliche Handlungen des Managements.

Dies ist gleichbedeutend mit dem Gleichklang von:

Vision = Strategie = Ziele = Leitbild/Werte = Corporate Identity.

Dies ist wiederum deckungsgleich zur Abbildung 6/11. Jede Abweichung von diesen Grundelementen und jede Abweichung von der Realität erzeugt Misstrauen. Bekundungen wie „Wir gehen vertrauensvoll und offen miteinander um" stehen in vielen Leitbildern. Oft jedoch beschreiben sie nicht die Realität, sondern ein Wunschbild, das von der Realität weit entfernt ist. Hier wird genau das Gegenteil von dem erreicht, was erreicht werden soll. Als Folge entsteht de facto meist unweigerlich großes Misstrauen.

- Das letzte Merkmal der Wachstumsführer ist Unternehmensführung mit Zielen im klassischen Sinne (Management by Objectives oder auch MBO, Führen durch Zielvereinbarungen).

Eine heute moderne Form von MBO ist das Balanced-Scorecard-Modell (BSC) nach Kaplan/Norten (siehe Kapitel 9). Hier werden Zielmodelle zur strategischen Umsetzung systematisch eingeführt und genutzt. Die BSC ist jedoch nicht unbedingt Voraussetzung für einen Wachstumsführer, wenngleich sie sich recht gut für ihn eignet. Ein tadellos gelebtes, klassisches MBO ist weit mehr verbreitet als ein im Vorfeld konzeptionell entworfenes und ausgefeiltes MBO. *↳ BSC ist eine moderne Form von MBO*

Aus den 1980er-Jahren ist ebenfalls ein recht altes Modell bekannt, das abbildet, wie sich erfolgreiche Unternehmen mit Eigenschaften von weniger erfolgreichen Unternehmen abgrenzen. Es stammt von Thomas J. Peters und Robert H. Waterman mit dem Titel „In Search of Excellence" (Peters/Waterman 1982; siehe Abbildung 6/18). Hier wurde erstmals beschrieben, was erfolgreiche Unternehmen organisatorisch auszeichnet. Bei genauerer Betrachtung zeigen sich Parallelen zu den Eigenschaften von Wachstumsführern aus den Erfahrungen der Autoren.

1. Primat des Handelns	➡ Probieren geht über Studieren
2. Nähe zum Kunden	➡ Der Kunde ist König
3. Freiraum für Unternehmertum	➡ Jeder ist (Mit)Unternehmer
4. Produktivität durch Menschen	➡ Auf Wollen, Können, Dürfen der Belegschaft kommt es an
5. Sichtbar gelebtes Wertesystem	➡ Wir meinen, was wir sagen, und wir tun, was wir sagen
6. Bindung an das angestammte Geschäft	➡ Schuster, bleib bei deinen Leisten
7. Einfacher und flexibler Aufbau	➡ So wenig Bürokratie wie möglich, so viel Freiraum wie möglich
8. Straff-lockere Führung	➡ So viel Führung wie nötig, so wenig Kontrolle wie möglich

Abbildung 6/18: Aspekte erfolgreicher Unternehmen nach Peters/Waterman (1982)

7 Das Strategiepapier

7.1 Ziele und Zweck von Strategiepapieren

Unter einem Strategiepapier wird im Allgemeinen die förmliche Festlegung eines Unternehmens hinsichtlich seiner Vorhaben in der Zukunft verstanden. Die Strategiepapiere können unterschiedlichen Umfang und Inhalt haben. Strategiepapiere haben vom Aufbau her eine gewisse Ähnlichkeit mit Unternehmenskonzepten, wobei bei reinen Unternehmenskonzepten der Schwerpunkt mehr auf eine umfangreiche und vollständige Darstellung von rechtlichen und kaufmännischen Zusammenhängen gelegt wird. Derartige Papiere kommen auch als Sanierungskonzepte vor, wobei hier der Inhalt noch mehr in Richtung umfassender Ergebnisrechnungen verschoben ist. Für Sanierungskonzepte gibt es hinsichtlich des notwendigerweise aufzuführenden Inhalts klare Vorgaben mit normativer Wirkung seitens des IDW (Instituts der Deutschen Wirtschaftsprüfer). Wenn Finanzgeber wie Banken eine Sanierung mit frischem Kapital begleiten wollen, sind Sanierungskonzepte nach diesen Gliederungs- und Inhaltsvorschriften unerlässliche Voraussetzung. Für Strategiepapiere sind solche normativen Vorgaben nicht vorhanden, es ist jedoch durchaus sinnvoll, sich an einigen dieser Regelungen zu orientieren. Zumindest treten so keine inhaltlichen Lücken auf. Die inhaltlichen Schwerpunkte von Strategiepapieren sind jedoch anders gewichtet. Grundsätzlich treten mehr die Betrachtung von Marktchancen und die Reaktion des Unternehmens hierauf statt ausgefeilte Kostenüberlegungen in den Vordergrund.

Strategiepapiere werden für eine Reihe von verschiedenen Zwecken erstellt. Es können primäre interne oder primäre externe Zwecke und Aufgaben unterschieden werden. Bei den externen Zwecken steht die Überzeugung externer Geldgeber im Vordergrund. Geldgeber können Gesellschafter oder Aktionäre, Banken oder andere Finanzgeber sein. Auch in Holdinggesellschaften sind zur Erlangung von Geldern ausformulierte Strategiepapiere üblich. Bei den internen Zwecken geht es um die Festschreibung einmal getroffener Vereinbarung über die Zukunft des Unternehmens für den engeren Führungskreis. Eine normative Orientierung soll geschaffen werden, die Führungskräfte bei ihrem Handeln unterstützt.

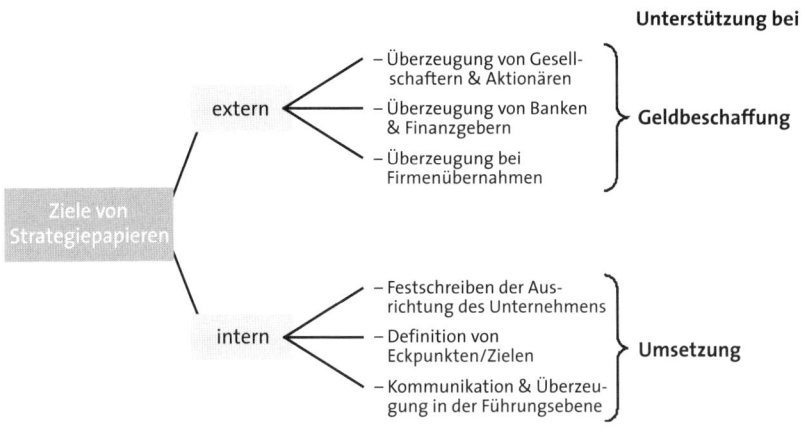

Abbildung 7/1: Ziele von Strategiepapieren

Somit ist der Zweck dieser Papiere auf die Umsetzung der Strategie gerichtet. Abbildung 7/1 zeigt diesen Zusammenhang.

Zumeist liegt ein primärer Zweck vor und das Strategiepapier soll dann auch für den jeweils anderen Zweck verwendet werden. Bei eher extern ausgerichteten Strategiepapieren wird intensiv auf Marktchancen und deren Nutzung eingegangen. Ferner sind finanzielle Eckdaten exakt zu planen. Auf Basis von Einschätzungen des Marktes sind mithilfe notwendiger Investitionen in Personal und Maschinen zukünftige Umsätze zu generieren, die wiederum mit zu erwartenden Kostenbetrachtungen den Cashflow entstehen lassen. Schwerpunkte sind:

- Marktchancen,
- Aktionen des Unternehmens auf Marktchancen,
- Investitionspläne und Angaben zum Cashbedarf sowie
- umfangreiche G.u.V.-Rechnungen mit Planbilanzen.

Bei mehr intern ausgerichteten Strategiepapieren steht die Festschreibung des einmal geplanten Vorhabens mit den dazugehörigen Maßnahmen und Zielen im Vordergrund. Die Führungsmannschaft soll verbindlich auf das strategische Vorhaben festgelegt werden. Dementsprechend sind hier typische Schwerpunkte:

- das grundlegende strategische Vorhaben,
- die Investitionen und andere hierzu notwendigen Schritte,
- die notwendigen Maßnahmen zur Umsetzung und
- die Ziele der Einzelnen oder einzelner Bereiche des Unternehmens.

Werden Strategiepapiere sowohl für interne als auch für externe Zwecke formuliert, sind sie ein umfassendes Werk, das das Unternehmen von außen transparent macht und das auch nach innen einen stark verbindlichen Charakter entwickeln kann.

Strategiepapiere sind für gewöhnlich nicht direkt an Mitarbeiter oder andere mit dem Unternehmen verbundene Kontaktstellen gerichtet und werden hierzu auch nicht verwendet. Sie sind hierzu zu komplex und zu inhaltsschwer. Strategiepapiere werden mithilfe wohlüberlegter Kommunikationskonzepte an Mitarbeiter, Lieferanten, Kunden und die Öffentlichkeit kommuniziert, wenn dies geboten erscheint. Derartige Vorhaben werden unter dem Begriff Corporate Identity zusammengefasst und stehen natürlich in enger inhaltlicher Einheit mit dem Strategiepapier (siehe Kapitel 6).

7.2 Aufbau und Dimensionen

Ein sowohl die internen als auch die externen Zwecke abdeckendes Strategiepapier hat zunächst zwei Dimensionen: einerseits die strategische und andererseits die operative Ebene. Zur strategischen Ebene gehören die Vision, die Strategie, die strategischen Maßnahmen und die Ziele. Zur operativen Ebene im Grunde alle Festlegungen zur operativen Umsetzung auf allen Ebenen des Unternehmens. Abbildung 6/10 zeigt den vollständigen Aspekt einer operativen Unternehmensplanung beziehungsweise eines operativen Unternehmenskonzeptes. Die beiden Dimensionen sind für das Strategiepapier miteinander zu verknüpfen, um die strategischen Festlegungen zu generieren, die erwartet werden. In Abbildung 7/2 sind die beiden Ebenen sichtbar und die prinzipielle Verknüpfung, die vorhanden ist. Hier soll noch deutlich gemacht werden, dass nicht für jedes Element in der strategischen Ebene immer jedes Element in der operativen Ebene zu behandeln ist, es ist vielmehr so zu verstehen, dass diese Verknüpfungen auftreten können und bei der Formulierung des Papiers auf Relevanz zu überprüfen sind. Es ist ein guter Anhaltspunkt, wenn die operativen Punkte bei der Beschreibung der strategischen Dimension auch tatsächlich beachtet werden. Das Strategiepapier wird so vollständiger und ist schlüssiger nachzuvollziehen. Der wirkliche Inhalt des Strategiepapiers ergibt

	Strategische Ebenen			
	Vision	Strategie	Strategische Maßnahmen	Ziele
Produkt/ Kernkompetenzen				
Markt/ Kunden				
Wettbewerb/ Alleinstellung				
Umsatz				
Produktion/ Ressourcen/Invest				
Personal/ Organisation				
Ergebnis/ Cashflow				
Finanzierung/ Working Capital				

Abbildung 7/2: Ebenen eines Strategiepapiers

sich nach Beachtung des Zweckes, wofür es erstellt wird (mehr intern oder mehr extern).

Aus einer Reihe von Projekten, die sich mit der Formulierung von Strategiepapieren befasst haben, lassen sich bezüglich der sinnvollen Gliederung einige Aspekte extrahieren, so dass eine typische Gliederung und ein typischer Aufbau für Strategiepapiere entsteht. Dies kann, wie aus dem vorstehenden bereits hervorgeht, nicht allgemeinverbindlich sein, sondern hat eher den Charakter einer maximalen Empfehlung, um alle Voraussetzungen auch vollständig berücksichtigt zu haben. In der Praxis wird sich die Gliederung und der tatsächliche Inhalt nach dem verfolgten Zweck richten und so die Zahl der Gliederungspunkte verringern. Der grundsätzliche Aufbau orientiert sich an den strategischen Belangen und nicht an operativen Umsetzungen (→ Gegensatz zu Sanierungsgutachten). Exakte Planrechnungen sind jedoch auch hier (bei externen Zwecken) unumgänglich, sonst wird der eigentliche Zweck verfehlt. Vorliegendes, in Abbildung 7/3 dargestelltes Beispiel einer erfolgreichen Gliederung ist daher in keiner Weise allgemeinverbindlich, sondern ist als erprobter Vorschlag zu verstehen.

Wenn zu den strategischen Vorhaben auch Veränderung der Eigentümerstruktur oder M&A-Projekte zählen, so ändern sich die Gewichtung und

1. **Vision**
   1.1. Produkte & Leistungen / Kernkompetenzen
   1.2. Marktentwicklung / Kunden / „Idee"
   1.3. Wettbewerb / Alleinstellung
   1.4. Umsatzpotentiale
   1.5. Notwendige Ressourcen
   1.6. Personal & Organisation
   1.7. Cashflow
   1.8. Finanzierung
   1.9. Zeitliche Eckdaten

2. **Strategie**
   2.1. Kunden
   2.2. Umsatz
   2.3. Investitionen
   2.4. Lieferquellen
   2.5. Personal & Organisation
   2.6. Strategische 3-Jahresplanung mit Planbilanz
   2.7. Finanzbedarf & Finanzierung
   2.8. Gesellschafterstruktur

3. **Umsetzungsplan**
   3.1. Produkt- & Marktseite
   3.2. Investitionsplan
   3.3. Ressourcenaufbau
   3.4. Sonstige Planung von Belang

4. **Ziele**
   4.1. Zielsystem
   4.2. Persönliche Ziele

5. **Commitment**

Abbildung 7/3: Gliederungsvorschlag für ein Strategiepapier

der Inhalt eines dies umfassenden Strategiepapiers. Der Fokus liegt dann auf der nach einem M&A-Vorgang entstehenden Lage und beleuchtet neben dem Deal diese. Eine allgemeine Gliederung, die alle Fälle umfasst, kann deshalb hier nicht gegeben werden.

7.3 Optimale Wirkung von Strategiepapieren

Strategiepapiere haben eine optimale Wirkung, wenn sie genau auf den Zweck hin ausgerichtet sind. Diese Bedürfnisse müssen primär befriedigt werden, um eine möglichst hohe Wirkung, das heißt Überzeugungskraft zu entfalten. Neben dieser zweckgebundenen Richtung sind auch allgemeine Faktoren von Belang. Ein Strategiepapier muss die Vision glaubhaft und nachdrücklich transportieren. Dazu sind alle notwendigen Daten übersichtlich darzustellen. Dies hat dann eine besonders große Bedeutung, wenn neues Terrain beschritten werden soll. Einige Beispiele hierzu sind bereits in Kapitel 6 ausführlich erläutert worden (Solarindustrie, Windkraft, Hybridantrieb, Mobiltelefonie). Es gilt stets, eine sich erst in der Zukunft ereignende Entwicklung plastisch und realitätsnah darzustellen beziehungsweise mit Marktabschätzungen zu belegen. Die Zahl der „Gegner" ist bei grundlegenden Entwicklungen stets vielfältig. Es gilt eine möglichst mit umfassenden Daten abgesicherte Abgrenzung zur Fiktion oder Utopie herzustellen. Gelingt dies nicht, wird das Strategiepapier als utopisch verworfen.

Das stellt die nächste Eigenschaft in den Vordergrund. Strategiepapiere müssen so realistisch wie möglich sein und so viele unbestrittene Datengrundlagen wie möglich enthalten. Bei der Umsetzung wird sich dann im Allgemeinen zeigen, wie hoch der Realitätsgrad tatsächlich gewesen ist. An diesem Punkt kommt auch das Unternehmertum ins Spiel – ein hoher Realitätsgrad spiegelt zusammen mit einer guten unternehmerischen Idee die Essenz oder die „Idee" des gesamten Konzeptes wider. Unternehmertum ist dann erfolgreich, wenn es realistisch und visionär – möglichst zeitlich weit im Voraus – zu erwartende Entwicklungen abschätzt und das Unternehmen genau hierauf einstellt.

Hier leitet sich die nächste Eigenschaft von erfolgreichen Strategiepapieren ab. Sie sollten bezüglich des Produktes oder der Leistung genau und vollständig sein. Unvollständige Angaben oder Fehler an dieser Stelle haben stets Lücken zur Folge, die mit nicht geplanten oder nicht vorgesehenen Maßnahmen auszugleichen sind. Da dies zusätzliche finanzielle Lasten zur Folge hat, bedeutet eine ungenaue Produktbeschreibung ein stark erhöhtes Risiko für den Cashflow.

Der nächste Faktor ist eine vollständige und realistische Finanzplanung. Finanzplanungen für strategische Zwecke enthalten stets sowohl die G.u.V.- als auch die Bilanzseite. Basis ist immer die zu erwartende Umsatzplanung, auf die die Kostenseite aufgesetzt wird. Investitionen und Finanzierungen sind mit den Kostenpositionen ebenfalls in G.u.V. und Bilanz zu berücksichtigen. Ein typischer Zeithorizont für ein Strategiepapier wird für zwei Perioden länger angelegt, als für einen ersten, aber nachhaltigen Markterfolg notwendig wäre. Dies ist vielfach – bei einfacheren Vorhaben – mit drei Jahren sinnvoll abzudecken. Bei umfangreicheren oder grundlegenderen Entwicklungen, etwa in der Solarindustrie, sind strategische Planungen von mehr als fünf Jahren Horizont notwendig. Bezüglich Inhalt und Aufbau von Finanzplanungen wird auf einschlägige Literatur verwiesen, denn die Finanzplanung im Strategiepapier muss fachmännisch, korrekt und vollständig sein.

Als letzter Erfolgsfaktor sind die Reserven zu nennen. Eigentlich zählen sie zur Realitätsnähe, denn keine noch so genaue Planung kommt ohne Abweichungen aus. Erfolgreich ist sie dann, wenn Abweichungen durch vorher bestehende Reserven aufgefangen werden können. Reserven sind sowohl finanziell als auch zeitlich notwendig. Die Reserven müssen nicht immer nach außen auch als solche ersichtlich sein. Zur Steigerung der Glaubwürdigkeit eines Strategiepapiers ist jedoch das Aufzeigen von Reserven nur zweckdienlich. Abbildung 7/4 zeigt den Zusammenhang insgesamt.

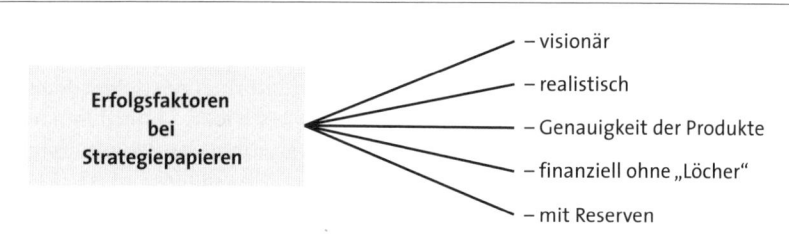

Abbildung 7/4: Erfolgsfaktoren bei Strategiepapieren

8 Spezielle Aspekte der Vertriebsstrategie

Die Komplexität des Unternehmensumfeldes ist in den letzten Jahrzehnten zweifelsfrei rapide angestiegen. Damit ist aus der Brücke zum Kunden – dem Vertrieb – ein Gebilde mit zahlreichen Wegen geworden: Funktionen und Zuständigkeiten, Strukturen und Abläufe sowie Systeme und Methoden der Vertriebsarbeit sind vielfältig. Der Vertrieb ist längst nicht mehr der verlängerte Arm der Produktion wie zu Zeiten der klassischen Distributionspolitik, als die Produktion mehr oder weniger als gegeben hingenommen wurde und sich der Vertrieb auf die Fragen der physischen Distribution (Logistik) und der Wahl der Absatzwege beziehungsweise der Akquisitionsmethoden (Akquisitorische Distribution) beschränkte. Ein moderner Vertrieb ist bereits frühzeitig von strategischer Bedeutung für Unternehmen, sollte ganzheitlich orientiert und gleichzeitig offen für neue Trends sein. Nicht nur die Produkte unterliegen einem Lebenszyklus, sondern auch Vertriebswege!

Eine erfolgreiche Unternehmensstrategie setzt voraus, dass eine gesonderte Vertriebsstrategie erarbeitet und kommuniziert wird. Sie sollte grundsätzlich so gestaltet werden, dass sie von den Mitarbeitern „gelebt" werden kann (Homburg/Schäfer/Schneider 2006), die zentralen Weichen für das Tagesgeschäft stellt und die Häufigkeit von Ad-hoc-Entscheidungen reduziert. Dies mag selbstverständlich klingen – in der Praxis zeigt sich aber häufig, dass Produkt- oder Vermarktungsstrategien zwar formuliert sind, eine eigentliche Vertriebsstrategie aber nicht existiert. Umgekehrt kommt es auch vor, dass zwar eine Strategie für den Vertrieb erarbeitet und dokumentiert, aber der intensiven und wiederholten Kommunikation keine Beachtung geschenkt wurde. Ob die Strategie „Hand und Fuß" hat und im Bewusstsein des Vertriebes verankert ist, erfährt man bei einer unternehmensinternen Befragung: Können die Vertriebsmitarbeiter die Strategie nicht oder nur unzureichend benennen oder widersprechen sich gar deutlich in ihren Aussagen, sollte die Unternehmensleitung hellhörig werden und sich intensiv mit dem Schlüsselthema Vertriebsstrategie beschäftigen.

* Eine gute VS reduziert Ad-hoc-Entscheidungen?

8.1 Bausteine einer modernen Vertriebsstrategie

Abbildung 8/1 zeigt, welche Bausteine eine moderne Vertriebsstrategie enthält. Die Vertriebsstrategie sollte natürlich zunächst mit der Unternehmensstrategie korrespondieren. Außerdem ist essentiell, dass sie Top-down an alle relevanten Bereiche kommuniziert wird, gleichzeitig aber auch die „Handschrift" des Vertriebes „an der Basis" trägt. Dazu gehört, dass sie ausreichend Freiheiten gewährt, um auf die spezifischen Anforderungen der jeweiligen Vertriebsbereiche (unterschiedliche Regionen) zu reagieren. Auch die Vertriebsorganisation ist ein Kernaspekt eines leistungsfähigen Vertriebs: Ist ein Flächenvertrieb sinnvoll, oder sollte eine Branchenstruktur angestrebt werden? Möglicherweise kann auch eine Aufteilung nach Marktsegmenten oder Produkten sinnvoll sein. Zur Vertriebsorganisation gehört auch die Wahl der Vertriebswege: Ist der direkte Vertrieb vielversprechend, oder sollte ein Unternehmen auch indirekte Vertriebswege (Handel, Vertriebspartner) nutzen? Im angelsächsischen Sprachraum ist es üblich, den Teil des Vertriebes, der sich mit dem Absatzweg beziehungsweise Absatzkanal beschäftigt, als „Channel Marketing" oder „Channel Management" zu bezeichnen.

Weiterhin muss eine erfolgreiche Vertriebsstrategie auch die Richtung der Marktbearbeitung durch Nutzung vertriebsrelevanter Marktdaten, effiziente Betreuung der Bestandskunden (zum Beispiel Beachtung von Cross-Selling-Potentialen) und Akquisition von Neukunden thematisieren. Die Vertriebsstrategie muss auch gewährleisten, dass der Vertrieb seine Aktivitäten an der Profitabilität der Produkte und Kundensegmente ausrichten kann. Außerdem sollte sie die Unternehmenspositionen hinsichtlich Preissetzung und Preisdifferenzierung abbilden.

Da eine erfolgreiche Vertriebsarbeit schon immer auch Beziehungsarbeit war, sind Kundenbindung und Kundenzufriedenheit durch Kundenbeziehungsmanagement (Customer Relation Management: CRM) ein weiteres wichtiges Element der Vertriebsstrategie: Erfolgreiches CRM stellt hohe Anforderungen an die einzelnen Mitarbeiter. Viele Fähigkeiten bringen die Mitarbeiter bei ihrer Rekrutierung in das Unternehmen mit oder müssen langfristig Schritt für Schritt entwickelt werden. Daher ist CRM neben allen Entscheidungen auf operativer Ebene auch eine Langfristaufgabe mit strategischem Charakter. Zu guter Letzt erfordert ein professioneller Vertrieb auch eine Unternehmenskommunikation über Internet, Presse, Werbematerialien, Messeauftritte etc., die mit den gewählten Vertriebskanälen korrespondiert.

Vertriebsstrategie	
CRM	Preise
Vertriebsorganisation	Marktbearbeitung
Kommunikation	Produkte

Abbildung 8/1: Bausteine einer Vertriebsstrategie

Bei der Entwicklung und Verfeinerung der Vertriebsstrategie muss berücksichtigt werden, dass die vertrieblich relevanten Bereiche permanenten Trends unterworfen sind, Veränderungen der gesellschaftlichen Rahmenbedingungen (vgl. Kapitel 4.1) wie etwa die Gesundheitsreform können sich zum Beispiel auf die Vertriebskanäle im Pharmabereich auswirken und eröffnen dem Handel neue Möglichkeiten. Ein weiterer Trend stellt die Parallelität von Vertriebskanälen dar: Aufgrund einer Hybridisierung von Wettbewerbsstrategien (zum Beispiel der gleichzeitigen Verfolgung von Differenzierung und Kostenführerschaft) sind häufig gleichzeitig Dezentralisierungsmaßnahmen und Zentralisierungsmaßnahmen erforderlich. Der Vertrieb wird dadurch zunehmend komplex und muss mehrere Kanäle gleichzeitig bedienen. Ein weiteres nach wie vor aktuelles Thema sind die Informationstechnologien, die zu tiefgreifenden Logistikänderungen geführt haben und weiter führen werden. Durch verbesserte Logistikprozesse können Hersteller mittlerweile häufig auch Kleinserien zu wettbewerbsfähigen Preisen liefern, was die Bastion der Händler in diesem Segment bedrohen kann. Doch nicht nur organisatorisch, sondern auch von der „menschlichen" Seite her gesehen befindet sich der Vertrieb in einem andauernden Umbruch: Während nach traditionellem Verständnis der Vertrieb nur als Verkaufsabteilung gesehen wurde, sind Vertriebsmitarbeiter den Mitarbeitern aus Forschung und Produktion heute häufig gleichgestellt und an Produktions- und Produktverbesserungen beteiligt, indem sie den vorgelagerten Stationen der Wertschöpfungskette wichtige Informationen über Kundenwünsche liefern. Diese – ebenso wie veränderte Anforderungen der Kunden an die Verkäuferpersönlichkeit – machen sich auch in den Recruiting-Strategien und in der Organisation der internen Vertriebsstrukturen selbst bemerkbar. Ein weiterer wichtiger Trend betrifft die Distributionspraxis. Während man in der Vergangenheit zur Konzentration auf einen Absatzweg (Single-Channel-Distribution) tendierte, entwickeln

Unternehmen mehr und mehr multiple Distributionsstrategien (Multi-Channel-Distribution). Als Multi-Channel-Distribution wird die zeitgleiche Nutzung mehrerer Absatzkanäle wie Handel, E-Commerce und Außendienst bezeichnet.

8.2 Formen der Vertriebsorganisation

Die Einflussfaktoren, die sich auf die Wahl der geeigneten Vertriebswege auswirken, sind vielfältig. Ein Faktor sind sicherlich die leistungsbezogenen Merkmale, die eine besondere Vertriebsform oder Logistik erfordern können, wie die Lagerfähigkeit, die Transportfähigkeit und die Erklärungsbedürftigkeit der Produkte: Handelt es sich zum Beispiel um Waren, die an Endkonsumenten (B2C) oder an industrielle Kunden (B2B) verkauft werden? Kundenbezogene Faktoren beziehen sich auf die Anforderungen und Vorstellungen seitens der Nachfrager, wie etwa Anzahl der Kunden, geographische Verteilung, Beschaffungsgewohnheiten und Akzeptanz von Verkaufsmethoden und Verkaufskanälen wie etwa E-Commerce. Gerade in Bezug auf die bevorzugten Beschaffungswege können beträchtliche Unterschiede zwischen einzelnen Branchen und vor allem zwischen einzelnen Ländern existieren. In einigen Fällen werden distributionspolitische Entscheidungen auch durch das Konkurrenzverhalten beeinflusst. Zu guter Letzt ist immer die Ausgangssituation eines Unternehmens zu berücksichtigen. Neben Standardfaktoren, die den Handlungsspielraum festlegen, wie Größe, Finanzkraft, Erfahrungen, Marktmacht und Marktkonzeption, sind auch bestehende, „historisch" gewachsene Vertriebswege von Bedeutung.

Der direkte Vertrieb zeichnet sich dadurch aus, dass der Prozess der Leistungsweitergabe vorrangig allein zwischen dem Hersteller und dem Verwender stattfindet. Das heißt, dass auch die Akquisitionsanstrengungen und der Kundenkontakt direkt auf die Verwender bezogen sind (gleichwohl ist es natürlich möglich, dass Teile der Vertriebsleistung, wie etwa der Versand der Waren, durch Dritte erbracht werden). Eine solche Gestaltung des Vertriebs setzt voraus, dass das Unternehmen über eigene Vertriebsorgane verfügt, die die Aufgaben im Sinne der Kunden erfüllen können. Die Vertriebsstrategie muss hierbei festlegen, ob der Vertrieb nach Produkten, Regionen oder Kunden organisiert wird. Bei einer Organisation nach Produkten stehen die Leistungen des Unternehmens im Vordergrund. Dementsprechend sind die Vertriebseinheiten Produkten zugeordnet. Bei einer Organisation nach Regionen werden die Verantwortungsbereiche nach Regionen innerhalb eines Landes (Bundesländer, Landkreise usw.) aufgeteilt oder – bei einer internationalen Ausrichtung – auch nach Kontinenten und Staaten. Die kundenorientierte Vertriebsorganisation orientiert sich an bestimmten Kundengruppen, die wiederum zu Branchen zusammengefasst werden können.

In der Praxis sind diese schulbuchmäßigen Reinformen der Aufteilung der Vertriebsorganisation natürlich selten anzutreffen. Häufig existieren Mischformen der Organisationsgliederung. So kann es sinnvoll sein, den Vertrieb grundsätzlich nach Regionen zu organisieren (Flächenvertrieb), nach bestimmten Kriterien abgegrenzte Schlüsselkunden jedoch von spezialisierten Key-Account-Managern betreuen zu lassen. Auf diese Weise lassen sich Vorteile der jeweiligen Organisationsformen kombinieren und die jeweiligen Nachteile zumindest teilweise ausgleichen. Beispielsweise hat die Organisation des Vertriebs nach Regionen zwar den Vorteil, dass eine räumliche Nähe der Vertriebsmitarbeiter zu den Kunden sichergestellt ist und so häufige persönliche Kontakte vor Ort möglich sind. Auf der anderen Seite erschwert eine solche Aufteilung aber die Zusammenarbeit mit überregional oder international aufgestellten Kunden, da in jeder Region unterschiedliche Ansprechpartner anzutreffen sind. Man kann dieser Situation entgegenwirken, indem diese großen, international agierenden Kunden durch Key-Accounts bearbeitet werden: Durch eine umfassende Sicht auf die Kunden können so etwa Cross-Selling-Potentiale besser ausgeschöpft werden.

Für die Entwicklung einer erfolgreichen Vertriebsstrategie bedeutet dies aber einen nicht zu unterschätzenden Mehraufwand. Die Vertriebsstrategie muss nämlich auch darlegen, wie Schnittstellen zwischen den einzelnen Organisationsformen gestaltet werden sollen. In der Praxis wird dazu eine genaue Analyse der Anforderungen der Märkte und Kunden und der eigenen Ressourcen erforderlich sein. Grundsätzlich müssen jedoch folgende Aspekte beachtet werden:

- transparente und überschneidungsfreie Gestaltung von Zuständigkeiten für Produktgruppen,
- klare Definition von Aufgaben der Vertriebseinheiten (Innendienst, Außendienst, Key-Accounts),
- Sicherstellung eines Austausches zwischen unterschiedlichen Vertriebseinheiten (zum Beispiel Team-Meetings, ADT, Workshops etc.),
- Schaffung der Voraussetzungen für einen möglichst reibungslosen Informationsaustausch.

8.3 Herausforderung Key-Account-Management

Viele, auch mittlere Unternehmen setzen heute auf die Etablierung eines Key-Account-Managements (KAM), das heißt, die Betreuung der Abnehmer ist kundenorientiert und nicht etwa gebiets- oder marktorientiert. Die Schaffung der Voraussetzungen für eine solche Organisationsform ist vor allem dann eine strategisch richtige Entscheidung, wenn ein Unternehmen große Kunden betreut, die den Einsatz eines oder mehrerer Key-Account-Manager mit einer hohen Auslastung ermöglichen. Allerdings ist es mit dieser Entscheidung alleine noch nicht getan. Das Key-Account-Management erfordert nämlich weitere, spezifische und strategische Entscheidungen.

Zunächst sind natürlich die Vorteile des KAM hervorzuheben, die für beide Seiten, Lieferant und Kunden, bestehen. Die Vorteile für den Lieferanten sind unter anderem:

- Zusammenführung der Verantwortung auf Kundenebene;
- Transparenz kundenrelevanter Informationen;
- ein oder wenige Ansprechpartner zur kommerziellen Kundenbetreuung und damit gegenseitige Bekanntheit bis hin zur Vertrautheit gegenseitiger Eigenschaften;
- verringerter Reiseaufwand durch die Möglichkeit, mehrere Termine an einem Standort wahrnehmen zu können und so Reisezeiten zu vermeiden;
- Vereinfachung von Vertriebs-Controlling, Führung, Kennzahlenvergleiche, Ergebnis auf Kundenebene.

Für den Kunden bieten sich durch diese Vorgehensweise ebenfalls eine Reihe von Vorteilen: „One Face to the Customer". In früheren Managementstudien wurde der persönliche Ansprechpartner für den Kunden als wesentliches Element einer kundennutzenorientierten Kundenbearbeitung dargestellt. Was nach wie vor gilt, ist – ebenso wie auf Lieferantenseite – die Bekannt- oder sogar Vertrautheit mit dem Verhandlungspartner. Gerade in der Automobilindustrie sind die organisatorischen Aufgaben, Abgrenzungen von Einkauf auf Kundenseite und Vertrieb auf Lieferantenseite, häufig nicht exakt deckungsgleich, so dass üblicherweise mehrere Ansprechpartner auf beiden Seiten die Kontakte und den Informationsaustausch abbilden. Ein weiterer Vorteil auf Kundenseite ist häufig, dass Key-Account-Manager ihren Dienstsitz in Kundennähe haben, unabhängig davon, wo der Lieferant seinen Geschäfts- oder Vertriebssitz hat. Hierdurch wird bei Bedarf die persönliche Abstimmung wesentlich erleichtert.

Kundenorganisation: Auch für den Kunden ist es von Vorteil, wenn der Lieferant Aufbau und Ablauf organisatorischer Vorgänge genau kennt und seine Dienstleistungen ohne Reibungsverluste und erhöhten internen Kommunikationsaufwand in der Kundenorganisation einbringen kann. Diese Situation stellt für die Zulieferer auch häufig ein Differenzierungsmerkmal beziehungsweise eine Eintrittsbarriere für Wettbewerber dar.

Verhandlungsmacht: Die Tatsache, dass der Repräsentant des Zulieferers als Key-Account-Manager häufig die gesamte Kundenbeziehung zu verantworten hat, gibt dem Kunden gerade bei der Neuvergabe von Aufträgen die Möglichkeit, seine Verhandlungsmacht auszunutzen, indem er Neuaufträge mit Preiszugeständnissen beim übrigen Sortiment verbindet. Die praktische Erfahrung zeigt, dass umgekehrt die Zusammenführung von Leistungen, die verschiedene Einkaufssparten betreffen, überhaupt nicht oder nur sehr schwer verhandelbar sind. Dies gilt sogar für solche Fälle, in denen der Kunde einen Produkt- oder Kostennutzen daraus ziehen könnte.

In der Praxis wird die enge Bindung der Verkaufsorganisation des Lieferanten, besser Fokussierung auf einen Kunden, häufig dazu genutzt, Leistungsversprechen mit dem persönlichen Engagement (Commitment) der Personen zu verknüpfen. Umgekehrt wird auf Kundenseite häufig durch Mitarbeiterwechsel und sehr anspruchsvolle persönliche Ziele das Commitment zu Kundenverpflichtungen dem Lieferanten gegenüber verletzt.

Da in der betrieblichen Praxis die Eins-zu-eins-Beziehung, ein Vertriebsmitarbeiter betreut genau ein Kundenunternehmen, praktisch nur in Ausnahmefällen erreicht werden kann, gibt es zwei alternative Ausprägungen des optimierten Key-Account-Managements:

Die *Key-Account-Gruppe:* Hier betreuen mehrere Vertriebsmitarbeiter in unterschiedlichen Funktionen oder Verantwortungsbereichen (etwa nach Produkt- oder Materialgruppen getrennt) ein und denselben Kunden. Im günstigsten Fall entspricht die Vertriebsorganisation exakt der Einkaufsorganisation, so dass die ursprüngliche Prämisse „One Face to the Customer" erfüllt ist. In der betrieblichen Praxis haben jedoch meistens alle im Außendienst tätigen Mitarbeiter einer Key-Account-Gruppe auch Kontakt zu denselben Mitarbeitern des Kunden im Qualitätswesen oder der Logistik.

Der *Account-Gruppen-Manager:* Hier ist ein Vertriebsmitarbeiter für die Betreuung mehrerer größerer Kunden zuständig, die selbst untereinander in Lieferbeziehung stehen, in räumlicher Nähe angesiedelt sind oder ähnliche Produkte herstellen, so dass sich für die Vertriebsorganisation vergleichbare Vorteile ergeben wie für den reinen Key-Account-Manager.

In der betrieblichen Praxis sind häufig Mischformen aller Varianten der Key-Account-Organisationen zu finden. Beispielhaft sei ein Unternehmen genannt, das mit einer gemischten Key-Account-Organisation aufgestellt ist. Während Fahrzeughersteller und die mit ihnen verbundenen Unternehmen von einer Key-Account-Gruppe betreut werden, werden große Zulieferunternehmen oder Systemlieferanten nach Produktgruppen wie Bremse oder Getriebe organisiert. Der Vorteil für die Organisation ist offensichtlich: Produktspezifisches Know-how muss nur bei einer kleinen Gruppe von Vertriebsmitarbeitern aufgebaut werden. Dieser Aspekt wirkt sich aber oft negativ aus, da solche Produkte, die von diesen Kunden außerhalb der Bereiche Bremse oder Getriebe hergestellt werden, am Rande oder außerhalb des Betrachtungsfokus der speziell geschulten Mitarbeiter liegen und so in der Regel nur mit nachrangiger Aktivität bearbeitet werden. Hinzu kommt, dass die Betreuung kleinerer Unternehmen derselben Produktgruppe unter Umständen nicht sinnvoll von einer Key-Account-Organisation bearbeitet werden können. Die Alternative in einer solchen Situation könnte die Einbindung eines technischen Vertriebs darstellen, der produktbezogene Aspekte der Kundenbeziehung sowohl innerhalb der Lieferanten- als auch innerhalb der Kundenorganisation abbilden kann. Dies könnte in Form einer Matrixorganisation erfolgen, bei der die kommerziellen Key-Account-Betreuer kundenorientiert und die Mitarbeiter des technischen Vertriebs produktorientiert aufgestellt sind. Abhängig von Kundengeschäft und Aufgabenumfang könnten jeweils innerhalb der Key-Account-Gruppe verschiedene Personen die verschiedenen Produkte abbilden; hier gibt es auf Kundenseite regelmäßig verschiedene Ansprechpartner, so dass diese Organisation zu empfehlen ist, wenn der Aufgabenumfang eine entsprechend große Organisation zulässt. Der Nachteil ist, dass die Produktverantwortlichen innerhalb der Key-Account-Organisation sich mit den Verantwortlichen für dieselben Produkte in anderen Key-Account-Organisationen intensiv abstimmen müssen.

Abschließend sollte berücksichtigt werden, dass die Key-Account-Organisation, angepasst an die Bedürfnisse der individuellen Kundenbeziehung, eine geeignete Organisation ist, um die Kundenbeziehung systematisch und effizient zu pflegen. Wesentlich sind nicht nur die sinnvolle Ausgestaltung zur Abdeckung sämtlicher kundenrelevanter Produktgruppen, sondern auch die Nutzung der bekannten Controlling-Instrumente, um eine vergleichende Bewertung der verschiedenen Kundenaccounts sowie der verschiedenen Kunden durchführen und damit eine effiziente Vertriebssteuerung vornehmen zu können.

8.4 Handelskonzepte

Neben dem direkten Vertrieb existieren zahlreiche Optionen des indirekten Vertriebes. Der indirekte Vertrieb ist dadurch gekennzeichnet, dass die Distributionsfunktion von wirtschaftlich und rechtlich selbständigen Unternehmen wahrgenommen wird (Kleinaltenkamp 1995).

Auch der indirekte Vertrieb erfordert passende Handelskonzepte

Viele Unternehmen erzielen heute mit technischen Händlern gute Renditen. Ein wichtiger Ansatz hierfür ist das „Preferred-Distributor-Konzept". Hierbei werden „bevorzugten" Händlern, also Preferred Distributors, exklusive Serviceleistungen angeboten, wie Werbekostenzuschüsse, gemeinsame Kundenbesuche mit dem Außendienst, E-Business-Lösungen und Bonusvereinbarung auf Wachstum. Kernelement ist die Fokussierung und gezielte Zusammenarbeit mit strategischen Handelspartnern, wobei die Auswahl der Handelspartner anhand klarer Kriterien mit regelmäßigen Auditierungen erfolgt („Qualitätspartnerschaft"). In der Regel existiert kein Gebietsschutz, aber es erfolgt keine Belieferung von Nichtvertragspartnern. Wichtig ist, bei der Auswahl der Händler, soweit möglich, eine Balance zwischen regionalen, nationalen und übergeordneten Handelsgruppen (kontinental, global) herzustellen. Um in den Kreis der Preferred Distributors aufgenommen zu werden, müssen Händler einen hohen Erfüllungsgrad (zum Beispiel mindestens 75 Prozent) vorab definierter Soll-Vorgaben erfüllen. Diese können etwa sein: 24-Stunden-Lieferservice, Vertrieb von Markenprodukten namhafter Hersteller, hoher Servicegrad (95 Prozent gemessen am Kundenwunschtermin). Qualitätszertifizierung (z.B.DIN ISO 9002), kundenspezifische Bevorratung für Schlüsselkunden, Markentreue, Vertrieb der kompletten Produktpalette, Qualifikation der Mitarbeiter durch regelmäßige Schulungen (Akademien) und Einbindung der Händler in Verkauf und Werbemaßnahmen. Welche Kriterien ausgewählt werden, hängt auch davon ab, auf welchen Händleranteil der Kriterienkatalog zutrifft. So ist es unnütz, einen Kriterienkatalog anzuwenden, der auf 80 Prozent der technischen Händler zutrifft.

DIN ISO 9002 ?

Vernünftig ist es dagegen, wegen der vielfältigen Umfeldveränderungen das Handelskonzept regelmäßig zu überprüfen: Bei Industriegütern ist zu beobachten, dass die Märkte mittel- bis langfristig von großen, auf den europäischen Markt ausgerichteten Handelsgruppen und -kooperationen dominiert sein werden (mehr als 50 Prozent Marktanteil). Kleinere, selbständige Handelsunternehmen werden verstärkt auf Nischen setzen: die Konzentration auf eine Region und ein Segment (zum Beispiel Komplettbedarf für Papierproduzenten in Norwegen). Üblichweise ermittelt und überprüft man dabei zuerst die kritischen Erfolgsfaktoren des Handelskonzeptes. Dadurch erhöht sich das Verständnis für die besonderen Anforderungen des Handels. Welche Erfolgsfaktoren besonders relevant sind, muss im Einzelfall geklärt werden. Generell sind die strategischen Erfolgsfaktoren im technischen Handel aber gekennzeichnet durch

- faire und klar definierte Partnerschaften zwischen Herstellern und Händlern und eine intensive Kommunikation;
- Kontinuität bei Ansprechpartnern, Zuordnung von Verantwortungen und Kompetenzen, Aufbauorganisation;
- klare Abgrenzungen in der Zuordnung von Direktkunden und Handelskunden (Transparenz);
- berechen- und kontrollierbare Regeln für Preferred Distributors und Hersteller.

Sind die relevanten Erfolgsfaktoren ermittelt, muss die Leistungsfähigkeit des bestehenden Händlerkonzeptes überprüft werden. Anknüpfungspunkte hierfür sind die Wahrnehmung der strategischen Leistungsfähigkeit des bestehenden Händlersystems aus Marktsicht. Diese Aspekte können im Rahmen von Kundenbefragungen (Kundenzufriedenheitsanalysen) und durch eine Befragung der Händler erfasst werden. Folgende Aspekte sollten in einer Überprüfung des Handelskonzeptes mindestens dokumentiert werden:

- Ausbau und Schärfung des Preferred-Distributor-Konzeptes,
- konsequente und kontinuierliche Markenkommunikation in Verbindung mit einem definierten, nachvollziehbaren Leistungspaket,
- kontinuierliche Sortimentsanpassung an die Bedürfnisse des Marktes,
- Transparenz in der Kundenzuordnung und gemeinsame Entwicklung von Zielkunden,
- organisatorische Einbindung der Handelsbetreuung.

Push- und Pull-Motivierung

Eine erfolgreiche Vertriebsstrategie muss sich auch mit der Motivation von Handel und Abnehmern beschäftigen. Man spricht in diesem Zusammenhang auch von Push- und Pull-Motivierung: Die Push-Motivierung dient dazu, den Handel zu motivieren, die Produkte des eigenen Unternehmens den Endkunden schmackhaft zu machen und nahezubringen. Strategien der Pull-Motivierung setzen hingegen bei den Kunden selbst an: Sie sollen dadurch motiviert werden, dass Produkt nachzufragen. Dies kann so weit gehen, dass Kunden den Handel auffordern, ein Produkt zu führen. Push-Strategien setzen bei folgenden Punkten an (Kotler/Keller/Bliemel 2007):

- bei den mit einem Produkt zu erzielenden Handelsspannen,
- bei dem Exklusivitätsgrad des Produktes für die Handelspartner,
- bei der Betreuung des Handels durch die Vertriebsmitarbeiter des eigenen Unternehmens,
- auf den Handel gerichtete Verkaufsförderungsmaßnahmen,
- Rabatte und Preisnachlässe für den Handel.

Die Pull-Motivation greift auf folgende Strategieelemente zurück:

- Qualität der Produkte,
- Information der Kunden über Qualität, Nutzen und Wert,
- Kaufanreize durch Verkaufsförderungsmaßnahmen,
- Wertgewinn für die Käufer.

Viele Unternehmen nutzen heute nicht nur einen Vertriebskanal, sondern zwei oder mehrere Kanäle, um möglichst viele Kundensegmente abzudecken. Außerdem kann so eine verbesserte Kundenanpassung im Verkauf erreicht werden (Kotler/Keller/Bliemel 2007). Die Etablierung verschiedener Distributionskanäle führt aber auch dazu, dass die strategische Ausrichtung des Vertriebes und seiner Vertriebskanäle eine immer komplexere Aufgabe wird. Die größte Herausforderung liegt darin, dass die einzelnen Kanäle meistens nicht still und berührungslos nebeneinander existieren, sondern häufig durch Verdrängungsbeziehungen geprägt sind. Beispielsweise besteht immer häufiger eine Parallelität zwischen Direktvertrieb – unterstützt durch die Möglichkeiten des E-Commerce – und einem Vertrieb über den Technischen Handel. Man spricht daher schon von der Hybridisierung der Vertriebsorganisation (Reiss 2006). Das führt dazu, dass sich redundante Parallelarchitekturen bilden, bei denen auch der industrielle Kunde nach Belieben zwischen der Online-Bestellung über das

Internet, der Beratung durch Außendienstmitarbeiter eines Unternehmens oder der Bestellung über den Handel wählen kann. Es kommt dann nicht mehr vorrangig darauf an, Konflikte zwischen den Vertriebskanälen zu beseitigen, sondern zugunsten von Synergiewirkungen und einem Wettbewerb der Kanäle zu tolerieren.

Bei der Planung eines Multikanalvertriebs sollte man zunächst prüfen, ob eine Zuordnung der Distributionskanäle zu Kundensegmenten möglich ist. So kann der Vertrieb an Großkunden über Key-Account-Manager abgedeckt werden. Mittlere Industriekunden können über einen Flächenvertrieb – gegebenenfalls unterstützt durch E-Commerce – erreicht werden. Der Vertrieb über Handelsvertretungen ist meist auf kleine und potentielle Kunden zugeschnitten. So sinnvoll diese Zuordnung ist: Natürlich lassen sich Kunden ungern zwingen, ihre Käufe über vorgeschriebene Vertriebswege zu tätigen. Daher muss die Planung der Vertriebskanäle auch die Wünsche der einzelnen Kundensegmente berücksichtigen. Diese können in systematischen Kundenbefragungen zum Beschaffungsverhalten gesammelt werden. Auch hier gilt: Jedes Land und viele Branchen haben ihre Besonderheiten!

8.5   Exportstrategie

In einem klassischen Exportland wie Deutschland stellt sich für die meisten Unternehmen die Frage, wie Auslandsmärkte bearbeitet werden sollen. Damit muss eine Vertriebsstrategie auch eine Exportstrategie enthalten. Für die Exportstrategie müssen zahlreiche Entscheidungen getroffen werden: In welchem Umfang soll ins Auslandsgeschäft eingetreten werden? Welche konkreten Auslandsmärkte bieten sich an? Wie soll der Markteinstieg erfolgen? Wie kann ein Vermarktungsprogramm organisiert werden?

Um eine Exportstrategie zu entwickeln, müssen die Auslandsmärkte zunächst in einer Länderanalyse (Marktstudie) bewertet werden (vgl. auch Kapitel 1.3, 4.1 und 6.2). Sind etwa Informationen zur Wirtschaftsentwicklung, der Industriestruktur, zu ausländischen Direktinvestitionen, Lohnkosten, politischen Risiken, zur Wettbewerbssituation (Topunternehmen, technische Händler etc.) und eine Grobabschätzung des Marktvolumens verfügbar, kann mithilfe einer Portfoliodarstellung eine Bewertung der Länderattraktivität erfolgen. Die Bewertung der Attraktivität der Länder erfolgt dann anhand einer Gewichtung der Topkriterien, also zum Beispiel:

- Marktzugang (Gewichtung zum Beispiel 5 Prozent),
- Umsatzpotential im Land (zum Beispiel 10 Prozent),
- Wettbewerbsintensität (zum Beispiel 25 Prozent),
- Anteil und Wachstumspotential in Kernsegmenten (zum Beispiel 35 Prozent),
- sonstige Landeseinflüsse, wie etwa Investitionsklima, politisches Umfeld (zum Beispiel 25 Prozent).

Auf Grundlage dieser Darstellung ist dann eine Priorisierung möglich, deutliche Underperformer können für eine weitere Betrachtung ausgeschlossen werden. Daran anschließend können die eigentlichen Exportstrategien für einzelne Länder erarbeitet werden. Neben der Bestimmung des quantitativen Potentials – also der Frage, ob der Markt überhaupt groß genug ist, um eine Vertriebsniederlassung zu rechtfertigen – ist für die strategische Entscheidung über die zukünftige Exportstrategie die Bestimmung der wesentlichen Erfolgsfaktoren im Vertrieb zentral. Für einen Markt in Rumänien könnten etwa folgende Charakteristika ermittelt werden:

- Großes Potential im Bereich Automobil und Maschinenbau und außerdem ein Ersatzteilbedarf bei Betreiberindustrien.

- Existenz einer Reihe von lokalen Herstellern. Darüber hinaus gilt Rumänien auch als starkes Importland aus Fernost. Die importierten Güter werden zum Teil wieder in andere Länder exportiert.

- Persönliche Beziehungen und Kenntnisse über die regionalen politischen Entscheidungsträger gelten als zentrale Erfolgsfaktoren in Rumänien.

Eine erfolgreiche Exportstrategie für Rumänien sollte daher entweder den Aufbau einer Unternehmensrepräsentanz vor Ort oder alternativ die Zusammenarbeit mit oder den Kauf eines eingeführten Anbieters anstreben.

Im Falle der Baltischen Republiken wäre zu bedenken, dass diese

- nach ihrer Loslösung von der Sowjetunion heute eine starke Affinität zu den skandinavischen Ländern (vor allem Finnland) und Estland sowie Lettland auch zu Deutschland unterhalten;

- in vielen Fällen aber wirtschaftlich noch zu klein sind, um als Standort für ein Unternehmen interessant zu sein.

Die Nähe zum Norden sowie die vielfältigen wirtschaftlichen Verflechtungen können dann etwa für eine Betreuung über bereits existierende Landesgesellschaften in Polen oder Finnland bzw. über Repräsentanten vor Ort (geringe Investitionskosten) sprechen.

Sehr häufig ist der Fall anzutreffen, dass ein ausländischer Markt bereits bedient wird, die Vertriebswege aber nicht mehr als optimal eingeschätzt werden, zum Beispiel weil der konkrete Markt stark gewachsen ist, so dass eine eigene Vertriebsorganisation in dem Markt sinnvoll sein könnte. Beispiel: Ein deutsches Unternehmen bedient den türkischen Markt heute über die Exportabteilung im Heimatland, eine eigene Gesellschaft im Zielland sowie über einen Handelspartner vor Ort. Darüber hinaus existieren in der Türkei Kooperationen mit anderen Produzenten, über die der Vertrieb abgewickelt werden kann. Der Markt ist also aktuell über verschiedene Kanäle abgedeckt. Eine Studie des türkischen Marktes kommt zu dem Ergebnis, dass einerseits die Betreuung vor Ort entscheidend für eine erfolgreiche Kundengewinnung und -bindung vor Ort ist, andererseits der weit überwiegende Anteil der Bedarfe eines Produktes Standardteile betrifft, so dass die Lagerhaltung einen großen Stellenwert hat. Außerdem decken die potentiellen Nachfrager ihren Bedarf zu mehr als zwei Drittel ausschließlich bei in- und ausländischen Herstellern oder deren Vertriebsniederlassungen. Lediglich 10 Prozent kaufen ausschließlich über den Handel, die restlichen Kunden nutzen beide Vertriebswege. Des Weiteren kommt eine Studie zu dem Ergebnis, dass die bessere Qualität der Produkte des exportorientierten Unternehmens heute nur von stark exportorientierten Produzenten honoriert wird.

Da mit dem Wachstum des türkischen Marktes auch die Exportorientierung mit neuen Chancen für das deutsche Unternehmen ansteigen wird (quantitatives Potential vorhanden) und die Betreuung des türkischen Marktes wegen der zahlreichen parallelen Vertriebswege und Marken heute nicht optimal ist (qualitatives Potential), sollte die auf die Türkei ausgerichtete Strategie der Marktbearbeitung geändert werden. Es ist sinnvoll, den Aufbau einer Vertriebsniederlassung in der Türkei voranzutreiben, um die Top-Potentialträger zu betreuen. Diese kann zunächst an die vorhandene Infrastruktur der Produktionspartner angeknüpft werden. Die Koordination der verschiedenen Verkaufsaktivitäten sollte durch den Vertrieb in der Türkei erfolgen. Außerdem müsste der Aufbau eines eigenen Lagers oder die Anbindung des Vertriebs an ein vorhandenes Lager der Produktionspartner ins Auge gefasst werden.

Dies zeigt, dass eine Exportstrategie die länderspezifischen Besonderheiten der Zielmärkte berücksichtigen muss. Sie kann selten am Reißbrett entworfen werden, sondern muss meistens für jedes Land – zumindest für jede einzelne Region – getrennt erarbeitet werden.

9 Umsetzung mit dem Balanced-Scorecard-Modell

9.1 Wesentliche Verfahren zur Strategieumsetzung

Jede Strategie ist bestenfalls so gut wie ihre Umsetzung. Zwar ruft diese Aussage wenig Widerspruch hervor, dennoch wird der strukturierten und konzeptionierten Umsetzung einer Strategie in der Wirtschaftspraxis oft weit weniger Beachtung geschenkt als der Strategie selbst. Die Folge ist, dass eine erfolgversprechende Strategie nahezu wirkungslos bleibt, weil Umsetzungshemmnisse nicht beachtet und aktiv abgebaut werden (so auch Berend/Walkowitz 2007). Im Gegensatz zur Entwicklung und Verabschiedung einer Strategie sind bei deren Umsetzung nicht nur ein überschaubarer Führungskreis, sondern alle Mitarbeiter des Unternehmens – wenn auch in unterschiedlicher Intensität – betroffen. Damit sind auch die Ursachen einer erfolglosen Strategieumsetzung zahlreich. Es können mindestens vier Gründe unterschieden werden, wieso eine erfolgversprechende Strategie nicht auch erfolgreich umgesetzt wird:

- *Unkenntnis:* In der Regel wird eine Strategie weitgehend losgelöst vom Rest des Unternehmens innerhalb eines „Think-Tank" entwickelt. Der Vorteil ist, dass sich ein kompetentes Team intensiv dieser Aufgabe widmen kann, ohne dass es zu Unterbrechungen durch das Tagesgeschäft kommt. Ein wesentlicher Nachteil ist jedoch, dass die entwickelte Strategie aktiv im Unternehmen verbreitet werden muss. Hierbei muss dann gezielt auf die unterschiedlichen Informationsbedürfnisse der einzelnen Funktionsbereiche und Geschäftsfelder eingegangen werden, um der Gefahr einer informatorischen Überlastung einzelner Bereiche zu begegnen. Wird dies nicht konsequent und differenziert berücksichtigt, sind Umsetzungsprobleme aufgrund von Informationsbarrieren oder unterschiedlichen Interpretationen einer nur vage kommunizierten Strategie kaum zu vermeiden.

- *Verständnisprobleme:* Es reicht nicht aus, eine Strategie im Unternehmen zu kommunizieren, sie muss auch verstanden werden. Strategien sind Maßnahmen, die über eine konzeptionelle Gesamtansicht des Unternehmens dessen langfristige Evolution festlegen. Sie beziehen sich meist auf alle Funktionsbereiche und Geschäftsfelder und sind hochkomplex. Es ist daher nicht ausreichend, eine Strategie nur zu kommunizieren. Sie muss auch von allen Mitarbeitern eingehend verstanden werden, damit jedem die Folgen für seinen Aufgabenbereich klar werden. Hierfür sind nicht selten aufwendige Ausarbeitungen von Maßnahmenplänen, Zielsystemen und Personalentwicklungsmaßnahmen notwendig.

- *Unwille:* Die Umsetzung einer Strategie bedeutet immer auch eine Veränderung von Aufgaben, Strukturen oder Abläufen. Es kann nicht davon ausgegangen werden, dass alle Beteiligten automatisch eine kommunizierte und verstandene Strategie begrüßen und an deren Umsetzung aktiv mitwirken. Oftmals führt ein Auseinanderdriften von Unternehmensinteressen und Bereichsinteressen dazu, dass Bereichsverantwortliche nicht im Sinne des Gesamtunternehmens agieren (Berend/Walkowitz 2007). Es sind daher zieladäquate Anreize notwendig, um die Umsetzung zügig voranzutreiben.

- *Unfähigkeit:* Auch bei hinreichendem Willen, eine Strategie erfolgreich umzusetzen, kann mangelndes Know-how der Beteiligen eine nicht zu unterschätzende Umsetzungsbarriere sein. Umsetzungsinstrumente müssen daher so konzipiert ein, dass sie entweder mit den vorhandenen Fähigkeiten vollzogen werden können oder sogenannte Strategische Lücken, die eine Abweichung zwischen vorhandenem und benötigtem Know-how abbilden, schnell geschlossen werden können.

Klassische Verfahren zur Strategieumsetzung sind oftmals bestimmten betrieblichen Funktionsbereichen zugeordnet oder konzentrieren sich primär auf die Überwindung einzelner Umsetzungshemmnisse, zum Beispiel durch Erhebung, Auswertung und Verdichtung von Informationen. Grundsätzlich wird zwischen organisatorischen und instrumentellen Maßnahmen der Strategieumsetzung unterschieden.

Strategiebüros sind ein modernes und aktuell vieldiskutiertes organisatorisches Instrument der Strategieumsetzung. Die Idee dabei ist, dass ein kleines, aber kompetentes Team aus unterschiedlichen Fachleuten die Umsetzung organisatorisch und inhaltlich vorantreibt. Strategiebüros sind in der Regel als Stabsstellen der Unternehmensleitung organisiert und unterbreiten den einzelnen Bereichen Vorschläge, wie eine Unternehmensstrategie umzusetzen ist. Strategiebüros haben sich überall dort als sinnvolle Instrumente der Strategieumsetzung bewährt, wo weitgehend eigenständige Unternehmensbereiche vorliegen, besonders ausgeprägte Partikularinteressen anzutreffen sind oder andere Gründe eine koordinierte Steuerung der Umsetzung notwendig machen.

Instrumentelle Maßnahmen der Strategieumsetzung stellen den strategischen „Werkzeugkasten" dar, mit dem ein entwickelter Plan in die Tat umgesetzt wird. Dabei geht es darum, die theoretische Konzeption durch Handlungsvollzug in eine praxeologische Realität zu überführen.

Seit einigen Jahren findet besonders das Instrument des Werttreiberbaums zur Umsetzung strategischer Ziele in Theorie und Praxis besondere Beachtung. Bereits der Name lässt den Grundgedanken erkennen: Oberstes Ziel ist die Steigerung des Unternehmenswerts. Dieses Ziel wird in Subziele systematisch heruntergebrochen (Franz 2004). Hierzu müssen Zielsysteme vollständig abgebildet werden, um Handlungsvorgaben für alle Unternehmensbereiche abzugeben (Hamel 1992). Das Vorgehen ähnelt dem „Du-Pont-Kennzahlensystem" oder dem „Management by Objective". Kernfrage bei der Anwendung von Werttreiberbäumen in der Praxis ist stets die Frage, mit welcher finanzwirtschaftlichen Kennzahl der Unternehmenswert dargestellt werden soll. Hier kann keine allgemeingültige Antwort gegeben werden. Ausschlaggebend sind stets die Charakteristika des Unternehmens und die Art der Strategie, die umgesetzt werden soll. Beispielhaft sollen der *Discounted-Cashflow-Ansatz* und der *Economic-Value-Added-Ansatz* kurz erläutert werden.

Wertansätze des „Discounted Cashflow" (DCF) basieren auf mehrperiodischen Zahlungsreihen und erscheinen daher eher für längerfristige Betrachtungen geeignet (Rappaport 1986). Wesentlich bessere Einsichten in die Entwicklung des Unternehmenswerts und damit den Erfolg bei der Strategieumsetzung bieten Wertansätze, die innerhalb einer Periode die Leistungen des Managements hinsichtlich der Strategieumsetzung beurteilen (Franz 2004). Eines dieser Modelle ist das Konzept des „Economic Value Added" (EVA), bei dem ein wertsteigernder „Übergewinn" erreicht wird, wenn ein auf bestimmte Art ermitteltes Periodenergebnis (in der Regel der NOPAT: Net Operating Profit After Tax) die Eigen- und Fremdkapitalkosten übersteigt.

Beide Modelle erfassen ausschließlich finanzielle Größen, die den Unternehmenswert bestimmen. Es ist daher immer auch notwendig, zusätzlich ein präzises und vollständiges Zielsystem zu formulieren, um vorzugeben, wie diese Ziele zu erreichen sind. Damit eng verbunden sind eine personale Zuordnung der Teilziele und die Festlegung von Verantwortlichkeiten. Zusätzlich können die Teilziele mit besonderen Handlungsanreizen ausgestattet sein.

Auch operational formulierte Sollvorgaben für einzelne Unternehmensbereiche reichen meistens nicht aus, um eine Strategiekonzeption im gesamten Unternehmen umzusetzen. Es fehlen bereichs- und abteilungsspezifische Maßnahmenpläne, die Einzelmaßnahmen vorgeben und damit die Folgen der Gesamtstrategie für jeden einzelnen Teilbereich transparent machen. Nur so wird deutlich, welche Aufgaben im jeweiligen Bereich zu erledigen sind. Diese Maßnahmen sind die treibenden Faktoren – auch Werttreiber genannt – zur Erreichung des Oberziels. Werttreiberbäume bilden damit die Maßnahmen zur Erreichung der Ziele hierarchisch ab.

Idealerweise sollten sich diese Maßnahmen in Zielvereinbarungen und Stellenbeschreibungen widerspiegeln. Werden diese zusätzlich mit konkreten Zielvorgaben und Anreizmechanismen versehen, so entsteht ein System der Verhaltenssteuerung im Unternehmen, das in der Lage ist, eine Strategieumsetzung zielorientiert zu realisieren.

Werttreiberbäume bilden das unternehmerische Zielsystem weitgehend vollständig ab und verknüpfen die Werttreiber unmittelbar mit finanziellen Oberzielen. Jedoch sind sie nicht speziell auf strategische Ziele ausgerichtet.

Für die Umsetzung einer Strategie sind stets Rückmeldungen notwendig, die aus dem Bereich der Kunden und des Marktes sowie der Mitarbeiter stammen. Nur durch diese Informationen kann die Wirkung einer Strategie überprüft und der Anpassungsbedarf auf der Basis stetig aktueller Informationen ermittelt werden.

9.2   Das Balanced-Scorecard-Modell

Alle klassischen Maßnahmen der Strategieumsetzung haben unterschiedliche Schwächen. Zum einen stellen sie meist generelle Instrumente der Unternehmensführung dar, die nicht speziell für die Umsetzung von Strategien entwickelt worden sind, zum anderen können sie, für sich genommen, nur selten eine erfolgreiche Verbindung zwischen der Strategieplanung und der Strategieumsetzung erzielen und sind auf die Kombination mit anderen Instrumenten angewiesen.

Damit verbunden ist ein weiteres Problem des Strategie-Controllings: Die der Strategie zugrunde gelegten Ziele des Unternehmens haben stets einen langfristigen Charakter. Sie projizieren Entscheidungen über grundsätzliche Zuordnungen von Ressourcen und identifizieren grundsätzliche Erfolgspotentiale. Nach wie vor ist das Instrumentarium des Controllings aber vornehmlich an finanzwirtschaftlichen Zielen orientiert. Damit unterliegen sie der Gefahr, in besonderem Maße kurz- und mittelfristige Ziele zu betrachten. Daraus resultiert das Problem, dass bei einer Steuerung mit finanzwirtschaftlichen Renditegrößen, die in konstituierende Kennzahlen zerlegt werden, eine langfristige Wertsteigerung eher zufällig durch die Verfolgung kurzfristiger Rendite ziele erreicht wird. Investitionen in den Aufbau langfristiger Erfolgspotentiale und zur Erschließung von Wettbewerbsvorteilen gehen bekanntlich fast immer zu Lasten der kurzfristigen Rentabilität (Grant/Nippa 2006).

Robert S. Kaplan und David P. Norton haben mit der Balanced Scorecard eine Methode entwickelt, mit der sich Strategien systematisch in Unternehmen umsetzen lassen. Der Unterschied zum herkömmlichen Maßnahmenplan besteht darin, dass die Balanced Scorecard eine ganzheitliche Sichtweise einnimmt. Ihr Ziel ist es, die Differenzen zwischen kurzfristigen Renditezielen und dem Aufbau nachhaltiger Erfolgspotentiale sowie der einseitigen Betrachtung einzelner Erfolgstreiber zu überwinden. Dabei werden konzeptionelle Mängel der Strategieumsetzung anderer Instrumente durch eine systemische Verbindung von Strategieplanung und Strategieumsetzung überwunden.

Die Balanced Scorecard baut auf der Annahme auf, dass Strategie eine Hypothese über die Wirkung unterschiedlicher Maßnahmen ist. Diese Hypothesen werden in der Balanced Scorecard als ein zusammenhängendes System von Ursache-Wirkungs-Ketten dargestellt. Zusätzlich wird eine klare Hierarchisierung durch vier Betrachtungsperspektiven vorgenommen: Beginnend mit der Finanzperspektive, werden nachfolgend die Kundenperspektive, die Interne Perspektive und die Lern- und Entwicklungsperspektive fokussiert. Jede Perspektive ist formal identisch aufgebaut und besteht aus den Elementen Ziele, Messgrößen, Vorgaben und Maßnahmen.

Die Einzelelemente der jeweiligen Perspektiven definieren über die Vorgaben und Maßnahmen die Aktivitäten, die das gewünschte Gesamtergebnis der Perspektive erbringen soll. Die Ziele werden durch Messgrößen operationalisiert. Sie haben unter anderem den Zweck, betriebliches Ver-

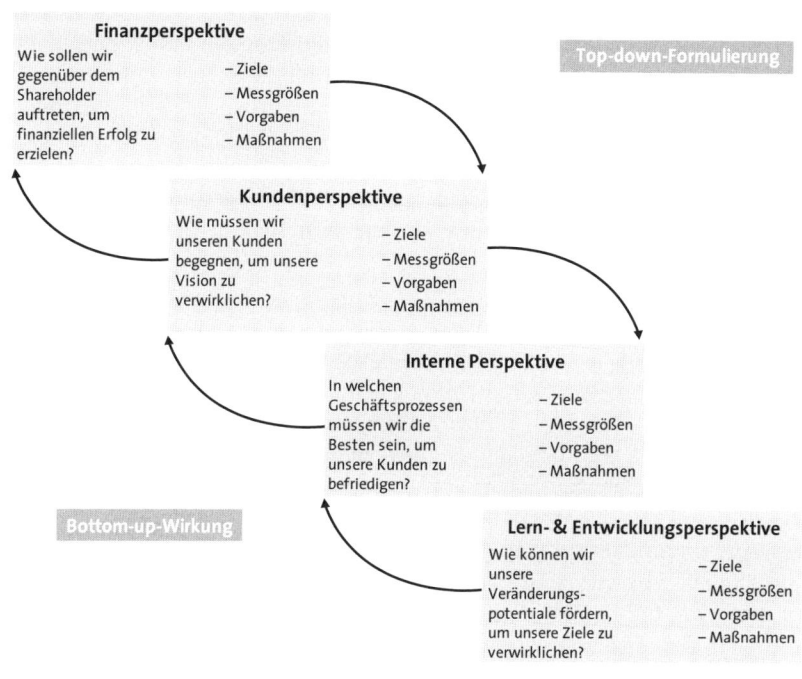

Abbildung 9/1: Perspektiven der Balanced Scorecard nach Kaplan/Norton

halten zu steuern und zu koordinieren sowie Aktivitäten zu kontrollieren. Die Maßnahmen stehen damit in einer Ursache-Wirkungs-Beziehung zu den Zielen der jeweiligen Perspektive. Die Kausalzusammenhänge innerhalb einer Perspektive können als intraperspektivische Hypothesen bezeichnet werden.

Darüber hinaus stehen auch die einzelnen Betrachtungsperspektiven in einem Kausalzusammenhang, der sich als interperspektivisch verstehen lässt und aus der Hierarchie der vier Perspektiven resultiert. Die finanziellen Ergebnisse werden ursächlich durch die Kunden erzielt, die über den Umsatz mit den „richtigen" Produkten den finanzwirtschaftlichen Erfolg bewirken. Die Ziele der Kundenperspektive wiederum können nur über „richtige" Produktentwicklungen, Distributionskanäle, Logistikketten und andere Abläufe erreicht werden. Diese werden in der Internen Perspektive abgebildet. Die Lern- und Entwicklungsperspektive fokussiert die Voraussetzungen, die notwendig sind, um die internen Geschäftsprozesse zu entwickeln. Hier sind vor allem die Fähigkeiten und das Know-how der Mitarbeiter, die Verwendung und die Erschließung von Technologien, aber auch die Unternehmenskultur und die Offenheit für Eigeninitiative und Neues zu nennen.

Ausgehend von der Finanzperspektive, hat der Prozess der Strategieformulierung eine Top-down-Logik. Die Wirkung entsteht wiederum Bottom-up. Auf diese Weise werden die verschiedenen Perspektiven mit ihren Zielen, Messgrößen, Vorgaben und Maßnahmen miteinander logisch verknüpft (Kaplan/Norton 2001).

9.3 Die Strategy Map nach BSC und Strategiefokussierung

Die erfolgreiche Umsetzung einer Strategie muss genau dort ansetzen, wo die größten Erfolgspotentiale des Unternehmens liegen. Diese Erfolgspotentiale stellen die eigentlichen Vermögenswerte eines Unternehmens dar. Es gilt demnach, die Wertschöpfungskette so zu verändern, dass auf der Basis der identifizierten Erfolgspotentiale ein nachhaltiger Unternehmenserfolg realisiert wird. Hierfür ist eine strategische Landkarte, ein Wegweiser, hilfreich, der den Weg von der Formulierung der Strategie zur Realisierung in den einzelnen Bereichen der betrieblichen Wertschöpfung abbildet. Diese Landkarte wird als Strategy Map bezeichnet (Kaplan/Norton 2001). Die Strategy Map der Balanced Scorecard unterscheidet sich von herkömmlichen Aufgabenplänen oder Ursache-Wirkungs-Diagrammen vor allem in drei Aspekten:

Klarer Fokus auf die Balanced-Scorecard-Perspektiven: Der Wert heutiger Unternehmen lässt sich nur sehr unzureichend aus den Vermögensgegenständen der Bilanz erkennen. Im Durchschnitt spiegelt der Bilanzwert nur ein Viertel des Marktwerts wider. Der Grund liegt darin, dass vorwiegend materielle Vermögenswerte in der Bilanz erfasst werden. Der Ansatz immaterieller Werte in der Bilanz ist unabhängig vom Rechnungslegungssystem nach wie vor an enge Voraussetzungen geknüpft. Gerade diese immateriellen Werte sind es aber, die zu einem Großteil Wettbewerbsvorteile erzielen und damit nachhaltigen unternehmerischen Erfolg gewährleisten. Die vier Perspektiven der Balanced Scorecard greifen diesen Gedanken auf. Nachhaltiger Unternehmenserfolg wird nicht durch hohe Bilanzwerte, sondern durch die Lern- und Entwicklungsfähigkeit der Organisation und ihrer Mitarbeiter, die Fähigkeit, Prozesse effizient zu gestalten, die konsequente Orientierung am Kundenwert und somit durch nachhaltige Optimierung der Finanzergebnisse erreicht.

Konzentration auf das Wesentliche: Die systematische Darstellung des Wegs von immateriellen Werttreibern zu materiellem Erfolg ist regelmäßig zum Scheitern verurteilt, wenn nicht ein klarer Fokus auf die relevantesten Aktionsfelder gelegt und zwischen wichtig und unwichtig unterschieden wird. Eine vollständige Abbildung aller Kausalbeziehungen, die von der Einzelhandlung jedes Mitarbeiters bis zum Erfolg des Gesamtunternehmens nachvollzogen wird, würde eine untragbare Komplexität mit sich bringen. Die Strategy Map der Balanced Scorecard bedient sich daher ausschließlich der wesentlichen Werttreiber und bildet nur die relevanten Kausalzusammenhänge und somit die grundsätzliche „Strategy Story" des Unternehmens ab.

Konsequente Beachtung der Kommunikationsfähigkeit: Im Gegensatz zur Strategiekonzeption sind an der Strategieumsetzung Mitarbeiter des gesamten Unternehmens auf nahezu allen Ebenen beteiligt. Ein wesentliches Erfolgskriterium der Strategieumsetzung sind motivierte Mitarbeiter, die die Veränderung nicht nur mittragen, sondern aus Überzeugung vorantreiben. Dafür ist eine klare und eindeutige Kommunikation der Aufgaben durch die Unternehmensleitung unerlässlich. Die Strategy Map verbessert durch ihren klaren Fokus das Wissen der Beteiligten über Ziele und Zusammenhänge. Die Bedeutung der Arbeit jedes Einzelnen zur Umsetzung der Gesamtstrategie wird besser verständlich. Gleichzeitig werden Vorgaben zur Umsetzung unterbreitet und nicht selten Handlungsanreize installiert. So können Betroffene einer neuen Strategie zu Akteuren werden, die diese Strategie aus Überzeugung umsetzen und vorantreiben.

Die Strategy Map ist damit ein Unternehmensplan, der Ursache-Wirkungs-Ketten der vier Perspektiven generalisiert darstellt. Er ist eine unternehmerische Landkarte, die den Weg aufzeigt, der gegangen werden muss, um das Strategiekonzept effizient umzusetzen (Kaplan/Norton 2004).

Das Ziel jeder unternehmerischen Gesamtstrategie ist es, den langfristigen Unternehmenswert zu erhöhen und damit das langfristige Überleben des Unternehmens zu sichern. Die Frage, mit welchen finanzwirtschaftlichen Kennzahlen der Unternehmenswert operationalisiert wird, ist dabei zweitrangig. Vielmehr ist die Frage von Bedeutung, was getan werden muss, um die Erhöhung des Unternehmenswerts zu realisieren. Grundsätzlich kann dabei an zwei Bereichen angesetzt werden: Im Rahmen einer Produktivitätsstrategie sind die Kostenstrukturen zu verbessern und die Nutzung der vorhandenen Kapazitäten zu optimieren. Im Rahmen einer Wachstumsstrategie sind die Kundenumsätze nachhaltig zu verbessern und damit der Kundenwert zu optimieren.

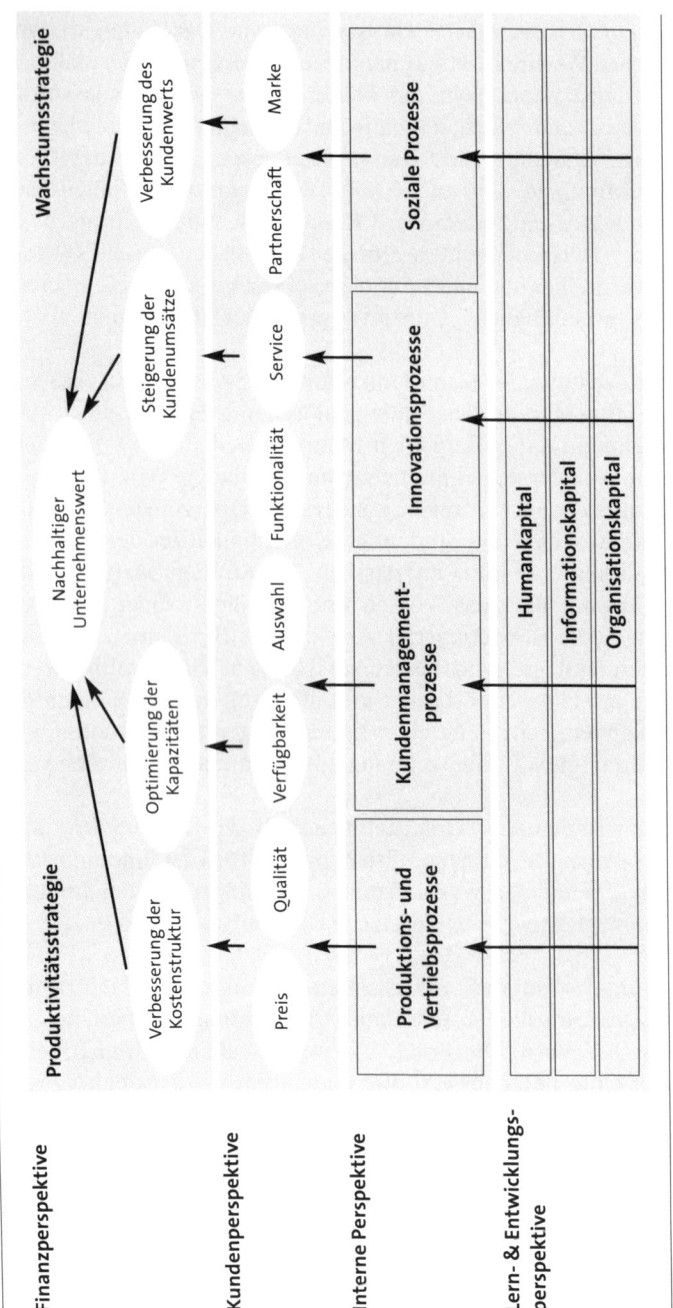

Abbildung 9/2: Strategy Map (Quelle: Kaplan /Norton 2004)

Die Balanced Scorecard identifiziert konsequent die Kunden als diejenige Gruppe, von denen der finanzwirtschaftliche Erfolg eines Unternehmens direkt abhängig ist. Demnach wird der Erfolg einer Strategie unmittelbar von der Performance der Kundenbeziehung beeinflusst. Die Performance ist Ausdruck der Produkt- und Servicemerkmale des Unternehmens. Die folgenden Parameter sind die strategischen Stellschrauben, mit denen sich diese Performance aufbauen lässt:

- Preis,
- Qualität,
- Verfügbarkeit,
- Auswahl,
- Funktionalität,
- Service,
- Partnerschaft,
- Marke.

Für die erfolgreiche Umsetzung einer Strategie ist aber nicht nur das Erkennen des Zusammenhangs von Performanceelementen und Kundenwert von Bedeutung. Vielmehr ist das Wissen über die genaue Gestaltung der Performanceelemente ein relevantes Erfolgskriterium. Hierbei sind die Charakteristiken des Einzelfalls genau zu betrachten, da die Voraussetzungen einer optimalen Performance stets unterschiedlich sind. Es gilt, die Stellschrauben in Abhängigkeit der individuellen Unternehmens- und Umweltbedingungen optimal zu justieren.

Diese Aufgabe obliegt den internen Prozessen. Hier sind alle Aktivitäten vorzugeben, um die definierten Produkt- und Servicemerkmale zu realisieren. Die Strategy Map der Balanced Scorecard nimmt auch hier eine ganzheitliche Perspektive ein. Es wird nicht nur der klassische Leistungsprozess, der Produkte erstellt und diese zum Kunden bringt, thematisiert. Vielmehr werden die Ausgestaltung der Kundenbeziehung und die systematische Entwicklung von Innovationen als erfolgskritische Prozesse verstanden. Darüber hinaus werden die sozialen Abläufe innerhalb des Unternehmens sowie zwischen Unternehmen und Umwelt als Quellen des unternehmerischen Erfolgs wahrgenommen. Dementsprechend können vier grundsätzlich gleichberechtigte Prozesstypen unterschieden werden:

- Produktions- und Vertriebsprozesse,
- Kundenmanagementprozesse,

- Innovationsprozesse,
- soziale Prozesse.

Auch bei hocheffizient organisierten Prozessen können nicht die gewünschten Ergebnisse erzielt werden, wenn das Personal nicht als der eigentliche Akteur betrieblichen Handelns wahrgenommen und gezielt gefördert und geführt wird. Der Wert eines Unternehmens ist letztlich immer vom Personal abhängig, das die richtigen Entscheidungen trifft und diese umsetzt. Die originären Träger des Unternehmenswerts sind damit die Mitarbeiter. Die Strategy Map trägt dieser Tatsache Rechnung, indem sie das Humankapital als eines von drei Vermögenswerten der Lern- und Entwicklungsperspektive identifiziert. Darüber hinaus sind zweifellos Informationen ein Vermögenswert, der den unternehmerischen Erfolg maßgeblich beeinflusst. Betriebliche Informationen können direkt an die Mitarbeiter gebunden oder auch unabhängig hiervon sein. Letztlich ist es auch eine Frage der betrieblichen Organisation, inwieweit ein Unternehmen in der Lage ist, sich zu entwickeln und Erfolgspotentiale auszuschöpfen. Damit sind der Lern- und Entwicklungsperspektive drei Vermögenswerte zugeordnet, die den Erfolg bei der Realisierung von Wettbewerbsvorteilen ausmachen:

- Humankapital,
- Informationskapital,
- Organisationskapital.

Welche Fähigkeiten und Eigenschaften die Mitarbeiter als essentielle Vermögenswerte ausweisen müssen, welches Know-how als Kernkompetenz verstanden werden kann und welche Ausgestaltung die Organisationsstruktur idealerweise haben muss, um als Asset zu gelten, ist wiederum nur aus dem individuellen Kontext zu beantworten.

Letztlich muss bei der Umsetzung einer Strategie beachtet werden, dass in Unternehmen stets eine Vielzahl von unterschiedlichen Interessenlagen aufeinandertreffen. Man spricht hier von der Instrumentalfunktion des Unternehmens. Auch wenn davon ausgegangen werden kann, dass über eine Strategie grundsätzlich Einigkeit besteht, so tritt diese Interessendivergenz doch bei der Umsetzung verstärkt zutage. Man denke in diesem Zusammenhang an die (Neu)Verteilung von Ressourcen und den Zuschnitt von Kompetenzen. Bei der Strategieumsetzung müssen daher konkurrierende Interessen berücksichtigt, Präferenzen gesetzt und Kompromisse geschlossen werden. Die Anforderungen durch Kundenwünsche stehen oft in Widerspruch zur Effizienz interner Prozesse. Der Aufbau von Humankapital ist nicht selten kostenintensiv und steht in Diskrepanz zu kurzfristigen Renditeforderungen der Shareholder. Eine Investition in vermeintliche Wachstumsfelder steht in Kontrast zur optimalen Auslastung der gegenwärtigen Kapazitäten. Die Strategy Map kann diese Gegensätze nicht überwinden, sie kann und muss sie jedoch sichtbar und damit die Entscheidung der Unternehmensleitung für den einen oder anderen Weg transparent machen.

9.4   Der BSC-Prozess mit Kennzahlen

Die Grundidee der Balanced Scorecard basiert auf der Annahme, dass alles, was messbar ist, auch steuerbar ist und damit dem Management als Gestaltungsobjekt zugänglich wird. Dies bedeutet, dass alle materiellen, aber auch immateriellen Unternehmenswerte messbar sein und bewertet werden müssen. Dabei sind die unterschiedlichen Werte den vier Perspektiven systematisch zuzuordnen und Ziele zu definieren, um die Werte einem Handlungsvollzug zugänglich zu machen.

Am Anfang des Umsetzungsprozesses steht die Frage, welche strategischen Ziele innerhalb der jeweiligen Ebene formuliert werden sollen. Die Erfahrung hat gezeigt, dass vier bis fünf Oberziele pro Scorecard-Perspektive ausreichend sind. Entscheidend ist dabei vorerst nicht die Frage der Messbarkeit der Ziele und ihre anschließende Bewertung, sondern ausschließlich die Abbildung konsistenter Ursache-Wirkungs-Zusammenhänge, wobei möglichst von der Erreichung der Ziele der Finanzperspektive ausgegangen werden sollte.

Erst anschließend beginnt der Prozess der Formulierung von Zielen und Messgrößen, die zu einem Kennzahlensystem zusammengefügt werden. Kennzahlensysteme sind ein klassisches Instrument von abhängigen und sich ergänzenden Einzelkennzahlen, die der Unternehmensleitung die Wirtschaftlichkeit des Wertschöpfungsprozesses vor Augen führen und Aussagen über die Erreichung von Zielen ermöglichen. Der Unterschied zu klassischen Kennzahlensystemen besteht in der Immaterialität der Werte der einzelnen Scorecard-Perspektiven.

Ein Kennzahlensystem, das die Wertschöpfung auf der Basis strategischer immaterieller Vermögenswerte darstellt, unterscheidet sich von herkömmlichen Controlling-Kennzahl-Systemen in zwei Bereichen. Ein Unterschied

liegt darin, dass klassische Kennzahlensysteme in der Regel am Leistungsprozess der betrieblichen Wertschöpfungskette ausgerichtet sind. Beispielsweise liefert die Wertkette nach Porter vor allem bei klassischen
Industriebetrieben eine idealtypische Darstellung dieser Wertschöpfungskette. Das Kennzahlensystem der Balanced Scorecard ist dagegen nur
mittelbar auf den betrieblichen Leistungsprozess ausgerichtet. Vielmehr ist
es das Ziel, Aussagen darüber zu treffen, wie sich die immateriellen
Erfolgspotentiale zu unternehmerischem Erfolg materialisieren. Kaplan
und Norton sprechen hier von der Strategie als Hypothese (Kaplan/Norton
2001).

Hieraus resultiert der zweite Unterschied: Logische Kausalketten und
immaterielle Erfolgspotentiale lassen sich anders als finanzielle Größen
nicht ohne weiteres kardinal messen. Auch ist die Tatsache nicht zu unterschätzen, dass das unternehmerische Denken in finanziellen oder zumindest quantitativen Größen ausgereifter ist als beispielsweise die Messung
der organisationalen Lern- und Entwicklungsfähigkeit, weshalb die Definition entsprechender Kennzahlen oftmals auf Zurückhaltung stößt (so auch
Franz 2004 sowie Hamel 2001).

Bei der Entwicklung von Kennzahlensystemen sind mindestens die folgenden vier Herausforderungen zu lösen:

Bewältigung der Komplexität: Das Kennzahlensystem der Balanced Scorecard muss oftmals eine immense Komplexität abbilden, wenn Wirkungsketten durchgängig abgebildet werden sollen. Diese Komplexität resultiert
aus dem Anspruch, die Materialisierung des Erfolgs von der Lern- und
Entwicklungsperspektive zur Finanzperspektive darzustellen. Eine
betriebliche Vorschlagsrate kann Aussagen über die Innovationsfähigkeit
bereitstellen. Nimmt man nun an, dass diese positive Auswirkungen auf
den Leistungsprozess hat, so kann zur Messung der Veränderung der
Durchlaufzeiten in der Produktion ein Durchlaufkoeffizient zugrunde
gelegt werden. Aus der Kundenperspektive kann dies zu einer kürzeren
Lieferzeit führen, die in einer Auftragsdurchlaufzeit operationalisiert wird.
Die schnellere Lieferung könnte in der Folge die Kundenzufriedenheit verbessern und die Wiederkaufrate erhöhen. In einem konsistenten Kennzahlensystem wird dies in einer Steigerung der Umsätze je Kunde abgebildet.
Das Beispiel macht die Komplexität derartiger Wirkungsketten deutlich.
Wird die Kette an einer Stelle logisch unterbrochen, weil Kunden anstelle
der Lieferzeit ein anderes Performancemerkmal als entscheidend erachten,
verlieren auch alle anderen Kennzahlen ihre Aussagekraft. Es liegt auf der

Hand, dass der Aufbau eines Kennzahlensystems, das die kausalen Zusammenhänge von immateriellen Vermögenswerten zum Unternehmenserfolg verdichtet, oftmals einer Herkulesaufgabe gleichkommt.

Beachtung der Kontextabhängigkeit der Kennzahlen: Der Erfolg von Unternehmen ist ohne erfolgreiche Beziehungen zur Unternehmensumwelt nicht denkbar. Ein Kennzahlensystem muss daher gerade die Wechselwirkungen von Unternehmen und Umwelt berücksichtigen. Das Erfolgskriterium, also die inhaltliche Bestimmung der Messgröße innerhalb einer Zielfigur, wird daher zu einem Großteil von unternehmensexternen Gruppen bestimmt. Ob eine schnelle Auftragsbearbeitung zu einem Wettbewerbsvorteil wird, ist letztlich von den Erwartungen der Kunden und auch von den Fähigkeiten und dem Marktverhalten der Wettbewerber abhängig. Beide Faktoren können aber einer schnellen Veränderung unterliegen. Damit ist die Wirksamkeit und Aussagekraft einer bestimmten Kennzahl in besonderem Maße vom unternehmensexternen Kontext abhängig.

Beachtung der Kontextabhängigkeit der Wertansätze: Ein Kennzahlensystem muss einem Sachverhalt immer einen kardinal messbaren Wert zuordnen. Nur so ist eine Vergleichbarkeit und Aggregierbarkeit von Einzelwerten möglich. Dabei geht es nicht um einen allgemein richtigen Wert. Vielmehr muss ein Wertansatz gefunden werden, der entweder allgemein akzeptiert ist – wie dies beispielsweise bei Bilanzwerten durch Rechnungslegungsvorschriften der Fall ist – oder aber im Rahmen der Bedingungen als sinnvoll für einen spezifischen Aussagezweck angesehen wird. Keine Bewertung wird um ihrer selbst willen vorgenommen, sondern steht stets im Lichte einer spezifischen Anwendungsabsicht (Schlenkrich 2006).

Eindeutigkeit der Aussagen: Kennzahlen müssen in der Lage sein, zum Teil komplexe betriebliche Abläufe und Ergebnisse in einem Wert zu verdichten. Nur wenn dies gelingt, ist ein verständiger Anwender des Kennzahlensystems in der Lage, den hinter der Kennzahl liegenden Sachverhalt richtig zu erfassen. Bei der Entwicklung eines Kennzahlensystems muss daher im Vorfeld absolute Klarheit darüber bestehen, welche Aussagen ein entsprechender Indikator treffen soll und ob der Indikator hierzu auch generell in der Lage ist. In der Praxis ist oftmals zu beobachten, dass die Auswahl und Formulierung von Kennzahlen Gegenstand politischer Auseinandersetzungen im Unternehmen sind. Von der Art der Kennzahl ist es aber abhängig, ob die Ergebnisse eines Verantwortungsbereichs positiv oder negativ dargestellt werden. Für den Erfolg des Gesamtunternehmens stellt dies natürlich eine nicht zu unterschätzende Gefahr dar, weshalb die letztendliche Entscheidung über die Gestaltung des Kennzahlensystem stets von den Verantwortlichen des Gesamtunternehmens getragen werden sollte.

9.5   Software als tägliches Tool

Wird für die Strategieumsetzung die Balanced Scorecard gewählt, so muss diese als täglich anwendbares Controlling-Instrument mit einer Software umgesetzt werden. Der effiziente Einsatz der Balanced Scorecard ist nur möglich, wenn die Kennzahlen in ein Management-Informationssystem (MIS) integriert werden. Dieses soll dem Anwender Informationen für Entscheidungen bereitstellen und bei Planungstätigkeiten unterstützen. Ein Sonderfall des Management-Informationssystems ist das Enterprise-Resource-Planning-System (ERP-System). Dieses System hat die Aufgabe, die in einem Unternehmen vorhandenen Ressourcen möglichst effizient in die Wertschöpfungskette einzubringen. Die Scorcard-Kennzahlen können daher dem ERPS zugeordnet werden. Klassische ERP-Systeme beziehen sich zwar auf alle betrieblichen Funktionsbereiche, sind jedoch in der Regel nicht auf die spezielle Sichtweise der Balanced Scorecard mit ihrer Wirkungskette über die vier Perspektiven ausgerichtet.

Oftmals können die Kennzahlen der Balanced Scorecard jedoch aus den vorhandenen Daten des bestehenden ERP-Sytems übernommen oder aber leicht aus diesen entwickelt werden. Gerade im Bereich der finanzwirtschaftlichen Perspektive werden die gleichen Kennzahlen lediglich in einen neuen Zusammenhang gestellt. Die Software muss oftmals Daten zusammenstellen, die zuvor in unterschiedlichen Einzelsystemen der Funktionsbereiche (unter anderem Verkauf und Marketing, Produktion und Personalwirtschaft) vorhanden waren. Die tägliche softwarebasierte Anwendung der Balanced Scorecard besteht daher meist nicht in der Erhebung von neuen kennzahlenrelevanten „Rohdaten" oder der Generierung vollkommen neuer Kennzahlen. Es ist empfehlenswert, die im EDV-System vorhandenen Informationen neu zusammenzustellen. Dennoch ist diese Aufgabe nicht zu unterschätzen. Wird die Scorecard nicht in der Software hinterlegt und damit für die tägliche effiziente Anwendung aufbereitet, wird sich die dahinter stehende Denkweise der Materialisierung der immateriellen Vermögenswerte auch nicht als verhaltenssteuernde Denkweise im Unternehmen etablieren.

9.6 Die erfolgreiche Umsetzung

Balanced Scorecards werden mit dem Ziel eingesetzt, strategische Veränderungen eines aktuellen Zustands vorzunehmen. Dazu ist es notwendig, erfolgskritische Prozesse zu identifizieren. Die Balanced Scorecard nimmt mit ihren vier Perspektiven eine eigene differenzierte Sichtweise des Wertschöpfungsprozesses ein. Es ist nicht selten der Fall, dass derartige Prozesse noch gar nicht organisiert sind (Weiss 2000). Bei der Umsetzung einer Strategie mithilfe der Balanced Scorecard wird oft unternehmerisches Neuland betreten. Es ist daher umso wichtiger, die Erfolgskriterien der Strategieumsetzung mit der Scorecard genau zu kennen. Hierzu gehören die Stringenz der Wirkungsketten, die Effizienz des Kennzahlensystems, die Effektivität der Kennzahlen und die Flexibilität des Gesamtsystems.

Stringenz der Wirkungsketten: Es ist kein Zufall, dass die finanziellen Ziele bei der Strategieumsetzung an oberster Stelle abgebildet werden. Auch die Autoren der Balanced Scorecard betonen eine starke Konzentration finanzwirtschaftlicher Ergebnisse (so auch Franz 2004). Dennoch geht dieses Instrument – wie dargestellt wurde – weit über eine allein finanzielle Betrachtung hinaus. Ausschlaggebend ist vielmehr die Frage nach den Werttreibern, die hinter den finanziellen Größen stehen und diese erst ermöglichen. Um diese Werttreiber grundlegend zu erfassen, muss ein lan-

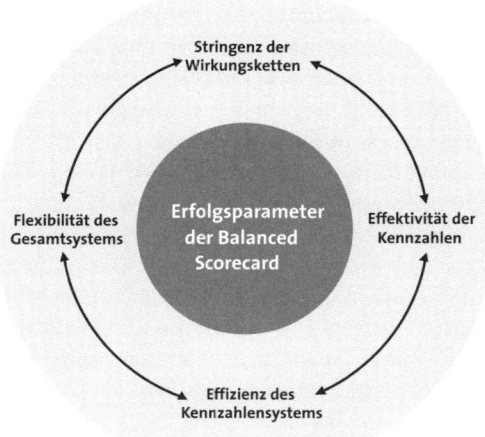

Abbildung 9/3: Erfolgsparameter der Balanced Scorecard

ger Wirkungskanal aufgezeigt werden, der über die Kunden und die Prozesse bis zu den Mitarbeitern als originäre Erfolgspotentiale verläuft. Die Kennzahlen müssen diese Wirkungskette quantitativ abbilden. Dies stellt nicht zuletzt auch deshalb eine Herausforderung dar, da in der Praxis nicht immer von eindeutigen Wirkungen ausgegangen werden kann. Die vieldiskutierte Frage, ob die Arbeitszufriedenheit der Mitarbeiter die Produktivität erhöht oder senkt, ist ein Beispiel hierfür.

Effizienz des Kennzahlensystems: Gerade bei ungenauer Kenntnis über die Wirkungszusammenhänge tritt die Gefahr auf, dass mehr Kennzahlen definiert und eingeführt werden, als bei genauer Kenntnis über Ursache-Wirkungs-Zusammenhänge tatsächlich notwendig wären. Dies kann zwei Gründe haben: Entweder ist der direkte Wirkungspfad nicht bekannt, so dass ein „Umweg" über zusätzliche Wertindikatoren gegangen wird, oder man formuliert ein paar Kennzahlen mehr, um auf „Nummer sicher zu gehen". Das Kennzahlensystem wird dann unnötig aufgebläht und unübersichtlich. Das Ziel, die komplexen Zusammenhänge von den Erfolgspotentialen über die Wertschöpfung bis zur Erfolgsrealisierung verdichtet darzustellen, wird dann schnell verfehlt.

Effektivität der Kennzahlen: Es wurde bereits erläutert, dass die Balanced Scorecard überwiegend immaterielle Vermögenswerte als die relevanten Werttreiber des Unternehmens identifiziert. Die Quantifizierung immaterieller Werte und die Einordnung in ein Kennzahlensystem stellen jedoch besonders hohe Anforderungen an die Definition von Kennzahlen. Dies ergibt sich aus zwei Gründen: Zum einen ist eine Kennzahl zu wählen, die den immateriellen Sachverhalt zweckmäßig abbildet, und zum anderen ist die Zweckmäßigkeit von Kennzahlen im Zeitablauf veränderlich. So ist beispielsweise keineswegs automatisch gesagt, dass die Anzahl von eingereichten Vorschlägen im Rahmen des betrieblichen Vorschlagswesens Ausdruck der tatsächlichen Lern- und Entwicklungsfähigkeit der Mitarbeiter ist. Genauso können ein hohes Entwicklungspotential und ein kontinuierlicher Lernprozess der Mitarbeiter vorliegen, die jedoch aufgrund einer unzweckmäßigen Kennzahl nicht abgebildet werden. Selbst wenn es gelingt, eine effektive Kennzahl zu definieren und in ein Kennzahlensystem einzubinden, so ist immer noch nicht sichergestellt, dass diese auch in Zukunft eine entsprechende Aussagekraft hat.

Flexibilität des Gesamtsystems: Ökonomisches Handeln bedeutet immer auch, Veränderungen zu erkennen und darauf im Sinne der Ertrags- und Wertoptimierung richtig zu reagieren. Kundenwünsche können sich schnell ändern, neue Wettbewerber treten auf oder bestehende Wettbewerber ändern ihr Produkt- und Leistungsportfolio. Auch Faktorpreise sind zum Teil erheblichen Veränderungen unterworfen, wie die Entwicklung der Rohstoffmärkte seit einiger Zeit zeigt. Die Dynamik ökonomischer Systeme und die besondere Kontextabhängigkeit immaterieller Wertansätze haben zur Folge, dass die Aussagekraft von Kennzahlen im Zeitablauf veränderlich ist. Eine Kennzahl, die heute die Kundenzufriedenheit optimal erfasst, kann morgen schon erheblich an Aussagekraft verlieren. Die Umsetzung des Kennzahlensystems in einer Software verschärft dieses Problem. Die Entwicklung und Einführung einer Software nimmt regelmäßig einen nicht zu unterschätzenden Zeitraum in Anspruch. Zusätzlich muss die Zeit zur Einarbeitung der Mitarbeiter mit der neuen Software berücksichtigt werden. Durch die zum Teil schnelle Veränderbarkeit der Aussagekraft bestimmter Kennzahlen ist man der permanenten Gefahr ausgesetzt, dass das einmal definierte, programmierte, umgesetzte und eingeführte EDV-System mit Kennzahlen arbeitet, die zum Zeitpunkt des Erstbetriebs bereits veraltet sind. Flexibilität des Kennzahlensystems der Balanced Scorecard wird damit zu einem entscheidenden Erfolgsfaktor.

Die Vor- und Nachteile der Balanced Scorecard als Instrument der Umsetzung von Strategien werden bis heute zum Teil kontrovers diskutiert. Als Novum des strategischen Werkzeugkastens ist zweifellos zu nennen, dass der Ansatz von Kaplan und Norton erstmals die immateriellen Vermögenswerte des Unternehmens als strategische Erfolgsfaktoren benennt, systematisiert und gleichzeitig den Weg ihrer Materialisierung im finanziellen Unternehmenserfolg aufzeigt. Die Ziele im Balanced-Scorecard-System sind daher im Gegensatz zu anderen in der Praxis verwendeten Instrumenten ausschließlich strategisch. Gleichzeitig wird der Ansatz verfolgt, eine hohe Transparenz zu erreichen und damit alle Beteiligten für die Strategieumsetzung zu motivieren. Betroffene werden zu Akteuren.

In der Praxis stellt sich jedoch die systematische Darstellung der Vermögenswerte, die den unternehmerischen Gesamterfolg auf den unterschiedlichen Ebenen vorantreiben, als hochkomplex dar. Um die Übersichtlichkeit zu wahren, ist ein hohes Maß an Abstraktion und Selektion notwendig, wodurch leicht wertrelevante Informationen verlorengehen können. Anschließend müssen die Wirkungsketten quantitativ abgebildet werden. Dies kann schnell zur Unübersichtlichkeit des Kennzahlensystems führen. Zusätzlich kann die Aussagekraft der Kennzahlen durch die hohe Wettbewerbsdynamik, in der sich die meisten Branchen befinden, schnell nachlassen. Neue Kennzahlen müssen dann gefunden und in das Gesamtsystem integriert werden, weshalb das Balanced-Scorecard-System stets eine hohe Flexibilität aufweisen muss. Wird bei der Strategieumsetzung mit dem von Kaplan und Norton entwickelten Ansatz nicht mit einem hohen Maß an konzeptioneller Kompetenz vorgegangen, so werden die eigentlichen Gründe für den Scorcard-Einsatz verfehlt. Anstatt einer hohen Transparenz über die Ziele und Maßnahmen auf den einzelnen Ebenen entsteht dann ein unübersichtliches Zahlenkonglomerat, das kaum verständlich und oftmals veraltet ist und bei der Strategieumsetzung demotiviert.

Die Entscheidung für die Verwendung einer Balanced Scorecard kann daher immer nur vom vorliegenden Fall abhängig gemacht werden. Liegen die entsprechenden Voraussetzungen jedoch vor, so handelt es sich um ein innovatives Instrument, das eine erfolgreiche Strategie zu einer erfolgreichen Umsetzung führt.

10 Umsetzung der Strategie

Die vorherigen Kapitel haben sich umfassend mit der Notwendigkeit und den Inhalten einer Unternehmensstrategie befasst. Nur am Rande tangiert wurde allerdings, wie der Strategieentwicklungsprozess in seiner Gesamtheit gestaltet werden kann. Dieser Aspekt soll nun näher beleuchtet werden. Wir werden zeigen, welche Elemente ein Strategiebildungsprozess enthält, in welchem zeitlichen Ablauf diese Elemente angegangen werden sollten, welche Planungszeiträume realistisch sind und welche Abteilungen beziehungsweise Personen an den Prozessen beteiligt werden sollten.

10.1 Phasen des Strategiebildungsprozesses

Strategische Planung ist ein Prozess, der in mehreren Phasen abläuft. Am Anfang des Planungsprozesses steht die Zielbildung, bei der aus einer unternehmensspezifischen Ausgangssituation heraus strategische Ziele formuliert werden. Diese können für einen bestimmten Zeitpunkt (Marktanteil im Jahr 2012 im Segment x mindestens 20 Prozent) oder für einen Zeitraum definiert werden.

Allerdings ist es häufig nicht sinnvoll, Unternehmensziele vor der Analyse der Unternehmenssituation und der Umfeldveränderungen (Trends, Märkte usw.) zu formulieren, da die Ziele natürlich nur im Kontext der Ist-Situation und zu erwartender Entwicklungen formuliert werden können. Wir empfehlen daher, im ersten Schritt Bezug zur Unternehmensvision zu nehmen und die Strategieziele sehr vage zu formulieren. Eine Konkretisierung kann dann im weiteren Planungsprozess erfolgen (Abbildung 10/1).

Im zweiten Schritt sollte dann eine Umfeldanalyse stattfinden (Kapitel 4). Durch diese sollte es möglich sein, für das eigene Unternehmen wichtige Veränderungen der Umwelt zu erfassen und zu bewerten.

Die (interne) Unternehmensanalyse dient hingegen der Beurteilung der technologischen und wirtschaftlichen Lage eines Unternehmens. Zweck der Unternehmensanalyse ist es, Stärken und Schwächen des Unternehmens beziehungsweise Kernkompetenzen zu identifizieren (siehe Kapitel 2 und 5) und Ansatzpunkte für die Generierung strategischer Wettbewerbsvorteile zu gewinnen. Dabei müssen die Kernkompetenzen identifiziert und klar definiert werden. Daran anschließend können die Ziele genauer definiert werden.

Die dritte Hauptphase ist die Strategieauswahl. Hier werden verschiedene Handlungsmöglichkeiten hinsichtlich ihrer Tauglichkeit zur Erfüllung der strategischen Ziele überprüft.

In einem weiteren Abschnitt wird die gewählte Strategie im Unternehmen verankert. Dies ist die Implementierungsphase. Diesem Aspekt muss ebenso wie den vorangegangenen Phasen größte Aufmerksamkeit geschenkt werden. Denn wie groß der planerische Aufwand der Strategieentwicklung auch sein mag: Veränderungen stellen sich keinesfalls von selbst ein. Hungenberg (2006) konstatiert treffend: „Strategien werden nämlich nicht dadurch Realität, dass sie als wünschenswert angesehen werden, sondern nur dadurch, dass die Menschen im Unternehmen auch nach Maßgabe der Strategie handeln." Viele Unternehmen scheitern nicht etwa an unrealistischen Zielen, sondern an dem Fehlen eines umfassenden Implementierungskonzeptes. Häufig scheitern Unternehmen schon daran, dass die Ziele nur unzulänglich in das Unternehmen getragen werden, so dass sie nicht von allen Mitarbeitern verstanden werden und ihr Handeln ungenügend beeinflussen.

Der Strategiebildungsprozess ist mit der Implementierungsphase beileibe nicht abgeschlossen. Wichtig ist, über einen längeren Zeitraum die Implementierung der Strategie kontinuierlich zu kontrollieren. Allerdings sollte diese Kontrolle nicht in dem Sinne erfolgen, dass zu einem Zeitpunkt in der Zukunft überprüft wird, ob die Ziele erreicht wurden. Um gegebenenfalls rechtzeitige Anpassungsmaßnahmen einzuleiten, sollte die Kontrolle kontinuierlich erfolgen. Rasante Umweltveränderungen und kontinuierlich stattfindende Entscheidungen im eigenen Unternehmen bedeuten eine dynamische Umwelt. In dieser dynamischen Umwelt kann der Strategiebildungsprozess niemals abgeschlossen sein: Unvorhergesehene Marktentwicklungen können so eine alte Strategie obsolet werden lassen und ein Unternehmen zu raschem Handeln zwingen.

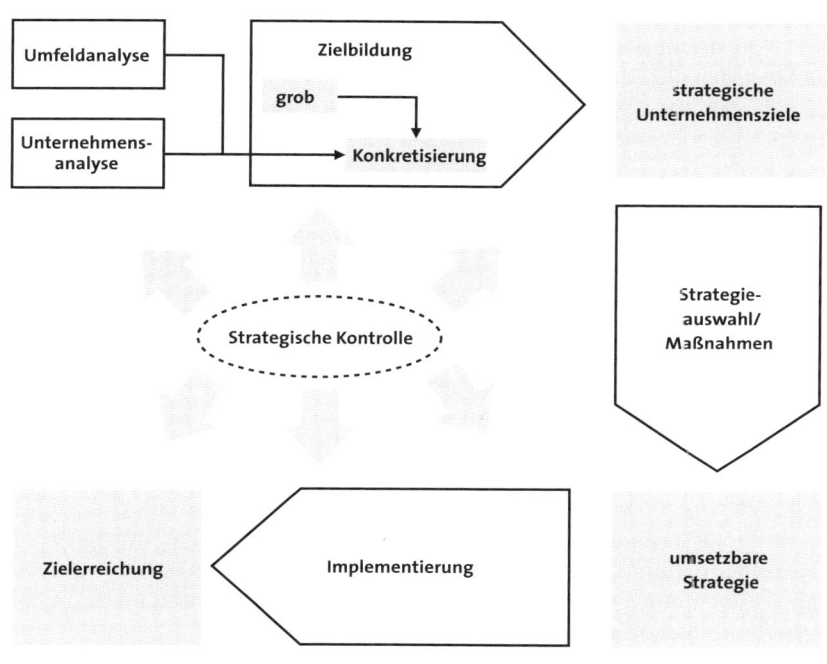

Abbildung 10/1: Die Phasen der strategischen Planung

10.2 Beteiligte Abteilungen und Personen

Bisher haben wir noch kein Wort darüber verloren, wer am strategischen Planungsprozess denn überhaupt beteiligt werden sollte. Wir haben stets von „Unternehmen", „Abteilungen" oder auch „Unternehmensleitung" gesprochen. Natürlich ist klar, dass eine Unternehmensstrategie vom Topmanagement verabschiedet werden sollte: Die Unternehmensstrategie weist die zukünftige Richtung eines Unternehmens aus und muss daher Leitlinie des Handelns der Unternehmensleitung sein. Andererseits gibt es Unternehmen, bei denen weder die strategische Planung noch das Treffen von strategischen Entscheidungen ausschließlich Angelegenheit des Topmanagements sind.

Nach westlichem Verständnis der strategischen Planung erfolgt die Strategieentwicklung traditionell Top-down: Danach befasst sich das Topmanagement mit allen strategierelevanten Entscheidungen. Ihm untergeordnete Ebenen sind lediglich mit der Implementierung der vom Topmanagement getroffenen Entscheidungen beschäftigt und arbeiten diesem zu. In einer hochdynamischen Unternehmensumwelt ist ein solches Vorgehen aber immer weniger angebracht. Es besteht die Gefahr, dass oben eine Strategie entwickelt wird, die sich schwer implementieren lässt und von den unteren Ebenen nicht gelebt wird, da sie möglicherweise nicht die Handschrift dieser Ebenen trägt. Daher sollte in Erwägung gezogen werden, zumindest das mittlere Management in die Strategieentwicklung und -implementierung einzubeziehen. Erfolgreiche Unternehmen sehen die Funktion des Topmanagements vor allem in der Vorgabe eines Rahmens, innerhalb dessen das mittlere Management Entscheidungen treffen und handeln kann.

Wir haben die Erfahrung gemacht, dass der Grad der Einbindung von Mitarbeitern in die Strategieentwicklung stark mit der Unternehmenskultur verbunden ist. Hier gibt es auch bedeutende landesspezifische Unterschiede. In Japan ist es zum Beispiel üblich, dass alle Funktionen und alle Hierarchieebenen eines Unternehmens planen oder Input liefern. Ein persönlicher Austausch zwischen den einzelnen Funktionen während der Planaufstellung ist selbstverständlich und erfolgt laufend.

In mittelständisch geprägten Unternehmen mit einer überschaubaren Anzahl von Abteilungen kann es natürlich sinnvoll sein, die Strategieentwicklung zur Chefsache zu machen und den unteren Hierarchieebenen die Funktion der Strategieimplementierung zuzuweisen. Wie sich ein Unternehmen auch entscheidet: Der Aspekt der Kommunikation darf natürlich keinesfalls vernachlässigt oder unterschätzt werden. Auch ein Unternehmen, das die Strategie Top-down plant, benötigt zahlreiche Informationen „von unten", um eine sinnvolle Strategie zu entwickeln und die richtigen Entscheidungen zu treffen. In vielen Unternehmen sind die Kommunikationswege lang: Dies kann dazu führen, dass wichtige Entwicklungen verkannt werden oder Informationen an einigen Stellen „versickern". Zusätzlich muss die formulierte Strategie aber auch nach unten kommuniziert werden. Dabei reicht es nicht aus, die unteren Ebenen über strategische Entscheidungen zu informieren. Damit diese Entscheidungen angenommen werden, müssen sie in einem richtigen Rahmen präsentiert werden.

Große Unternehmen leisten sich häufig eine Stabsstelle für den Prozess der Strategieentwicklung. Dies ist besonders dann der Fall, wenn es sich bei der strategischen Planung um einen immer wiederkehrenden Prozess handelt (zum Beispiel alle drei Jahre). Diese Stabsstelle wird teilweise auch mit einem unternehmensexternen Berater besetzt, der über umfassende Expertise in der Strategieentwicklung verfügt. Von Vorteil ist dabei, dass ein Externer eine neutrale Position einnehmen kann. Als nachteilig kann sich aber die mangelnde Kenntnis vor allem der informellen Kommunikations- und Entscheidungsstrukturen auswirken.

Für etwaige Workshops oder Strategiekonferenzen muss auf die Diskussions- und Beschlussfähigkeit geachtet werden. Die Praxis zeigt, dass ein solches Gremium eine Gruppengröße von acht Teilnehmern plus eventuell einen Moderator nicht übersteigen sollte. Die Teamzusammensetzung ist immer abhängig von der organisationalen Struktur des Unternehmens und der Ebene, auf der ein Strategie-Meeting stattfindet. Üblich ist, die Unternehmensleitung (CEOs) und mindestens je einen Verantwortlichen aus dem Finanz- und dem Technologiebereich als Teilnehmer zu benennen. Darüber hinaus können Verantwortliche mit den Funktionen Forschung- und Entwicklung, Vertrieb, Produkte und Human Resources integriert werden.

10.3   Durchführung der Strategischen Planung

Der Planungshorizont der Strategieentwicklung erstreckt sich häufig über mehrere Jahre. Die meisten Unternehmen in Deutschland legen ihre unternehmensweite strategische Planung auf drei Jahre aus, einige haben aber auch einen Planungshorizont von fünf Jahren. Bei solch langfristig angelegten Weichenstellungen darf der organisatorische und zeitliche Aufwand der Planung nicht unterschätzt werden. Bevor es zur eigentlichen Zielbildung kommen kann, können im Rahmen der Umwelt- und Unternehmensanalyse durchaus mehrere Monate vergehen. Auch für die sich der Zielbildung anschließenden Phasen der Strategieauswahl und -implementierung müssen längere Zeiträume eingeplant werden. Dies gilt vor allem für die Phasen zwischen den jeweiligen Stufen der Entscheidungsfindung: Sind neben dem Topmanagement noch weitere Ebenen eines Unternehmens in die strategische Planung und die Implementierung eingebunden, sind für die Kommunikations- und Abstimmungsprozesse ebenfalls Zeiträume in der Größenordnung von mehreren Wochen bis zu mehreren Monaten realistisch. Unsere Erfahrung zeigt, dass diversifizierte Unternehmen in Deutschland für den gesamten Prozess der strategischen Planung auf Unternehmensebene einen Zeitraum von 8 bis 12 Monaten veranschlagen (siehe Abbildung 10/2). Bei Unternehmen mit einer eher geringen Zahl

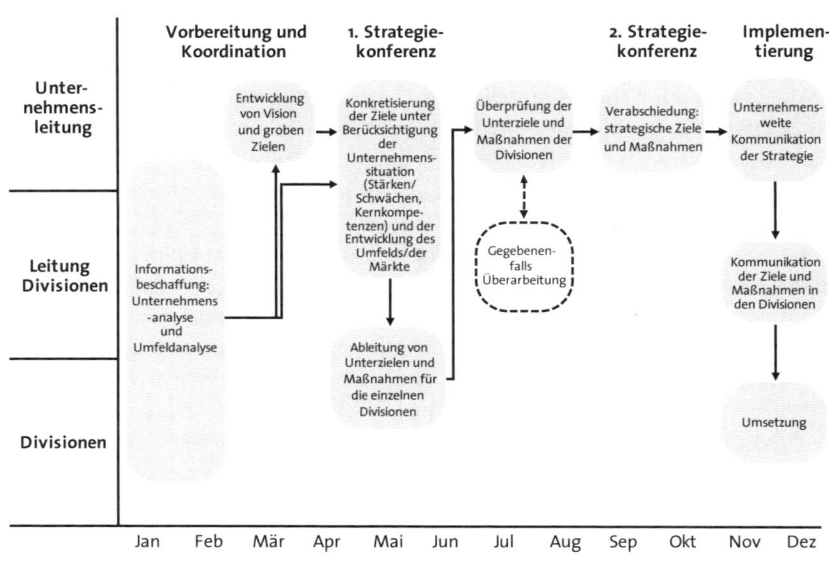

Abbildung 10/2: Beispielhafter zeitlicher Ablauf der strategischen Planung

von Abteilungen ist der Abstimmungsbedarf natürlich niedriger und damit sind auch die Zeiträume zwischen den einzelnen Prozessschritten geringer anzusetzen.

Wie wir gleich noch zeigen werden, können die Zielentwicklung und die Strategieauswahl zeitlich konzentriert an einigen wenigen Tagen stattfinden. Der zeitliche Aufwand für Vor- und Nacharbeiten gerade für untere Abteilungen werden aber häufig unterschätzt. Diversifizierte Unternehmen in Deutschland schätzen den gesamten Arbeitsaufwand der Abteilungen auf mindestens 100 Fachkrafttage.

Die Zielfestlegung und die Ableitung von Maßnahmen erfordern eine gründliche Vorbereitungsphase. Um die benötigten Informationen zusammenzustellen, sind mindestens zwei Monate – bei umfangreichen Marktuntersuchungen auch deutlich mehr Monate – zu veranschlagen. In der Vorbereitungsphase werden üblicherweise die folgenden Aspekte abgehandelt:

- Zusammenstellung der Planungsgruppen aus den verschiedenen Unternehmensbereichen.

- Festlegung der Ziele, der Teilnehmer und des Ablaufs der Strategiekonferenz/des Workshops.

- Festlegung der Planungsintensität (in welcher Tiefe soll geplant werden?).

- Festlegung der Art der Dokumentation: Inhalte (zum Beispiel auch Diskussionen oder nur Ergebnisse), Art der Inhalte (qualitative Aussagen, quantitative Aussagen), Verwendung von Formblättern.

- Gegebenenfalls Erstellung eines Handbuchs/einer Arbeitsmappe mit allen relevanten Informationen für die Teilnehmer einer folgenden Strategiekonferenz beziehungsweise eines Workshops.

- Informationsrecherche: Zusammenstellung vorhandener Informationen zur Umwelt und zum Unternehmen, gegebenenfalls Recherche von zusätzlichen Informationen: Unternehmensumfeld im weiteren Sinne, Marktanalysen, Wettbewerbsanalysen, Wettbewerbsvorteile.

- Verbindliche Erstellung und Kommunikation des Zeitplans mit festen Übergabepunkten.

Insbesondere Planungsintensität sollte gut durchdacht werden. Deutsche Unternehmen tendieren häufig dazu, zu detailliert zu planen. Die Folge ist, dass die Inhalte nicht mehr gut kommuniziert werden können. Anders ist dies in Japan: Dort ist das allgemeine Verständnis der Zielsetzung wichtiger als die genaue Darstellung der Inhalte. Die Hauptintention der strategischen Planung ist hier auch viel mehr die Einigung auf ein Zukunftsthema (zum Beispiel Entwicklung des Hybrid-Antriebes bei Toyota) und die Motivation der Mitarbeiter. Die Nachvollziehbarkeit und das Verständnis der Inhalte sind bedeutender als die Genauigkeit der Planung.

Ist die Vorbereitungsphase abgeschlossen, kann die inhaltliche Ausarbeitung der zukünftigen Unternehmensstrategie im Rahmen einer Strategiekonferenz beziehungsweise eines Workshops stattfinden. Hierbei sollte man nicht den Fehler machen, diese Veranstaltung neben dem Tagesgeschäft in den Räumen des eigenen Unternehmens unterbringen zu wollen. In der Praxis empfiehlt es sich, für die Aussagen der Umfeld- und Unternehmensanalyse, die Zielbestimmung und die Strategieauswahl einen vom Tagesgeschäft abgeschotteten Ort zu wählen, an dem sich die Beteiligten ganz der Diskussion und Entscheidung widmen können. Hierfür sollten insgesamt etwa zweieinhalb bis drei Tage eingeplant werden. Die erfolgreiche Strategieentwicklung innerhalb dieses Zeitraumes setzt aber voraus, dass alle benötigten Unterlagen vor Beginn der Veranstaltung allen relevanten Personen vorliegen und diese die Inhalte auch kennen. Zur Umsetzung der notwendigen Diskussionen und Entscheidungsfindungen empfehlen wir die Durchführung von Workshops (vgl. auch Kapitel 6), die von externen Moderatoren mit tieferen Kenntnissen der jeweiligen Unternehmensstrukturen moderiert werden können. Externe Moderatoren können am ehesten die Position eines neutralen Vermittlers einnehmen und sind im Umgang mit Konflikten geschult.

Ein geeigneter Zeitpunkt für einen Strategie-Workshop ist der Zeitraum April und Mai. Diese Phase liegt in der Regel zwischen den Jahresabschlussarbeiten und den Vorbereitungen für das neue Planungsjahr.

In Abbildung 10/3 haben wir beispielhaft ein Programm erstellt, wie wir es für ein mittelständisches Unternehmen vorschlagen würden. Großen Wert sollte man darauf legen, vorab die zu erarbeitenden Inhalte festzulegen und Informationen über die benötigten Unterlagen zu kommunizieren. Die tatsächlichen Tagesordnungspunkte hängen selbstverständlich immer von den jeweiligen Unternehmen ab: Ein Konzern mit acht verschiedenen Divisionen wird auf Unternehmensebene natürlich komplexer planen müssen als der hier angenommene mittelständische Betrieb. Bei einem diversifizierten Konzern sind dann gegebenenfalls Workshops in allen Divisionen notwendig, wobei die Ergebnisse in einer Folgeveranstaltung zusammengeführt werden. Zu Beginn wird zunächst auf die Unternehmensvision eingegangen. Danach ist es angebracht, sich den strategischen Hauptzielen zu widmen. Die weitere Phase eines Workshops sollte dann im Zeichen der detaillierten Zielbildung für einzelne Märkte stehen, wobei das jeweilige Unternehmensumfeld (Wettbewerber, technologische Trends, Kundenstruktur etc.) und die Stärken und Schwächen des eigenen Unternehmens explizit berücksichtigt werden. Zum Schluss kann man sich dann den Prozessen und Strukturen widmen, die zur Implementierung der Strategie notwendig sind. Am Ende eines jeden Abschnitts sollten die wesentlichen Ergebnisse des Strategie-Workshops so aggregiert wie möglich schriftlich festgehalten werden. Es ist ratsam, diese Zusammenfassungen knapp zu halten.

In der Nachbereitungsphase sind die Strategiebeschlüsse in Strategieformularen (siehe Kapitel 7) festzuhalten. Des Weiteren müssen Maßnahmen- und Aktionspläne erarbeitet werden. Das Vorgehen hängt hier stark von der Struktur des Unternehmens und der Tiefe der Beteiligung unterer

Teil I: Von der Vision zum Ziel

Uhrzeit	Inhalt	Benötigte Unterlagen
09:00	**I. Von der Vision zum Ziel** Vision Sammlung der Vorstellungen der Teilnehmer Identifikation der gemeinsamen Vision Dokumentation/Formulierung der Vision	keine
12:00	Mittagspause	
13:00	Strategische Hauptziele bis 2012 Diskussion, Sammlung, Dokumentation Ableitung der strategischen Hauptziele bis 2012 in Bezug auf: – Kernkompetenzen/strategische Marktposition – Zielkunden, Produkte, Marktsegmente – Preise – Umsätze – Ergebnisse	Jahresplanungen
17:00	Ende des ersten Tages	

Teil II: Die Ziele im Umfeld

Uhrzeit	Inhalt	Benötigte Unterlagen
9:00	**II. Die Ziele im Umfeld** Märkte – Beschreibungen Detaillierte Beschreibung der Marktsegmente Quantifizierung der Marktgrößen und Wachstumsraten	Umfeldanalyse Marktprognosen Jahresplanungen
12:00	Mittagspause	
13:00	Märkte – Umfeld Wie ist unser Umfeld heute und im Jahre 2012? – Wettbewerb – Technologien – Kundenstruktur – Kundennutzen und Differenzierung – Marktstellung	Umfeldanalyse Kundenzufriedenheit Unternehmensanalyse
14:30	Märkte – Stärken-Schwächen-Chancen-Risiken Diskussion, Sammlung, Dokumentation – Stärken – Schwächen – Chancen – Risiken	Stärken/Schwächen- Analysen Kundenzufriedenheit F & E-Aktivitäten
17:00	Ende des zweiten Tages	

Teil III: Prozesse und Strukturen

Uhrzeit	Inhalt	Benötigte Unterlagen
9:00	**III. Von Ziel zum Erfolg: Prozesse und Strukturen** – Erarbeitung von Maßnahmen zur: – Sortimentsgestaltung – Produkt- und Produktlinienentwicklung – Prozessentwicklung – Preise – Vertriebswege	Umsätze/Renditen nach Produkten F & E-Aktivitäten (Kundenzufriedenheit)
13:00	Ende der Veranstaltung	

Abbildung 10/3: Tagesablauf eines Strategie-Workshops

Managementebenen bei der Maßnahmenplanung ab. Gegebenenfalls wird hier eine „Schleife" notwendig (vgl. Abbildung 10/2), bei der die Divisionen Unterziele und Maßnahmen erarbeiten, die dann wiederum vom Topmanagement geprüft und genehmigt werden. Sinnvoll kann es auch sein, in der Nachbereitungsphase Empfehlungen aus Beratersicht einzuholen. Sind die Ziele und Maßnahmen erarbeitet, werden sie vom Topmanagement unternehmensweit kommuniziert. Diese Kommunikation sollte so offen und so umfassend wie möglich erfolgen. Häufig scheitern Unternehmensstrategien schlicht daran, dass sie bei den Mitarbeitern nicht bekannt sind, entweder weil die Strategie vom Topmanagement als Betriebsgeheimnis behandelt wird oder weil sie nicht klar und verständlich verbreitet wurde. Die Kommunikation der Strategie ist natürlich sehr viel leichter zu bewerkstelligen, wenn neben dem Topmanagement auch andere Ebenen im Unternehmen an der Gestaltung beteiligt waren. Wir haben in Japan die Erfahrung gemacht, dass die offizielle Präsentation der Unternehmensstrategie am Ende des Strategieerarbeitungsprozesses nur noch formaler Natur ist, weil die Strategie den Mitarbeitern schon während der Planung präsent ist: Hier findet die intensive Kommunikation – auch zwischen Funktionen und Abteilungen – häufig während des gesamten Planungsprozesses statt.

Nach der Verabschiedung der Strategie kann die Implementierungsphase beginnen. In dieser Phase wird die strategische Planung in ein verständliches Planungssystem und einen handhabbaren Zeitraum transformiert:

- Sicherung der Verfügbarkeit von Ressourcen.
- Kommunikation der genehmigten Strategien an alle mit Möglichkeiten für Mitarbeiter, Schwächen und Zweifel offen anzusprechen.
- Überprüfung von (monetären) Anreizen: konform mit der Strategie?
- On-the-Job-Schulung durch erfahrene Moderatoren und Experten.
- Unterstützung durch Aus- und Weiterbildung.

Die Kontrolle der Umsetzung strategischer Planung sollte, wie bereits erwähnt, kontinuierlich erfolgen. Strategien sind niemals in Stein gemeißelt, sondern stellen einen lebendigen Prozess dar, bei dem eine ständige Verfeinerung und Anpassung an wechselnde Bedingungen und neue Erkenntnisse notwendig sind. Trotzdem ist es sinnvoll, feste Zeitpunkte festzulegen (zum Beispiel alle sechs Monate), bei denen die Zielerreichung überprüft wird.

Strategisches Kurzprofil

– Ausgangssituation

– Ziele & Chancen

– Fragen & Risiken

Entwicklung der Kennzahlen

a) Umsatzentwicklung

b) Entwicklung der Unternehmensrendite

c) Entwicklung von weiteren unternehmensspezifischen Kennzahlen (Input- und Output-Kennzahlen)

A. Entwicklung des geschäftlichen Umfeldes und kritische Erfolgsfaktoren

B. Wesentliche eigene Stärken und Schwächen (u.U. nach Planungseinheiten) und Kernkompetenzen

C. Strategische Zielsetzungen sowie dazu bereits eingeleitete oder geplante Hauptmaßnahmen

D. Finanzielle Ziele und erforderliche Mittel

Abbildung 10/4: Zusammenfassung der wichtigsten Strategieelemente

10.4 Umgang mit Hindernissen

Wie bereits erwähnt, ist bei der Strategieentwicklung und deren Implementierung mit teils erheblichen Widerständen zu rechnen. Diese Widerstände müssen nicht immer offen zu Tage treten, aber es ist wichtig, die häufigsten zu kennen und sich darauf vorzubereiten. Häufig anzutreffende Hindernisse gegen eine Strategieentwicklung sind:

- Vorgehen ist abstrakt und ungewohnt,
- die Strategieentwicklung ist – zumindest in Grenzen – aufschiebbar,
- eine erfolgreiche strategische Planung erfordert eine externe Sicht,
- der Erfolg ist nicht sofort nachweisbar,
- es existieren kaum direkte, messbare persönliche Anreize für eine erfolgreiche Strategieentwicklung,
- teilweise erheblicher Zeitaufwand für die Strategieentwicklung und -implementierung.

Die erfolgreiche Umsetzung der Strategie erfordert mehr oder weniger umfassende Durchsetzungsmaßnahmen. Die Gesamtheit dieser auf Veränderung abzielenden Maßnahmen wird im angelsächsischen Sprachraum auch „change management program" (Hungenberg 2006) genannt. Dieses Veränderungsprogramm sollte an drei unterschiedlichen Dimensionen ansetzen: Menschen, Persönlichkeit und Methoden. Wichtigste Voraussetzung ist die unbedingte Unterstützung durch das Topmanagement, das Vorbild bei der Strategieerarbeitung sein sollte, indem es sich der Strategie verpflichtet fühlt und diese „lebt". Der Prozess der Strategieentwicklung benötigt aber auch engagierte Verfechter in allen anderen Bereichen des Unternehmens. Außerdem müssen die Mitarbeiter überzeugt werden, dass die Strategieentwicklung und -implementierung ein unverzichtbares Instrument für die Ausübung der eigenen Verantwortung ist. Zur Persönlichkeit der beteiligten Personen gehört, dass sie den Wandel herbeiführen wollen und auch bereit sind, kurzfristige Erfolge zu opfern, um langfristige Potentiale zu realisieren. Die strategisch planenden Menschen müssen aber auch durch ein passendes Methodensystem unterstützt werden. Zuallererst sollte die strategische Planung in ein schlüssiges und verständliches Planungssystem eingebettet sein und einen handhabbaren Zeitplan aufweisen. Eine externe Unterstützung durch erfahrene Strategieberater kann zumindest in Teilabschnitten sinnvoll sein. Letztlich gehört zu einem solchen System auch, dass eine kritische Masse an Basisinformationen zur Verfügung steht, auf die zügig zurückgegriffen werden kann.

11   Zusammenfassung und Nutzen

In den vorstehenden Kapiteln wurde umfassend dargestellt, von welchen Faktoren eine gute Strategie abhängt und auf welche Weise sie erstellt werden sollte. Wenn die verschiedenen Elemente ganzheitlich betrachtet durchgeführt werden, so entsteht schnell ein umfassendes Bild der strategischen Möglichkeiten, die im gegebenen Fall zur Verfügung stehen. Strategisches Vorgehen und strategisches Handeln sind kein Produkt des Zufalls, sondern entstehen durch sorgfältige Analysen der vorhandenen Randbedingungen und daran ausgerichtetem Handeln. Folgende Elemente wirken zusammen und wurden bisher beschrieben:

- *Die eigenen Kernkompetenzen*

Worauf kann das Unternehmen bauen und was wird sich in nächster Zeit mit hoher Erfolgswahrscheinlichkeit daraus für ein zusätzliches Know-how entwickeln lassen (Kapitel 2)?

- *Die Marktchancen*

Welche Chancen ergeben sich ringsum in den Märkten und wie kann man diese sicher erkennen und aufgreifen (Kapitel 3 und 4)?

- *Das Wettbewerbsumfeld*

Wie sind die Wettbewerbskräfte einzuschätzen und welche Chancen sind für das Unternehmen am leichtesten nutzbar? Hier gibt die Vorgehensweise nach Porter eine Reihe von erprobten Hilfestellungen (Kapitel 5).

- *Die Vision*

Was ist eine unternehmerische Vision, wie entsteht sie und was leistet sie für das Unternehmen? Das eigentliche unternehmerische Element ist in der Vision enthalten und gibt die wesentliche, zukünftige Orientierung für ein Unternehmen (Kapitel 6).

- *Die Strategie*

Welche Grundformen der Strategie gibt es, wie werden sie genutzt und welche strategischen Maßnahmen sind für die Umsetzung einer Vision notwendig? Strategien werden in Strategiepapieren fixiert, die auf die Ansprüche der jeweiligen Adressaten ausgerichtet sind (Kapitel 6 und 7).

- *Die Umsetzung und das Controlling im Unternehmen*

Nur eine zeitnahe und konsequente Umsetzung sichert einen echten Erfolg mit der einmal gewählten Strategie. Modelle wie das BSC-Modell geben Wege vor, aber auch andere, pragmatischere Vorgehensweisen zur Umsetzung sind möglich und erfolgreich (Kapitel 9 und 10).

Die genannten Elemente wirken zusammen und bilden als Gesamtheit das strategische Vorgehen in einem Unternehmen. Die Qualität jedes einzelnen Elementes entscheidet mit über die Qualität der Unternehmensstrategie insgesamt. Der Zusammenhang ist in Abbildung 11/1 graphisch dargestellt.

Es wird deutlich, dass ein mittelständisches Unternehmen aufbauend auf seinen tatsächlichen Stärken – den Kernkompetenzen – mit einer schlagkräftigen und vor allem unternehmerischen Vision auf die Zukunft ausgerichtet wird. Der Weg dahin – zur Erreichung dieser Vision – wird durch die Strategie beschrieben. Die Chancen von Vision und Strategie werden einerseits durch die Märkte mit ihren Trends und andererseits durch das Wettbewerbsumfeld insgesamt begrenzt oder überhaupt erst geschaffen.

In den Kapiteln 3, 4 und 5 wurden die vorhandenen Tools und Vorgehensweisen deutlich gemacht, die dazu dienen, die begrenzenden oder Chancen darstellenden Randbedingungen für Visionen und Strategien sicher abzuschätzen. Da der Erfolg einer gewählten Strategie ganz wesentlich von den vorhandenen und sich entwickelnden Randbedingungen abhängig ist, kommt diesem Teil bei der Strategieerarbeitung eine erhebliche Bedeutung zu. Betrachtet man die Situation von einem anderen Blickwinkel aus, so sind die Erfolgsaussichten von Strategien durch systematische und fehlerfreie Vorarbeiten positiv beeinflussbar. Die Vorarbeiten führen zu realistischeren Einschätzungen der Randbedingungen, und es werden Fehl-

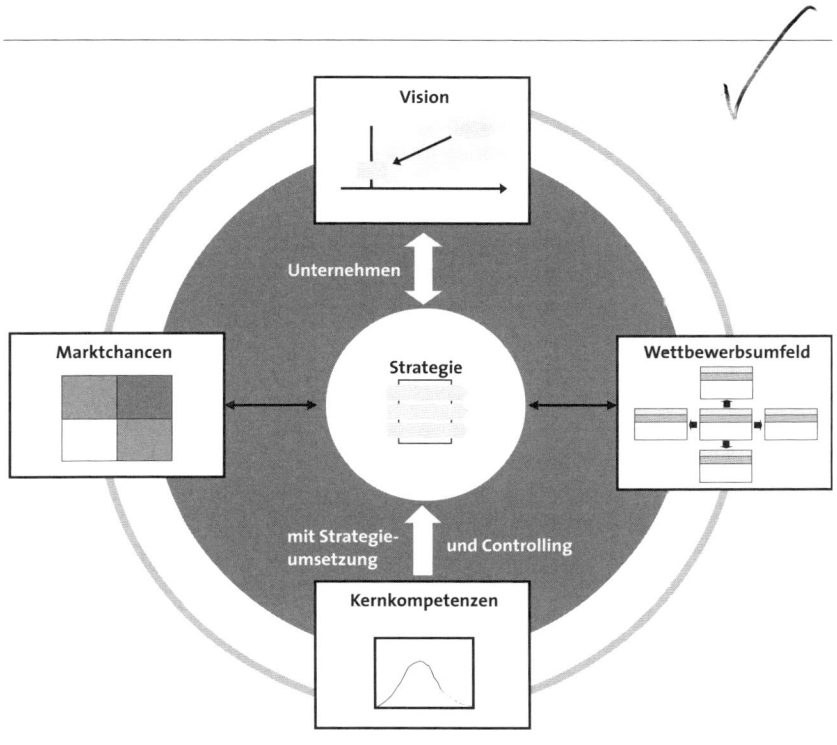

Abbildung 11/1: Ganzheitlicher Zusammenhang bei der Strategieentwicklung

einschätzungen durch eine umfangreiche Datenlage vermieden oder wenigstens zurückgedrängt. Es ist ein entscheidender Unterschied, ob Märkte, Lebenszykluskurven und Innovationen vom eigentlichen Vorhaben (der Vision) unabhängig analysiert und infolge dessen bezüglich ihrer zu erwartenden Zukunftsentwicklung richtig eingeschätzt werden oder ob diese unabhängigen Einschätzungen unterbleiben. Auch die darüber hinaus gehenden wirtschaftlichen Rahmendaten für ganze Länder, für Branchen oder Volkswirtschaften mit ihren sozialen Strukturen sind möglichst umfassend und richtig einzuschätzen. Die Beurteilung des Wettbewerbsumfeldes schließt sich entsprechend an. Die Betrachtung nach Porter liefert hier eine Reihe von Tools, um Sicherheit in diesen Arbeitsabschnitt zu bringen und nichts Wesentliches zu vergessen. Im Ergebnis lassen sich durch ein derart ausgerichtetes Vorgehen die später möglichen Störfaktoren bei der Umsetzung der Strategie bereits im Vorfeld erkennen und eingrenzen.

Dabei wird zweierlei deutlich: Einerseits bedürfen diese Arbeiten eines gewissen Aufwandes oder auch Fleißes, um mit genügender Gründlichkeit erledigt werden zu können, und andererseits handelt es sich hier noch nicht um strategische Maßnahmen oder um ein strategisches Vorgehen. Es sind vielmehr notwendige Vorbereitungsarbeiten, die zur Verringerung des Umsetzungsrisikos sinnvollerweise durchgeführt werden sollten. Auf diesen Erkenntnissen aufbauend ist die Vision und Strategie auszuformulieren. Vision und Strategie lassen sich durch diese sorgfältigen sowie umfassenden Analysen zu Märkten, Wettbewerbern und anderen Umfeldbedingungen gut absichern und bewerten. Das Umsetzungsrisiko wird nachhaltig gesenkt.

Der eigentliche unternehmerische Teil in einem strategischen Vorhaben wird durch die Vision gebildet. Diese basiert zwar auf den Markt- und Umfeldbedingungen und wird von diesen getragen, der eigentliche Kern der Vision ist neu und nicht oder nur wenig aus den Randbedingungen abgeleitet. Die Vision führt bei Realisierung zu Alleinstellungsmerkmalen, die wiederum ein Umsatz- und Gewinnwachstum generieren. Umsatz- und Gewinnwachstum oberhalb des Branchendurchschnitts bedeutet eine Position im Wachstumsportfolio im rechten oberen Quadranten („Stars", vgl. Abbildung 3.7) und entspricht einem „Wachstumsführer". Das wesentliche Erfolgskriterium hierfür ist, ob die Vision tatsächlich geeignet ist, in dem vorhandenen Markt- und Wettbewerbsumfeld nachhaltige Alleinstellungsmerkmale zu generieren oder nicht. Man spricht hier auch von einer nachhaltig guten unternehmerischen Idee, die vom Markt gut angenommen wird. Von Bedeutung ist hier noch der Zeithorizont, der für strategische Belange durchaus viele Jahre in Anspruch nehmen kann.

Bei mittelständischen Unternehmen wird die Vision oft durch den Unternehmer als Person getragen und nachhaltig gelebt. Hier entsteht durch die Person allein bereits eine hohe Glaubwürdigkeit. Natürlich gilt auch hier, dass die unternehmerische Idee sich am Markt und im Wettbewerb beweisen muss. Werden mit diesen Visionen tatsächlich Kundenvorteile und Alleinstellungsmerkmale erreicht, so ist die Position des Mittelständlers in der Regel überragend. Werden sie jedoch nicht oder nicht mehr erreicht, liegen in der Regel Defizite bei der Beurteilung der Randbedingungen (Markt und Wettbewerb) vor, die es schnell zu beheben gilt. Gute Analysen zu den Randbedingungen verbessern auch hier die Erfolgswahrscheinlichkeit und steigern die Durchschlagskraft des Unternehmens.

Wenn Vision und Randbedingungen geklärt sind, bleibt noch der Weg von der Position des Unternehmens mit seinen gegenwärtigen Kernkompetenzen zum zukünftigen SOLL. Das heißt die Vision muss mithilfe einer geeigneten Strategie und mit strategischen Maßnahmen umgesetzt werden. Dieser Prozess und diese Vorhaben zur Realisierung der unternehmerischen Vision werden mit Strategie bezeichnet. Die Strategie steht damit quasi in der Mitte des Ganzen. Die Strategie ist der Weg vom IST zur realisierten Vision auf Basis der Kernkompetenzen des Unternehmens.

In Kapitel 6 wurden auch Beispielfälle beschrieben, in denen Strategien gewählt worden sind, die nicht auf den gegenwärtigen Kernkompetenzen eines Unternehmens aufbauen, sondern die Initiative zu völlig Neuem ergriffen. Das bekannte Beispiel des Mannesmann-Konzerns Mitte der 1990er-Jahre mit dem Drang zum Mobilfunk wurde genannt. Sicherlich ein bekanntes, aber kein nachhaltig erfolgreiches Beispiel, da letztendlich der alte Mannesmann-Konzern bei diesen Anstrengungen untergegangen ist. Bei weitem die meisten dauerhaft erfolgreichen Visionen und Strategien beruhen mehrheitlich auf den realen Kernkompetenzen des Unternehmens. Neue unternehmerische Ideen (Visionen) schreiben dieses Know-how in der Zukunft fort und generieren so neue Alleinstellungsmerkmale, die wiederum die anvisierten Wettbewerbsvorteile erreichen.

Der strategische Weg führt damit von den Kernkompetenzen zur realisierten Vision. Dieser Weg wird mit den strategischen Maßnahmen als Strategie bezeichnet. Die Umsetzung kann mithilfe von Balanced-Scorecard-Modellen (BSC) begleitet werden – sie muss aber nicht so begleitet werden. Die Vorteile von BSC-Systemen liegen in der wirklich umfassenden Ausrichtung eines Unternehmens auf die geplanten strategischen Maßnahmen. Diese Vorteile kommen besonders gut bei sehr großen Organisationen und grundlegenden Änderungen zum Tragen. Bei mittelständischen Einheiten besteht bei Einsatz von BSC-Systemen vielfach das Risiko, dass das ganze Unternehmen zu unflexibel wird. Einmal eingerichtete, umfassende Kennzahlensysteme sind einerseits recht durchschlagend in ihrer Wirkung, aber auch schwerfällig bei neu auftretenden Herausforderungen des Marktes. Der Mittelstand bevorzugt pragmatischere Umsetzungen mit klar definierten Maßnahmeplänen, die durchaus auch die Ziele bei der Umsetzung einer Strategie erfüllen können. Ein zielgerichtetes und nachhaltiges Controlling ist allerdings auch im Mittelstand notwendig und möglich.

Abbildung 11/1 zeigt genau diesen skizzierten Weg von den Kernkompetenzen mithilfe der gewählten Strategie zur realisierten neuen Vision. Basis des Handelns ist die unternehmerische Idee. Sie muss vorliegen, denn ohne sie wird es keine Strategie geben, sondern ein operatives Vorgehen zur Aufrechterhaltung des bestehenden Umsatzes. Erfolgreiches Unternehmertum kann man nicht verordnen, man kann aber durch vollständige Analysen zum Umfeld unsinnige Entscheidungen vermeiden und das Unternehmen auf die sinnvollen Ideen ausrichten. Genau hier liegt ein weiterer einzigartiger Vorteil von mittelständischen Unternehmen, die sich generell mit neuen Ideen wesentlich leichter tun als Konzerngesellschaften oder Großunternehmen. Im Mittelstand sind Ideen in größerer Zahl vorhanden und Kundenwünsche werden direkter wahrgenommen. Was weniger ausgeprägt ist, ist die sichere und umfassende Analyse hinsichtlich der vollständigen Randbedingungen. Die gezielte Bewertung der Zukunftspotentiale (Markt und Wettbewerb) steht eher noch aus beziehungsweise ist nicht so umfassend wie bei Konzerngesellschaften. Die Gründe liegen oft auch an fehlenden Stabsabteilungen, die solches Wissen unvoreingenommen thematisieren können. Alternativen bieten externe Kapazitäten (Beratungsunternehmen, Marktforschungsinstitute), die solches Wissen fallweise einbringen können. Dann sind auch Strategien bei Mittelständlern sicher in der Beurteilung der Randbedingungen und nicht risikoreicher als bei Konzerngesellschaften.

Insgesamt sind die Elemente Vision, Strategie, Kernkompetenzen, Marktumfeld, Wettbewerbsumfeld und internes Controlling bei einer Strategieentwicklung mit anschließender Umsetzung untrennbar miteinander verbunden. Sie führen nur bei sorgfältig erarbeiteten Ergebnissen zu jedem Element zu einer sicheren Position im Segment der „Wachstumsführer". Mittelständler haben generell eher ein Problem in der umfassenden Bearbeitung des Umfeldes und verfügen über Stärken bei der Generierung von unternehmerischen Visionen (Ideen). Da sich die Bearbeitung der Randbedingungen (Markt, Wettbewerb etc.) leichter extern einkaufen lässt, als dies für die Generierung echter Visionen der Fall ist, haben mittelständische Unternehmen hier einen Strategievorteil gegenüber Konzerngesellschaften.

Wird in einem Unternehmen entsprechend unserer vorgestellten Vorgehensweise zur Strategieentwicklung vorgegangen, so werden Alleinstellungsmerkmale mit einer weit höheren Wahrscheinlichkeit erreicht als ohne diese. Der Vorteil entsteht durch die höhere Zielwirkung oder Fokussierung bei einer Strategie als bei einem eher operativ geprägten Vorgehen. Wirksamere Alleinstellungsmerkmale und die Position im Quadrant Wachstumsführer sind die mittelbare Folge. Fokussierung bedeutet weniger Verschwendung von Ressourcen und aktivere Generierung von Alleinstellungsmerkmalen. Die stärkere Fokussierung auf die Ressourcen hat das Freiwerden von sonst schlecht genutzten Kapazitäten und Kräften eben genau für die eigentliche Strategieumsetzung zur Konsequenz. Es entsteht eine sich selbst verstärkende Wirkung. Die erfolgreiche Strategie setzt gebundene Kräfte frei, die wiederum mehr am Erfolg der Strategie arbeiten und den Erfolg noch weiter erhöhen. Eine positive Spirale, die Freiräume für alle eröffnet, ist die Folge. Bündelung der Kräfte oder Konzentration auf das Wesentliche ist das Ergebnis einer erfolgreichen Strategieumsetzung.

Abbildung 11/2 zeigt diesen Zusammenhang, der als unmittelbarer Vorteil immer dann entsteht, wenn ein Unternehmen mithilfe einer geplanten und überlegten Strategie seine zukünftigen Handlungen bestimmt. Die eigenen Ressourcen werden genau auf dieses Zukunftsziel – die Realisierung der Vision – gebündelt. Der hieraus entstehende Mehrwert kann immens sein, da Ressourcen sparsam eingesetzt, in jedem Fall aber nicht verschwendet werden. Eine exakte Formulierung von Vision und Strategie hat daher zunächst den Vorteil einer deutlich höheren Fokussierung. Stimmt die Strategie, entsteht die Position als „Wachstumsführer" über die Generierung von Alleinstellungsmerkmalen. Mehr und schnelleres Wachstum sowie höhere Kapitalausnutzung sind die unmittelbaren Folgen. Stimmt sie nicht, so wird der Irrtum früher erkannt. Ein erfolgreiches Umsteuern wird erheblich erleichtert.

Der Nutzen einer Strategie entsteht durch Fokussierung:

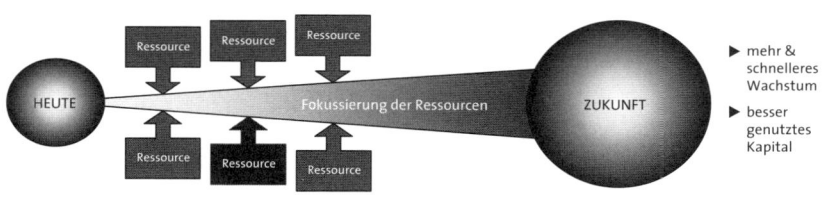

Entscheidende Effekte sind:
– bessere Marktkenntnis
– fokussierte Ressourcen (Mensch, Maschine, Know-how)
– Investitionen nur im Sinne der Strategieerfüllung
– aufeinander abgestimmte Maßnahmen für alle

Abbildung 11/2: Der Nutzen einer guten Strategie

↳ Vorteil von
Konzentration.
Analog „4 P" - Modell.

Literatur

Aaker, David A. (1989): Strategisches Markt-Management. Wettbewerbsvorteile erkennen. Märkte erschließen. Strategien entwickeln, Wiesbaden.

A.T. Kearney (2004): European Best Innovators.

Berend, Patrick/Wallkowitz, Gari (2007): Effektive Koordination; in: Harvard Business Manager, 8/2007.

BMWi – Bundesministerium für Wirtschaft und Technologie (2007): RFID: Potenziale für Deutschland.

Böhn, Thorsten (2006): Unternehmensbezogene Dienstleister und Wissensnetzwerke. Untersucht am Beispiel regionaler Innovationssysteme in Finnland, Frankfurt am Main.

Bullinger, Hans-Jörg (1994): Einführung in das Technologiemanagement. Modelle, Methoden, Praxisbeispiele, Stuttgart.

Deloitte Touche Tohmatsu/Economist Intelligence Unit (2007): Aligned at the Top.

Franz, Klaus-Peter (2004): Werttreiberbäume und Balanced Scorecards – ein Vergleich, in: Bensberg, Frank/Brocke vom, Jan; Schultz, Martin (Hrsg.): Trendberichte zum Controlling, Heidelberg, S. 99–109.

Grant, Robert M./Nippa, Michael (2006): Strategisches Management, 5. Aufl., München u.a.

Hamel, Winfried (1992): Zielsystem, in: Frese, Erich (Hrsg.): Handwörterbuch der Organisation (HWO), 3. Aufl., Stuttgart, Sp. 2634–2652.

Hamel, Winfried (2001): Qualitative Unternehmensbewertung – Jenseits von Bilanz und Gewinn und Verlust (GuV), in: Kaiser, Gert (Hrsg.): Jahrbuch der Heinrich-Heine-Universität Düsseldorf 2001, Düsseldorf, S. 310–320.

Hamelau, Nicole (2004): Strategische Wettbewerbsanalyse: eine konzeptionelle Umsetzung am Beispiel der Spezialchemie, Wiesbaden.

Hanisch, M./Behrens, A. (2008): Investitionen fundamental absichern, in: Stahl und Eisen, Heft 04, S. 98-100

Hartmann, Egbert E. (2007/2008): Vortrag: Die wachsende Organisation, Management Circle.(13.12.2007, München/ 24.01.2008, Frankfurt)

Homburg, Christian/Schäfer, Heiko/Schneider, Janna (2006): Sales Excellence. Vertriebsmanagement mit System, Wiesbaden.

Hungenberg, Harald (2006): Strategisches Management in Unternehmen. Ziele – Prozesse – Verfahren, 4. Aufl., Wiesbaden.

Kaplan, Robert S./Norton, David P. (2001): Die strategiefokussierte Organisation. Führen mit der Balanced Scorecard, Stuttgart.

Kaplan, Robert S./Norton, David P. (2004): Strategy Maps. Der Weg von immateriellen Werten zum materiellen Erfolg, Stuttgart.

Kleinaltenkamp, Michael (1995): Gestaltung der Distributionsleistung, in: Kleinaltenkamp, Michael/Plinke, Wulff (Hrsg.): Technischer Vertrieb. Grundlagen, Berlin u.a., S. 745–784.

Kotler, Philip/Keller, Kevin/Bliemel, Friedhelm (2007): Marketing-Management. Strategien für wertschaffendes Handeln, München.

Kotler, Philip/Bliemel, Friedhelm (2006): Marketing-Management. Analyse, Planung und Verwirklichung, 10. Aufl., München.

Peters, Thomas J./Waterman, Robert H. (1982): In Search of Excellence. Lessons from America's Best-Run Companies, New York.

Porter, Michael E. (1980): Competitive Strategy, New York.

Porter, Michael E. (1985): Competitive Advantage, New York.

Prahalad C. K/Hamel Gary (1990): The Core Competence of the Corporation, in: Harvard Business Review, Juni.

Raisch, Sebastian/Porbst, Gilbert/Gomez, Peter (2007): Wege zum Wachstum: wie Sie nachhaltigen Unternehmenserfolg erzielen. University of St. Gallen, Wiesbaden.

Rappaport, Alfred (1986): Creating Shareholder Value, New York.

Reiss, Michael (2006): Vertriebskanäle optimal integrieren, in: Absatzwirtschaft, Heft 8, S. 48–50.

Schäffer, Utz/Stoll, Manuela (2007): Imitieren statt Innovieren, in: Harvard Business Manager, 29. Jahrgang, Heft Mai, S. 8–10.

Schlenkrich, Kay (2006): Ökonomie sensibler Güter, Wiesbaden.

Simon, Hermann (1996): Die heimlichen Gewinner, 2. Aufl., Frankfurt/M.

Simon, Hermann (2007): Hidden Champions des 21. Jahrhunderts. Die Erfolgsstrategien unbekannter Weltmarktführer, Frankfurt/M.

Weiss, Hans-Jürgen (2000): Integrierte Konzernsteuerung – Das Managementinstrumentarium zur Optimierung mittel- und langfristiger Stakeholderinteressen, in: Küting, Karlheinz/Weber, Klaus-Peter (Hrsg.):

Wertorientierte Konzernführung, Stuttgart, S. 203–234.

ZEW (Zentrum für Europäische Wirtschaftsforschung) (2007): Europaweite Innovationserhebung 2007 (Community Innovation Survey 2007). Zukunftsperspektiven der deutschen Wirtschaft, Mannheim.

Zukunftsinstitut (2007): Megatrends als Grundlagen des Wandels, Kelkheim.

Die Autoren

Egbert E. Hartmann ist Gründungsgesellschafter und Geschäftsführer der HMC Hartmann Management Consultants GmbH, Düsseldorf.

Michael Hanisch, Dr.-Ing., ist Geschäftsführer der H2P Industrial Development GmbH, Remscheid.

Katja Flascha, Dr., ist Gründerin und Geschäftsführende Gesellschafterin der Schlegel und Partner GmbH, Weinheim.

Weitere Literatur:

- E Commerce
- CRM
- KAM
- Share Point = Think Tank
- Instrument „Werttreiber baum"
- Lean Management
- Business Process Reingeneering.